"十四五"国家重点出版物出版规划项目

航天发动机技术丛书

滚动轴承故障机理的
动力学分析基础

曹宏瑞　陈雪峰　彭　城　著

科学出版社

北　京

内 容 简 介

本书以滚动轴承故障动力学建模为理论基础，以揭示含故障轴承的振动响应机理为目标，论述了滚动轴承动力学建模方法，介绍了球轴承（单列向心球轴承、双半内圈球轴承、浮动变位球轴承）、圆柱滚子轴承、圆锥滚子轴承的动力学方程及求解流程；重点探讨了滚动轴承局部损伤故障动力学分析方法，对滚动轴承单点、多点和复合损伤故障下的振动响应进行了仿真及实验分析；考虑滚道表面形貌，对滚动轴承进行了动力学仿真分析和实验分析；从打滑和稳定性两方面开展了滚动轴承保持架动力学分析，讨论了双半内圈球轴承三点异常接触及滑动问题；最后，介绍了滚动轴承与转子有限元、转子刚体单元的耦合建模方法，为工程中的转子–轴承系统动力学分析提供理论基础。

本书可供旋转机械相关领域从事滚动轴承故障诊断、转子动力学分析等研究的科技工作者使用，也可作为机械、航空航天、力学、能源等专业研究生的参考用书。

图书在版编目(CIP)数据

滚动轴承故障机理的动力学分析基础/曹宏瑞，陈雪峰，彭城著. —北京：科学出版社，2023.11

(航天发动机技术丛书)

"十四五"国家重点出版物出版规划项目

ISBN 978-7-03-073946-9

Ⅰ. ①滚⋯ Ⅱ. ①曹⋯ ②陈⋯ ③彭⋯ Ⅲ. ①滚动轴承–故障诊断–动力学分析 Ⅳ. ①TH133.33

中国版本图书馆 CIP 数据核字(2022) 第 226840 号

责任编辑：杨 丹／责任校对：王萌萌
责任印制：吴兆东／封面设计：殷 靓

科 学 出 版 社 出版
北京东黄城根北街 16 号
邮政编码：100717
http://www.sciencep.com
天津市新科印刷有限公司印刷
科学出版社发行 各地新华书店经销

*

2023 年 11 月第 一 版 开本：720×1000 1/16
2025 年 2 月第三次印刷 印张：15
字数：302 000
定价：180.00 元
(如有印装质量问题，我社负责调换)

前　言

　　轴承是一种很常见的零部件，在工业和生活中都会用到。可以说，凡是有运动的机械，就一定有轴承。然而，就是这样看似普通的零件，却让第二次世界大战时期强大的德国陷入困境——反攻正是从轰炸德国的轴承厂开始的。由此可见，轴承，特别是高端轴承在工业领域的战略地位非常重要，是国民经济和国家安全的重要保障。以液体火箭发动机涡轮泵轴承为例，由于工作在高速、重载极端服役工况，再加上发动机涡轮泵处于低温高压环境，对轴承性能、寿命与可靠性提出了很高的要求。然而，我国高端轴承基础研究力量投入不足，在轴承失效机理分析、动力学设计、动态性能仿真等方面的研究及相应的成果应用乏善可陈，导致国产高端轴承品质与国外同类产品差距较大，在实际使用过程中故障频发，甚至带来灾难性后果。

　　轴承故障是指其内部零件性能劣化或出现可能导致失效的异常状态时所处的状态，滚动轴承故障诊断一直是机械系统监测、诊断与维护领域的研究热点。然而，目前的研究"重诊断方法、轻故障机理"，发展了很多从监测信号中寻找典型故障特征的方法，而这些方法大多沿用经典的成果。这种基于"所见即所得"的故障诊断方法，在遇到新的故障类型时经常会"束手无策"，也难以为轴承的优化设计与制造提供有效指导。

　　故障机理是反映故障原因的本质特征，故障机理研究是认识故障本质特征的科学实践。目前有关滚动轴承故障机理的研究成果主要见于期刊和会议论文集，尚缺乏系统反映当前研究状况的书籍。本书面向我国高端装备制造业的"工业强基"需求，总结了作者近十年关于滚动轴承故障机理及动力学理论的研究及应用实践，广泛吸取了国内外学者在该领域的研究成果，论述了典型滚动轴承动力学建模理论，重点讨论了轴承接触面局部损伤、保持架故障动力学分析方法，发展了轴承与转子系统耦合建模方法，为工程中的旋转机械系统动力学分析提供理论基础。希望本书能起到抛砖引玉的作用，助力广大科技工作者更好地探索滚动轴承故障机理，不断丰富轴承故障诊断知识库，为高端轴承乃至装备的"设计—制造—运维"全生命周期健康管理提供坚实的理论基础与有力的技术支持。

　　本书以滚动轴承故障动力学建模为理论基础，以揭示含故障轴承的振动响应机理为目标，用准确的动力学仿真结果和典型的验证性实验来证明故障模型的有效性，具备以下特点：

(1) 立足学科前沿，总结作者在滚动轴承故障动力学分析中的新成果和新进展，研究特色鲜明，具有先进性与新颖性。

(2) 涵盖了球轴承 (单列向心球轴承、双半内圈球轴承、浮动变位球轴承)、圆柱滚子轴承、圆锥滚子轴承等工程中最常见的几种轴承，介绍了滚动轴承常见的损伤及动力学分析方法，具有很强的实用性。

(3) 本书内容由浅入深、循序渐进，各章内容既相互关联，又自成体系，具有较强的可读性。

本书研究工作得到了国家重点研发计划项目 (2020YFB2007700)、国家自然科学基金优秀青年科学基金项目 (51922084)、国防科技项目 (MKF20210014)、航空发动机和燃气轮机重大专项 (J2019-IV-0004-0071) 等项目的资助，作者表示由衷的感谢！

本书内容源于作者在西安交通大学航空发动机研究所的科研成果积累。感谢牛蔺楷博士在滚动轴承局部损伤动力学建模及故障机理分析、李亚敏博士在滚动轴承–转子系统耦合动力学建模方面所做的开创性贡献。感谢席松涛博士在浮动变位球轴承动力学建模、朱玉彬硕士在双半内圈角接触球轴承动力学分析方面所取得的显著成绩。感谢景新硕士、苏帅鸣硕士在圆柱滚子轴承复合损伤动力学建模、保持架损伤动力学分析方面取得的创新成果。特别感谢研究生马天宇、巩固、苏宇宸在插图绘制、文字整理等方面所做的大量工作。

由于作者水平所限，书中难免存在疏漏和不妥之处，恳请读者批评指正。

曹宏瑞

2023 年 7 月于西安交通大学兴庆校区

目　　录

第 1 章 绪 论

1.1 滚动轴承故障诊断概述

轴承被称为"工业的关节"，是机器中用来支承轴的一种关键基础件，用于支承轴及轴上零件，传递力和运动，确保轴的空间位置和旋转精度，并可减小轴与支承之间相对运动时的摩擦、磨损。滚动轴承摩擦阻力小、启动快、效率高、旋转精度高，标准化、产业化程度高，广泛应用于液体火箭发动机、航空发动机、高速列车、风力发电机等重大装备。《中国制造 2025》提出的 10 个重点发展领域中有 8 个领域需要大量的高端滚动轴承作为配套。滚动轴承对整个装备制造业的发展水平有着举足轻重的作用，是我国工业领域的迫切需求和未来高科技领域发展的重要保障。

滚动轴承作为重大装备的关键基础件，其健康服役是装备整机运行安全的重要保障。在极端服役工况和环境下，由滚动体打滑、疲劳剥落和摩擦磨损引起的滚动轴承失效经常发生，直接导致装备运行精度降低、振动加剧，严重时可造成巨大的损失。例如，我国研制的某型高压补燃循环液氧煤油发动机在某次地面热试车时，球轴承表面剥落形成多余物进入泵腔碰摩起火，导致爆炸的灾难性后果。同时，由于重大装备服役环境日益苛刻、运行工况复杂多变，滚动轴承发生故障的概率越来越高，运行维护成本居高不下，严重影响装备的可靠性和经济性。分别以风电和高铁两个行业为例进行说明。风电轴承长期工作在转速波动、载荷交变、低速重载等服役环境下，故障多发、维护困难。目前我国高铁动车组轴承监测仍以温度为主，对早期故障不敏感，故障预警准确率低。由于缺乏有效的监测和诊断技术，高速列车轴承长期依赖定期检修，大量轴承未到使用寿命即被更换，造成巨大浪费和经济负担。由此可见，发展轴承状态监测与故障诊断技术势在必行，是行业的迫切需求。

滚动轴承故障诊断一直都是研究的热点，国内外学者在信号获取与传感技术、信号处理与诊断方法、智能决策与诊断、退化评估与剩余寿命预测等方面开展了大量的研究工作。然而，轴承内部非线性接触、滚动体与保持架之间的碰撞、离心力效应、热变形等因素导致滚动轴承的动力学特性非常复杂，再加上轴承运行工况多变、工作环境恶劣、信号传递路径长，导致故障激励和动态响应之间的映射关系不清晰、传递路径不明确，故障诊断困难重重。现阶段我国机械故障诊断基础研究对故障表象的研究较多，而对故障机理却研究不足 [1]，导致复杂机械系统响应信号、健康状态与内外激励之间的作用规律尚不明确，振动传递、故障溯源机理不清，难以为设备故障诊断提供科学依据。因此，对滚动轴承的故障机理进行深入分析，实现由表象研究到机理研究的突破已经成为滚动轴承故障诊断研究的关键问题。

故障机理是指通过理论或大量的试验分析，得到反映设备故障状态信号与设备系统参数联系的表达式，依之改变系统的参数可改变设备的状态信号 [2]。机理研究可以揭示故障萌生和演化的一般规律，建立故障与征兆之间的内在联系和映射关系 [3]。故障机理分析如同医学中的解剖学和病理学，针对轴承在不同的约束条件下所受的载荷、温度等物理量的作用，构建动力学模型并通过模型从原理上分析得到故障产生的响应信号及其在时域、频域或时频域中的表征，为故障诊断提供理论依据 [4]。在轴承故障机理分析的基础上，通过测量运行设备的动态响应物理量信号，如位移、速度、加速度、噪声、声发射、应力、应变、温度等，利用先进的信号处理技术提取反映轴承故障的征兆或特征，用于故障的定位和损伤严重程度的评估，为设备健康管理提供技术支撑，这对实现滚动轴承乃至整个机械设备故障的准确诊断均具有重要的理论意义和工程应用价值。

1.2　滚动轴承失效的基本形式

1. 疲劳失效

疲劳失效指轴承工作 (接触) 表面受到交变应力的作用而产生的材料疲劳失效。典型的疲劳失效分为次表面起源型和表面起源型。赫兹接触理论认为，滚动接触处最大接触应力发生在表面下一定深度的位置，并称之为次表面。在最大接触应力的反复作用下，轴承钢中的非金属夹杂物、气隙、碳化物晶界等薄弱点处形成裂纹源，并逐步向表面扩展，形成不同的剥落形状，点状的称为点蚀或麻点剥落，小片状的称为浅层剥落。由于剥落面逐渐扩大，会慢慢向深层扩展，形成深层剥落，如图 1-1 所示。表面起源型疲劳主要由接触表面处的微小擦伤或划伤引起，不良的润滑状态加剧滚动体与滚道之间的相对滑动，导致表面损伤处的微凸体根部产生微裂纹，裂纹扩展导致微凸体脱落或形成片状剥落区，如图 1-2 所示。疲劳失效通常发生于轴承内、外滚道的接触面和滚动体表面等。疲劳剥落会造成轴承运行时的冲击载荷，使振动和噪声加剧。

2. 磨损失效

磨损失效指表面之间的相对滑动摩擦导致其工作表面金属不断磨损而产生的失效。磨损失效按磨损形式通常可分为磨粒磨损和黏着磨损。磨粒磨损是指轴承工作表面之间挤入外来坚硬粒子、硬质异物或金属表面的磨屑且接触表面相对移动而引起的磨损,常在轴承工作表面造成犁沟状的擦伤,如图 1-3 所示。黏着磨损是指摩擦表面的显微凸起或异物使摩擦面受力不均,在润滑条件严重恶化时,因局部摩擦生热,出现摩擦面局部变形和摩擦显微焊合现象,如图 1-4 所示。严重时表面金属可能局部熔化,作用力将接触面上局部摩擦焊接点从基体上撕裂而增大塑性变形。持续的磨损将引起轴承零件逐渐损坏,并最终导致轴承尺寸精度丧失及其他问题。

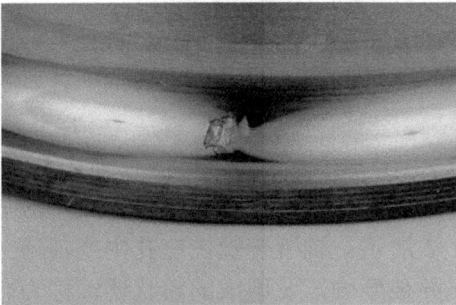

图 1-1 次表面起源型内滚道疲劳失效 [5]

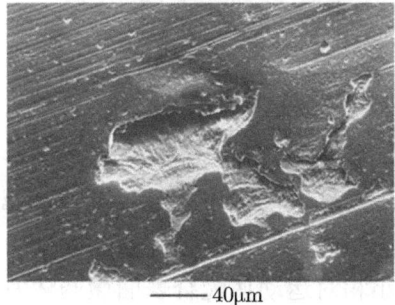

——40μm

图 1-2 表面起源型滚道剥落损伤 [5]

图 1-3 调心滚子轴承内圈磨粒磨损 [5]

图 1-4 圆柱滚子轴承外滚道黏着磨损 [5]

3. 断裂失效

滚动轴承断裂失效的主要原因是载荷过大、疲劳、缺陷等。外加载荷超过材料强度极限而造成的零件断裂称为过载断裂,如图 1-5 所示。疲劳断裂的起源是过度紧配合产生的装配应力与循环交变应力形成的疲劳屈服,装配应力、交变应力与屈服极限之间的平衡一旦打破,会沿套圈轴线方向产生断裂,如图 1-6 所示。轴承零件的微裂纹、缩孔、气泡、非金属夹杂物、过热组织及局部烧伤等缺陷在冲击过载或剧烈振动时也会在缺陷处引起断裂,称为缺陷断裂。

图 1-5　调心滚子轴承内圈过载断裂 [5]

图 1-6　推力滚针轴承保持架疲劳断裂 [5]

4. 腐蚀失效

滚动轴承在实际运行中不可避免地接触到水、水汽以及腐蚀性介质，这些物质会引起滚动轴承的生锈和腐蚀，如图 1-7 所示。轴承套圈在座孔中或轴颈上的微小相对运动使配合表面微凸体发生氧化并被磨去，发展成的粉状锈蚀称为微动腐蚀，如图 1-8 所示。滚动轴承在运转过程中还会受到微电流和静电的作用，造成滚动轴承的电流腐蚀。腐蚀会造成套圈、滚动体表面的坑状锈、梨皮状锈及滚动体间隔相同的坑状锈、全面生锈及剥落，最终引起滚动轴承的失效。

图 1-7　推力滚针轴承保持架及
滚子湿度腐蚀 [5]

图 1-8　滚子轴承外圈微动腐蚀 [5]

5. 塑性变形

塑性变形是指轴承因受到过大的冲击载荷、静载荷或落入硬质颗粒等在滚道表面或滚动体上形成压痕或划伤而产生的永久性变形。塑性变形按产生原因可以分为过载变形和颗粒压痕。过载变形通常发生在静止轴承元件上，过大的静载荷或冲击载荷会使损伤元件表面产生与滚动体间隔相同的等距压痕，如图 1-9 所示。

当运行轴承中存在硬质颗粒时，会在套圈或滚动体上留下颗粒压痕，压痕引起的冲击载荷会进一步使邻近表面剥落，如图 1-10 所示。

图 1-9　角接触球轴承内圈过载引起的
塑性变形 [5]

图 1-10　圆锥滚子轴承内滚道硬质颗粒引起的
塑性变形 [5]

6. 胶合失效

胶合发生在相互接触的两个表面，在润滑不良、高速重载等条件下摩擦发热，轴承零件可以在极短时间内达到很高的温度，导致表面烧伤，或某处表面上的材料沿滑动方向撕脱并黏附在另一表面上，如图 1-11 所示。若两接触面选用相同的材料，其发生胶合失效的概率较大。发生胶合时，轴承的摩擦系数和温度均会突然升高，表现为振动和噪声的增加。随着轴承的运转，黏附在表面上的材料从表面上脱落下来形成磨屑，引起轴承元件表面划伤和凹陷。

图 1-11　胶合损伤表面形貌 [6]
(a) 50 倍；(b) 1000 倍；(c) 3000 倍

1.3　滚动轴承故障机理的研究现状与发展趋势

根据 1.2 节介绍可知，滚动轴承失效包括疲劳、磨损、断裂、腐蚀、塑形变形、胶合等几种典型形式。这些失效的外在表现形式虽然各有不同，但是大多会引起几何、物理参数的改变，进而引起异常振动、噪声等现象。对失效轴承进行故障机理分析，可以解释振动响应信号的产生机理及其在时域、频域或时频域中的表征规律，为故障诊断提供理论依据。目前有两种针对滚动轴承故障机理的分析方法，一种是从数学角度通过解析公式对故障产生的振动响应进行唯象建模；另一种是通过对轴承进行力学分析，建立轴承的动态响应分析模型，并将该模型与损伤故障模型进行融合后对故障轴承的振动响应进行分析。

1.3.1　基于解析公式的故障机理分析

基于解析公式的轴承故障模型由 McFadden 和 Smith[7] 在 1984 年提出。1985年 McFadden 等 [8] 将文献 [7] 中的模型进行了扩展，研究了滚动轴承内滚道多点损伤下的振动响应。基于 McFadden 等的开创性工作，有许多学者采用解析公式对故障轴承的振动响应进行了分析。2000 年，Brie[9] 通过实验观察发现，由局部损伤引起的冲击序列不是等间隔序列。Brie 认为这是轴承内部复杂的动力学问题导致的滚动体打滑或者接触角的瞬时改变所引起的。针对该问题，Brie 通过在等间隔序列中引入随机数构建了故障轴承的准周期冲击序列。2000 年，Ho 等 [10]也通过在等间隔冲击序列中引入随机数对冲击序列进行了模拟，发现由于冲击序列中存在随机扰动，相应的频谱和包络谱中都会出现频率污染问题。2002 年，Antoni 等 [11] 对故障轴承冲击序列的伪循环平稳特性进行了分析，并建立了相应的故障模型。2003 年，Antoni 等 [12] 提出了一个随机模型来仿真局部损伤作用下轴承的振动响应，该模型采用随机点过程对故障产生的脉冲力进行建模。2011年，Behzad 等 [13] 建立了一个随机激励模型以分析表面粗糙性对轴承振动的影响。2013 年，Cong 等 [14] 基于 McFadden 的冲击序列模型对轴承–转子系统在轴承故障情况下的振动响应进行了研究。2016 年，Khanam 等 [15] 将损伤与滚球碰撞的脉冲激励力与内圈的周期变化载荷合成，建立了多事件激励力模型用于仿真滚动轴承内圈损伤故障。2019 年，McBride 等 [16] 基于随机振动理论模拟了滚子轴承中分布式损伤产生的振动响应。

基于解析公式的故障机理方法通过观察含故障轴承的振动响应规律，构造数学表达式对信号进行拟合，是一种 "所见即所得" 的研究方法，对故障特征提取算法的开发和验证提供了一定的帮助。然而，该方法并未从物理的角度对故障轴承的振动响应进行分析，难以从本质上解释振动响应的产生机理。

1.3.2　基于动力学模型的故障机理分析

由于基于解析公式的分析方法无法从物理角度揭示损伤对轴承振动响应特性的影响，基于动力学模型的故障机理分析方法得到了更多关注。含故障轴承动力学模型的构建可分为如下 3 个步骤：① 对轴承力学和几何学特性进行分析，建立正常轴承力学模型；② 对轴承损伤进行数学描述和建模；③ 将表面损伤与轴承力学模型进行融合，得到含故障轴承的动力学模型，进行振动响应仿真。本节分别对滚动轴承建模及含故障轴承动力学分析方法进行介绍，讨论目前研究的进展并指出存在的问题。

1. 滚动轴承建模方法

虽然滚动轴承仅由套圈 (内圈、外圈)、滚动体和保持架三类元件组成，但其运动学特征、动力学特征、摩擦学特征等十分复杂。旋转是滚动轴承最常见的运动形式，滚动摩擦、滑动摩擦和耦合摩擦共存。在轴承服役过程中，滚动轴承的受力是弹性接触下的高应力与高频率的交变载荷，接触区则随着应力交变而高频率变形。接触变形和高应力状态下润滑油黏度变化、温升与热变形等因素，难以用数学公式进行描述。因此，对滚动轴承进行建模与定量分析变得十分复杂，需要完成大量的力学实验，积累充分的数据建立数理模型 [17]。下面分别从集中参数模型、拟静力学模型、拟动力学模型、动力学模型及有限元模型等几个方面进行简要概述 [18]。

1) 集中参数模型

在集中参数模型中，仅考虑轴承元件的平移运动。滚动体与滚道之间的接触及轴承座均等效为非线性接触弹簧，如图 1-12 所示，其中 m_b 为滚动体质量，m_r 为轴承外圈与轴承座总质量 (忽略轴承内圈质量)。轴承元件仅有平移运动，其运动微分方程可表示为

$$m\ddot{x} = F \tag{1-1}$$

式中，m 为轴承元件质量；$\ddot{x}$ 为平移加速度；F 为作用在轴承元件上的力。除了牛顿定律，拉格朗日方程也可用于推导动力学方程 [19-21]。在集中参数模型中，轴承元件绕轴承轴线的旋转运动由纯滚动假设确定，故无法考虑摩擦效应 [22]。

通常，根据是否考虑滚动体的运动可以将集中参数模型分为两类。在考虑滚动体运动的模型中，每个轴承元件的运动均用由拉格朗日方程表示的动力学方程描述。在这类模型中，滚动轴承的损伤 [23-26]、波纹度 [24,27] 及结构振动 [28,29] 均可被研究。在不考虑滚动体运动的集中参数模型中，轴承的自由度仅局限于套圈。作用在套圈上的力由各滚动体作用在其上的合力确定 [30]。由于时变轴承力可通过此类集中参数模型方便地确定，滚动轴承诸如分岔 [31]、次谐波响应 [32]、不平衡力 [31,33,34]、径向游隙 [35]、保持架跳动 [36]、转子柔性 [33,34,37]、气流力 [38] 及碰摩故障 [39] 等非线性动力学可基于该模型进行分析。同时，滚动轴承的结构振动也可基于该模型进行研究 [40-44]。

2) 拟静力学模型

拟静力学模型中，轴承的力学性能通过力和力矩平衡方程进行研究，平衡方程可表示为

$$\begin{cases} \sum \boldsymbol{F} = 0 \\ \sum \boldsymbol{M} = 0 \end{cases} \tag{1-2}$$

式中，$\sum \boldsymbol{F}$ 和 $\sum \boldsymbol{M}$ 分别表示作用在滚动体或套圈上的合力和力矩，可表示为位移 (包括平动和转动) 的函数。式 (1-2) 可通过牛顿–拉弗森法迭代求解。

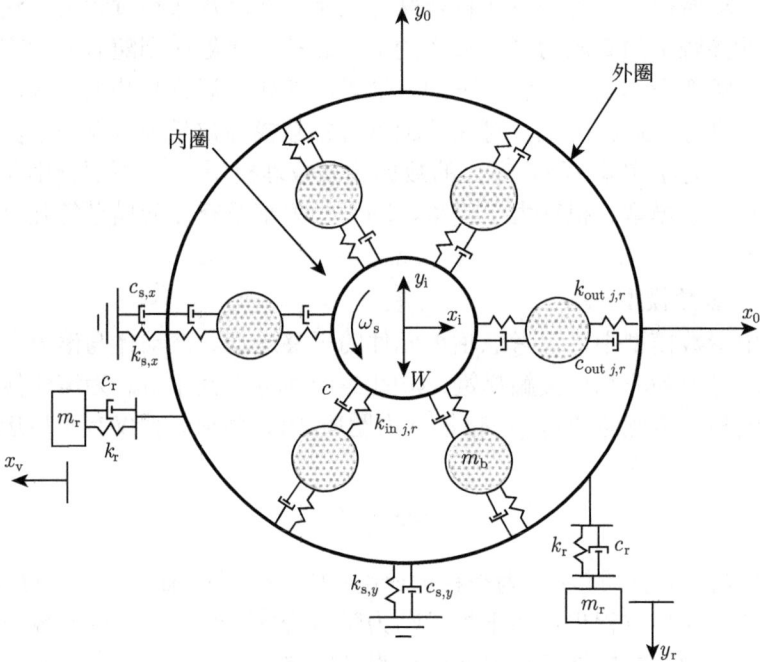

图 1-12   集中参数模型中滚动体与套圈之间的接触 [23]

对于球轴承，最具代表性的拟静力学模型由 Jones 于 1960 年提出 [45]。图 1-13 为 Jones 模型中作用在滚球上的力和力矩。滚球的力平衡方程可表示为

$$\begin{cases} Q_{ij} \sin \alpha_{ij} - Q_{oj} \sin \alpha_{oj} - \dfrac{M_{gj}}{D} \left(\lambda_{ij} \cos \alpha_{ij} - \lambda_{oj} \cos \alpha_{oj} \right) = 0 \\ Q_{ij} \cos \alpha_{ij} - Q_{oj} \cos \alpha_{oj} - \dfrac{M_{gj}}{D} \left(\lambda_{ij} \sin \alpha_{ij} - \lambda_{oj} \sin \alpha_{oj} \right) + F_{cj} = 0 \end{cases} \tag{1-3}$$

式中，Q_{ij} 和 Q_{oj} 分别为内圈和外圈的接触力；α_{ij} 和 α_{oj} 分别为内圈和外圈的接触角；M_{gj} 为陀螺力矩；λ_{ij} 和 λ_{oj} 分别为内圈和外圈的控制参数；F_{cj} 为离心力。由式 (1-3) 可以看出，公式计入了离心力及陀螺力矩，表明 Jones 模型具备分析高速效应的能力。

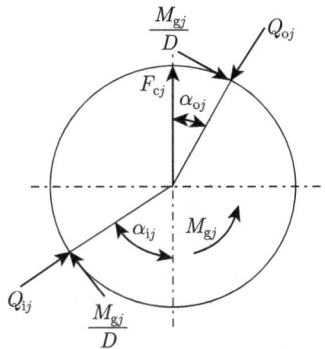

图 1-13　Jones 模型中作用在滚球上的力和力矩 [45,46]

　　Jones 模型中采用了滚道控制假设, 即假设滚球在一侧套圈上自旋而在另一侧套圈上不发生自旋 (称作控制套圈)。在控制套圈处的陀螺力矩由摩擦力平衡, 因此滚球不发生滑动, 仅在控制套圈处做纯滚动。然而, 有时难以确定哪一侧滚道采用滚道控制假设, 使得滚道控制类型的选择常常由设计人员的经验决定。有学者基于不同的运动假设改进了滚道控制理论 [47,48], Jones 模型可通过将轴承受力对位移求偏导得到轴承刚度矩阵的表达式 [49,50]。曹宏瑞等 [51,52] 将 Jones 模型进行改进, 建立了可考虑离心膨胀和热膨胀的高速滚动轴承力学模型, 可以对滚动体与内圈、外圈之间的接触角、接触变形及接触载荷等参数进行预测。由于可以显式地得到轴承刚度表达式, 拟静力学模型被广泛地用于滚动轴承的力学性能研究 [47,53-58]。通过将轴承与转子的刚度矩阵进行集成得到转子–轴承系统的整体刚度, 还可实现对轴承–转子系统的力学性能研究 [59-66]。He 等 [67] 结合轴承拟静力学模型和热网络方法对定位预紧条件下角接触球轴承的热机耦合特性进行了研究。

　　除了球轴承, 许多学者针对圆柱滚子和圆锥滚子轴承建立了拟静力学模型。Harris 和 Kotzalas[46] 通过施加一系列载荷条件对 Jones 模型进行了改进, 并提出了切片法对滚子轴承中滚子接触的载荷分布进行准确计算。Demul 等 [49,50] 提出了一个基于矩阵形式的载荷变形方程的通用拟静力学模型, 轴承刚度矩阵可由此方便地确定。然而, 陀螺力矩并没有考虑在其中。外载荷 [68] 及角度不对中 [69] 效应也有学者开展研究。文献 [70] 对圆锥滚子轴承中对能量损失有较大影响的滚动体与挡边接触进行了研究。此外, 高精度的半空间理论也被用于提高圆柱滚子 [71] 和圆锥滚子 [72] 轴承的计算精度。Gupta[73] 用最小能量假设代替传统的滚道控制理论对拟静力学模型进行了更新, 使得拟静力学模型可预测轴承中的牵引行为、生热及磨损。

　　为了考虑摩擦学特征, 可在式 (1-2) 中加入摩擦力从而对拟静力学模型进行改进，可研究库仑摩擦效应 [48,74,75]、弹流润滑 [76,77] 以及摩擦导致的温升 [78] 等问题。

3) 拟动力学模型

拟动力学模型中，轴承的力学及动态特性可表示为

$$
\begin{cases}
\sum \boldsymbol{F} = 0 \\
\sum \boldsymbol{M} = J\dfrac{\mathrm{d}\boldsymbol{\omega}}{\mathrm{d}t}
\end{cases}
\tag{1-4}
$$

式中，$\sum \boldsymbol{F}$ 和 $\sum \boldsymbol{M}$ 分别表示作用在滚动体或套圈上的合力和力矩；J 为转动惯量；$\boldsymbol{\omega}$ 为角速度；t 为时间。

拟动力学模型的计算流程如图 1-14 所示，大体上可分为两步 [79-85]。首先，建立一组滚动体和套圈的力平衡方程 ($\sum \boldsymbol{F} = 0$) 来计算接触力及平移，通过得到的接触力计算摩擦力及力矩。然后，通过一组微分方程 ($\sum \boldsymbol{M} = J\mathrm{d}\boldsymbol{\omega}/\mathrm{d}t$) 计算滚动体及保持架的旋转运动。旋转运动可通过对微分方程进行数值积分得到。由式 (1-3) 可以看出，拟静力学模型中静力矩平衡方程被替换为拟动力学模型中的微分方程。因此，相较于拟静力学模型，拟动力学模型可以计算轴承元件时变的旋转运动。保持架冲击 [82,85-89] 及滑动 [83]、滚动体打滑 [84,90]、滚动体挡边接触 [82-84,90]、滚动体歪斜 [89] 可通过拟动力学模型进行研究。此外，力平衡方程对于滚球来说相当于运动约束，动载荷相较于基本平衡力来说非常小。拟动力学模型

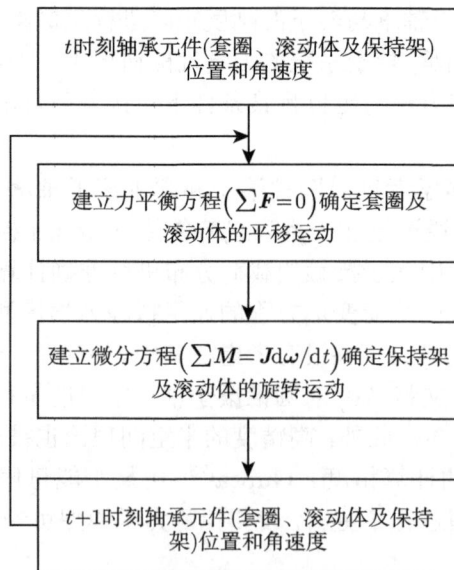

图 1-14 拟动力学模型计算流程

的计算量比拟静力学模型及集中参数模型都大。为提高计算效率，角速度对时间 t 的微分 ($\mathrm{d}\omega/\mathrm{d}t$) 通常用角速度对转角 ϕ 的微分 ($\mathrm{d}\omega/\mathrm{d}t = \mathrm{d}\omega/\mathrm{d}\phi \cdot \mathrm{d}\phi/\mathrm{d}t = \omega_R \mathrm{d}\omega/\mathrm{d}\phi$，其中 ω_R 为滚动体绕轴承轴线的轨道角速度，通常假定为常数) 代替 [91,92]。这样，轴承元件的运动可由转角唯一确定。然而，由于滚动体角速度的计算与时间无关，该方法限制了模型处理时变行为的能力。

为了研究时变运动特性，对相对滑动速度 [91] 及润滑效应 [79-81] 等问题进行讨论。对于球轴承，滚球的运动由滚动、自旋及陀螺运动组合而成。滚球的复杂运动对接触椭圆内的相对滑动速度的分布具有重要影响 [91]。对于圆锥滚子轴承，滚动体-挡边接触作用由于其占接触区域内摩擦损失的主要部分而不可忽略 [82-84,92]。此外，流体动压效应 [85,93,94]、弹流润滑 [82,83,95] 及热弹流润滑效应 [96] 可集成到拟动力学模型中实现对轴承元件旋转运动的研究。

4) 动力学模型

在动力学模型中，不采用静态约束。全部平移运动和旋转运动均可用微分方程描述，可表示为

$$\begin{cases} \sum \boldsymbol{F} = m\dfrac{\mathrm{d}^2\boldsymbol{x}}{\mathrm{d}t^2} \\[2mm] \sum \boldsymbol{M} = \boldsymbol{J}\dfrac{\mathrm{d}\boldsymbol{\omega}}{\mathrm{d}t} \end{cases} \tag{1-5}$$

式中，$\sum \boldsymbol{F}$ 和 $\sum \boldsymbol{M}$ 分别表示作用在滚动体或套圈上的合力和力矩；$\boldsymbol{J}$ 为转动惯量；m 为轴承元件的质量；$\boldsymbol{x}$ 为位移；$\boldsymbol{\omega}$ 为角速度；t 为时间。

最具代表性的球轴承和滚子轴承动力学模型由美国学者 Gupta[97-100] 提出。在球轴承模型中，考虑了球轴承中的三个相互作用关系，即滚球与滚道相互作用 (图 1-15(a))、滚球与保持架相互作用 (图 1-15(b)) 及保持架与引导套圈相互作用。在滚子轴承模型中，考虑了四个相互作用关系，即滚动体与滚道相互作用、滚动体与保持架相互作用、滚动体与引导套圈相互作用及滚动体与套圈挡边相互作用。Gupta 模型中，每个轴承元件的运动均在三维坐标中描述，故每个元件具有 6 个自由度。局部损伤动力学 [101-103]、保持架稳态涡动 [104] 以及轴承生热 [105] 均可基于该模型进行分析。

保持架是轴承中最容易出现故障的元件，动力学建模可以在一定程度上为故障机理分析提供依据。目前，已有大量动力学模型可对保持架的动力学进行分析，如保持架不平衡 [106-110]、磨损 [107-109]、跳动 [111]、涡动 [85]、滑动 [95] 及几何结构优化 [86,87] 等。由于保持架不稳定严重影响滚动轴承的噪声和寿命，间隙比 [112-115]、滚子动不平衡 [116,117]、驱动与引导套圈的组合形式 [118]、兜孔间隙 [119] 对保持架不稳定的影响已有大量研究。然而，这些研究将保持架看作刚体，弹性变形仅发生在接触区域。文献 [79] 指出，将保持架看作刚体会高估其冲

击载荷。目前，已有模型通过有限元法[120,121]和离散元法[122]将保持架柔性考虑其中。

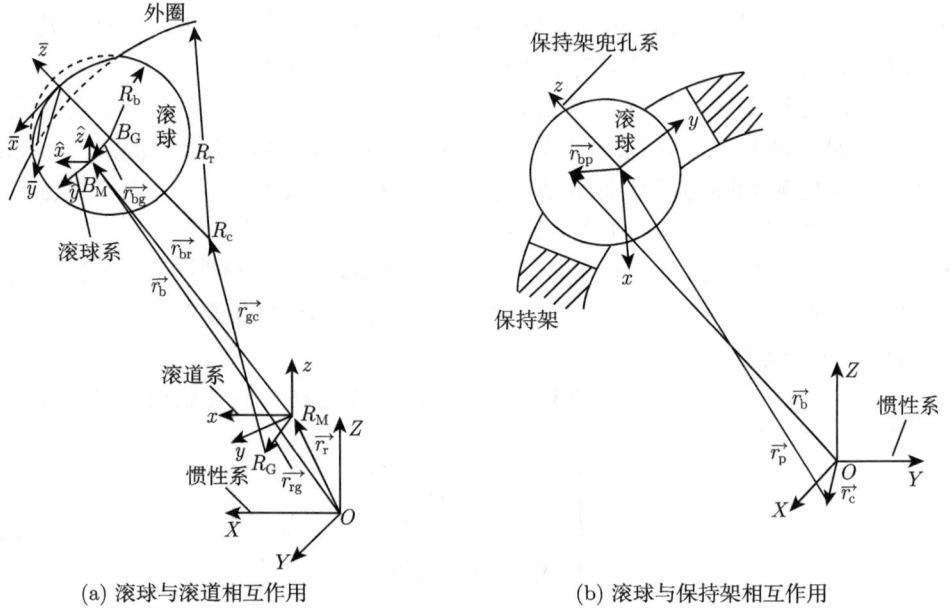

(a) 滚球与滚道相互作用   (b) 滚球与保持架相互作用

图 1-15   Gupta 球轴承模型中的相互作用[99]

接触力是轴承分析中另一重要因素。在大多数模型中，轴承元件间的接触假设为赫兹接触。然而，在曲率半径变化或者滚子倾斜和歪斜的情况下常常发生非赫兹接触。为精确计算动力学模型中的接触力，离散元法[123]和椭圆积分单元法[124]常常被用于计算轴承动力学模型中的非赫兹接触力。

润滑对轴承的动力学行为有重要影响。目前，动力学模型中广泛采用简化的润滑牵引模型 $\mu = (\zeta_1 + \zeta_2 u) \exp(-\zeta_3 u) + \zeta_4$，其中 ζ_1、ζ_2、ζ_3 及 ζ_4 分别为润滑剂的四个参数，u 为相对滑动速度。显然，牵引系数 μ 仅与相对滑动速度有关。该润滑牵引模型对于固体润滑剂较合理，并被用于保持架动力学[104,113,121,122]、轴承动力学对转子的影响[125-127]，套圈损伤对球轴承振动的影响[101-103]及滚子轴承中滚子的偏斜/歪斜[128,129]的研究中。近年来，也有油气两相流[130]、计算流体力学 (CFD) 方法[131]被用于轴承内部流体损失的计算，润滑油牵引行为[132]也逐渐加入轴承模型中。弹性流体动力润滑与动力学模型的耦合将是未来发展趋势。

5) 有限元模型

有限元方法可用于正常轴承[133,134]和损伤轴承[135,136]的动力学分析。文献[136]基于商业软件 LS-DYNA 提出了一种综合的 2D 显式有限元模型。该模型计入了套圈损伤对滚动轴承振动的影响，如图 1-16 所示。该模型包含了保持架、滚动体及套圈。然而，由于很难确定有限元模型中的润滑状态和润滑的黏弹效应，故采用单一摩擦系数来建立牵引模型。

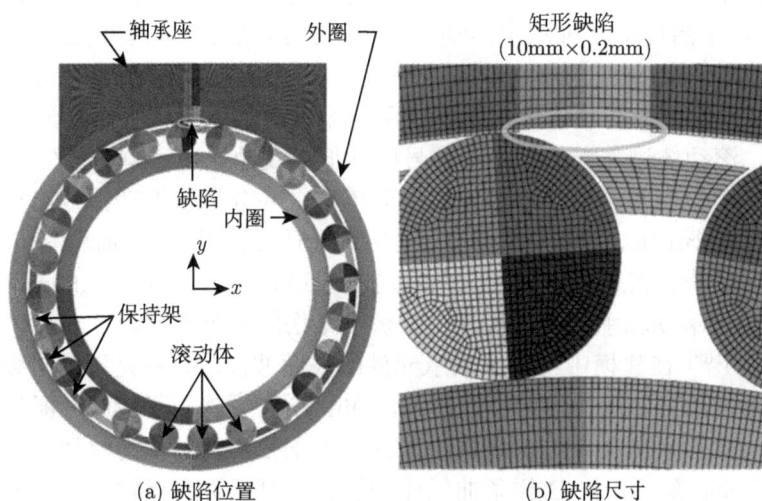

图 1-16　带有外圈损伤的滚动轴承 LS-DYNA 模型 [136]

(a) 缺陷位置　　　　　　　　(b) 缺陷尺寸

有限元模型也与其他方法联合进行轴承特性综合研究，包括保持架柔性 [120,121]、轴承衬套 [137]、轴承座柔性 [138]、滚子轮廓 [139−141]、接触应力 [142,143]、疲劳寿命 [140,141,144−148]、非赫兹接触 [149]、套圈不对中 [147,150]、微动损伤 [151]、温度分布 [152,153]、油气两相流 [154,155] 等。有限元模型还常常用于低速重载工况下的大尺寸回转轴承的建模 [146,156−159]。

2. 含故障滚动轴承动力学分析方法

含故障滚动轴承动力学分析方法将轴承集中参数模型、动力学模型、多体动力学模型及有限元模型等与表面损伤模型进行融合，得到含故障轴承的动力学模型，进行振动响应仿真。

1) 基于集中参数模型的轴承故障动力学分析方法

集中参数模型主要聚焦在轴承元件的平移运动特性，使用非线性弹簧来描述滚动体与滚道之间的相互作用关系。Arslan 和 Aktürk[26] 针对角接触轴承建立了一个动力学模型以研究局部损伤对轴承振动的影响。轴承被假设成弹簧质量系统，每个滚动体具有 2 个平动自由度，通过增大接触区域的额外间隙对局部损伤进行了模拟。Shi 等 [160] 建立了圆柱滚子轴承平面动力学模型，并计入了轴及轴承座的柔性，另外分析了径向载荷、转速及轴承间隙对振动加速度的影响。Patel

等 [25] 建立了一个轴承转子系统的动力学模型对该系统在单点和多点损伤情况下的振动响应进行了研究。Kankar 等 [161] 等针对深沟球轴承建立了 2 自由度动力学模型来分析轴承的非线性振动。Petersen 等 [162] 构建了双列滚动轴承的故障动力学模型，通过改变轴承元件的几何特征对局部表面损伤进行了建模。刘静等 [163] 分析了圆柱滚子轴承中滚动体和滚道损伤之间的非理想 Hertz 线接触问题。Yuan 等 [164] 研究了单点和多点轴承损伤对轴承-转子系统动力学特性的影响。Ahmadi 等 [23] 在建模过程中考虑了轴承元件的实际尺寸，并对线形剥落故障产生后，滚动体进入损伤时振动信号中的低频现象进行了解释。Cui 等 [165] 建立了带有外圈损伤的滚动轴承非线性振动模型，并分析了振动信号与损伤尺寸之间的关系。Govardhan 等 [166] 建立了滚动体损伤的圆柱滚子轴承 3 自由度集中参数模型，在动载荷条件下对轴承的振动响应进行了频谱分析。Jiang 等 [167] 建立了 4 自由度滚动轴承动力学模型，分析了损伤的三维几何尺寸对振动响应的影响。Hou 等 [168] 在建模中考虑了轴承元件的表面波纹度，研究了轴向载荷条件下转速对局部损伤球轴承冲击特性的影响。Qin 等 [169] 建立了考虑外圈损伤的深沟球轴承 2 自由度动力学模型，将损伤简化为半正弦函数并作为位移激励代入模型中进行了分析。随后，将 B 样条曲线作为位移激励函数也对轴承的动力学响应进行了分析 [170]。Parmar 等 [171] 考虑套圈表面分布缺陷及集中损伤，建立了双列调心球轴承的 3 自由度集中参数模型，对非线性振动进行了分析。

轴承集中参数模型虽然利用微分方程来描述轴承元件的平动以及转动，但由于其采用弹簧-阻尼来描述滚动体与滚道之间的接触，并基于纯滚动假设处理轴承元件的转动，从而无法分析润滑牵引、接触面打滑、离心和陀螺效应以及保持架碰撞等复杂的动力学问题，也不能对滚动轴承中常出现的滚动体倾斜、歪斜等复杂动力学行为进行描述。

2) 基于动力学模型的轴承故障动力学分析方法

Gupta[97,99] 在 1979 年建立了考虑全面的动力学模型，模型中轴承内圈、外圈、保持架、滚动体这些元件均有 6 个自由度，分别建立了各个元件间的相互作用关系，利用微分方程来描述元件的平动和转动。基于该模型，西安交通大学曹宏瑞教授课题组 [18,101,102,104,172−177] 分别针对球轴承和滚子轴承，通过综合考虑几何趋近量、滚动体尺寸以及接触载荷方向的改变三个因素对局部损伤进行数学表达；然后将局部损伤与滚动轴承动力学模型融合建立了滚动轴承局部损伤动力学分析模型，对单点损伤、多点损伤、复合损伤、保持架打滑、保持架兜孔磨损、滚道磨损等条件下轴承的振动响应进行了仿真计算以及试验验证。王黎钦等 [178−180] 对高速轴承的动态特性和热弹流润滑效应进行了分析。邓四二等 [181−183] 分析了滚子轴承中保持架动力学特性及一些非典型故障。Shah 等 [184] 考虑了元件间的非线性赫兹接触和润滑油膜，建立综合考虑元件滚动和平动的动力学模型，并研究了润滑油、转速、径向载荷、损伤位置和大小对轴承振动响应的影响。Patel 等 [185] 建立了考虑载荷、间隙及内外圈耦合损伤的圆柱滚子轴承模型，研究了内外圈转速及损伤部位对轴承动力学行为的影响。此外，轴承元件的粗糙度和波纹度对轴承振动特性的影响 [186,187]、轴承的打滑对动力学特性及振动特性的影响 [188-190] 也有学者开始关注。

3) 基于多体动力学及有限元模型的轴承故障动力学分析方法

许多学者还采用多体动力学分析软件对故障轴承的动力学问题进行了分析。Sopanen 等 [191,192] 采用 ADAMS 软件研究了含有局部损伤的深沟球轴承动力学行为，可以考虑油膜厚度和油膜阻尼等对轴承振动响应的影响。Nakhaeinejad 等 [193] 采用多体动力学键合图法构建了滚动轴承的三维运动动力学模型，并通过改变表面几何特征对局部表面损伤进行了模拟。廖英英等 [194] 采用 ADAMS 软件对铁路车辆双列圆锥滚子轴承在外滚道损伤下的振动响应进行了分析，并在跑合实验台上进行了实验验证。Liu 等 [195] 基于显式动力学分析软件 LS-DYNA 研究了局部表面损伤的形状对轴承振动波形的影响。Singh 等 [136] 构建了含有局部表面损伤的滚动轴承的平面运动有限元模型，并基于显式动力学分析软件 LS-DYNA 对故障轴承的动力学行为进行了仿真，研究了滚动体在通过局部损伤时的运动特性，重点分析了滚动体在通过局部损伤时接触载荷的变化与轴承振动响应之间的对应关系。Liu 等 [196] 基于 LS-DYNA 软件建立了圆柱滚子轴承的 2D 有限元模型，通过显示动力学方法求解得到轴承接触力及振动响应。Mishra 等 [197] 基于多体动力学软件 ADMAS 建立了深沟球轴承损伤动力学模型，并对不同类型的损伤进行了仿真分析。Gao 等 [198] 基于 ANSYS 有限元分析软件建立了深沟球轴承的显示动力学模型，对滚动体裂纹、剥落及点蚀故障进行了应力分析。Shi 等 [199] 针对滚动轴承表面裂纹进行了接触特性和振动特性研究，并使用 ANSYS 软件建立了考虑表面裂纹的滚动轴承动力学模型，分析了裂纹尺寸对其影响。

总之，经过几十年的发展，滚动轴承建模及故障动力学分析已经得到了长足的发展，并取得了丰硕的研究成果，为滚动轴承故障机理分析奠定了坚实的理论基础。然而，现有研究大多直接建立含故障轴承的宏观动力学模型，缺少对轴承故障演化微观机理的阐述，无法实现对轴承故障演化规律的精确表征和预测。不仅如此，现有的轴承失效机理研究较少考虑轴承的实际运行工况和服役环境。以航空发动机主轴承为例，频繁起飞、着陆和急加 (减) 速等非平稳工况给主轴承造成频繁的轴向和径向过载冲击作用，再加上高温、乏油等极端工况，使轴承性能快速下降甚至早期失效。因此，亟须考虑非稳态工况影响因素开展轴承失效机理、故障演化规律与试验研究，突破典型故障微观损伤描述方法、轴承稳态分析的局限，掌握主轴承典型故障宏观动力学行为的精确表征，形成服役条件下主轴承故障分析能力。

参 考 文 献

[1] 王国彪, 何正嘉, 陈雪峰. 机械故障诊断基础研究 "何去何从"[J]. 机械工程学报, 2013, 49(1): 63-72.

[2] 陈予恕. 机械故障诊断的非线性动力学原理 [J]. 机械工程学报, 2007, 43(1): 25-34.

[3] 何正嘉, 陈进, 王太勇, 等. 机械故障诊断理论及应用 [M]. 北京: 高等教育出版社, 2010.

[4] 何正嘉, 曹宏瑞, 訾艳阳, 等. 机械设备运行可靠性评估的发展与思考 [J]. 机械工程学报, 2014, 50(2): 171-186.

[5] Rolling bearings—damage and failures—terms, characteristics and causes: ISO15243-2017[S/OL]. [2022-07-22]. https://www.iso.org/standard/59619.html.

[6] 张美宏. M50 钢表面损伤行为和胶合失效机制分析 [D]. 哈尔滨: 哈尔滨工业大学, 2017.

[7] MCFADDEN P D, SMITH J D. Model for the vibration produced by a single point defect in a rolling element beairng[J]. Journal of Sound and Vibration, 1984, 96(1): 69-82.

[8] MCFADDEN P D, SMITH J D. The vibration produced by multiple point defects in a rolling element bearings[J]. Journal of Sound and Vibration, 1985, 98(2): 263-273.

[9] BRIE D. Modelling of the spalled rolling element bearing vibration signal: An overview and some new results[J]. Mechanical Systems and Signal Processing, 2000, 14(3): 353-369.

[10] HO D, RANDALL R B. Optimisation of bearing diagnostic techniques using simulated and actual bearing fault signals[J]. Mechanical Systems and Signal Processing, 2000, 14(5): 763-788.

[11] ANTONI J, RANDALL R B. Differential diagnosis of gear and bearing faults[J]. Journal of Vibration and Acoustics, 2002, 124(2): 165.

[12] ANTONI J, RANDALL R B. A stochastic model for simulation and diagnostics of rolling element bearings with localized faults[J]. Journal of Vibration and Acoustics, 2003, 125(3): 282.

[13] BEHZAD M, BASTAMI A R, MBA D. A new model for estimating vibrations generated in the defective rolling element bearings[J]. Journal of Vibration and Acoustics, 2011, 133(4): 041011.

[14] CONG F, CHEN J, DONG G, et al. Vibration model of rolling element bearings in a rotor-bearing system for fault diagnosis[J]. Journal of Sound and Vibration, 2013, 332(8): 2081-2097.

[15] KHANAM S, TANDON N, DUTT J K. Multi-event excitation force model for inner race defect in a rolling element bearing[J]. Journal of Tribology, 2016, 138(1): 011106.

[16] MCBRIDE W J, HUNT H E M. Dynamic model of a cylindrical roller on a rough surface, with applications to wind turbine gearbox planetary bearings[J]. Proceedings of the Institution of Mechanical Engineers Part J—Journal of Engineering Tribology, 2019, 233(10): 1424-1432.

[17] 中国轴承工业协会. 高端轴承技术路线图 [M]. 北京: 中国科学技术出版社, 2018.

[18] CAO H, NIU L, XI S, et al. Mechanical model development of rolling bearing-rotor systems: A review[J]. Mechanical Systems and Signal Processing, 2018, 102: 37-58.

[19] HARSHA S P. Nonlinear dynamic analysis of an unbalanced rotor supported by roller bearing[J]. Chaos, Solitons & Fractals, 2005, 26(1): 47-66.

[20] MEYER L D, AHLGREN F F, WEICHBRODT B. An analytic model for ball bearing vibrations to predict vibration response to distributed defects[J]. Journal of Mechanical Design, 1980, 102(2): 205-210.

[21] RAGULSKIS K M, JURKAUSKAS A Y, ATSTUPÉNAS V V, et al. Vibration of Bearings[M]. New Delhi: Amerlind Publishing Co. Pvt. Ltd., 1979.

[22] HARRIS T A, KOTZALAS M N. Rolling Bearing Analysis: Advanced Concepts of Bearing Technology[M]. Boca Raton: CRC Press, 2007.

[23] AHMADI A M, PETERSEN D, HOWARD C. A nonlinear dynamic vibration model of defective bearings—The importance of modelling the finite size of rolling elements[J]. Mechanical Systems and Signal Processing, 2015, 52-53: 309-326.

[24] CAO M, XIAO J. A comprehensive dynamic model of double-row spherical roller bearing-model development and case studies on surface defect, preloads, and radial clearance[J]. Mechanical Systems and Signal Processing, 2008, 22: 467-489.

[25] PATEL V N, TANDON N, PANDEY R K. A dynamic model for vibration studies of deep groove ball bearings considering single and multiple defects in races[J]. Journal of Tribology, 2010, 132: 041101.

[26] ARSLAN H, AKTÜRK N. An investigation of rolling element vibrations caused by local defects[J]. Journal of Tribology, 2008, 130: 041101.

[27] LIU W, ZHANG Y, FENG Z, et al. A study on waviness induced vibration of ball bearings based on signal coherence theory[J]. Journal of Sound and Vibration, 2014, 333(23): 6107-6120.

[28] DATTA J, FARHANG K. A nonlinear model for structural vibrations in rolling element bearings: Part I—derivation of governing equations[J]. Journal of Tribology, 1997, 119(1): 126-131.

[29] DATTA J, FARHANG K. A nonlinear model for structural vibrations in rolling element bearings: Part II—simulation and results[J]. Journal of Tribology, 1997, 119(2): 323-331.

[30] SUNNERSJÖ C S. Varying compliance vibrations of rolling bearings[J]. Journal of Sound and Vibration, 1978, 58(3): 363-373.

[31] GAO S H, LONG X H, MENG G. Nonlinear response and nonsmooth bifurcations of an unbalanced machine-tool spindle-bearing system[J]. Nonlinear Dynamics, 2008, 54(4): 365-377.

[32] BAI C, ZHANG H, XU Q. Subharmonic resonance of a symmetric ball bearing-rotor system[J]. International Journal of Non-linear Mechanics, 2013, 50: 1-10.

[33] SINOU J J. Non-linear dynamics and contacts of an unbalanced flexible rotor supported on ball bearings[J]. Mechanism and Machine Theory, 2009, 44(9): 1713-1732.

[34] ZHANG J H, MA L, LIN J W, et al. Dynamic analysis of flexible rotor-ball bearings system with unbalance-misalignment-rubbing coupling faults[J]. Applied Mechanics and Materials, 2011, 105-107: 448-453.

[35] TIWARI M, GUPTA K, PRAKASH O. Effect of radial internal clearance of a ball bearing on the dynamics of a balanced horizontal rotor[J]. Journal of Sound and Vibration, 2000, 238(5): 723-756.

[36] NATARAJ C, HARSHA S P. The effect of bearing cage run-out on the nonlinear dynamics of a rotating shaft[J]. Communications in Nonlinear Science and Numerical Simulation, 2008, 13(4): 822-838.

[37] GUPTA T C, GUPTA K, SEHGAL D K. Instability and chaos of a flexible rotor ball bearing system: An investigation on the influence of rotating imbalance and bearing clearance[J]. Journal of Engineering for Gas Turbines and Power, 2011, 133(8): 082501.

[38] CHENG M, MENG G, WU B. Nonlinear dynamics of a rotor-ball bearing system with alford force[J]. Journal of Vibration and Control, 2011, 18(1): 17-27.

[39] CHEN G, LI C G, WANG D Y. Nonlinear dynamic analysis and experiment verification of rotor-ball bearings-support-stator coupling system for aeroengine with rubbing coupling faults[J]. Journal of Engineering for Gas Turbines and Power, 2010, 132(2): 022501.

[40] FUKATA S, GAD E H, KONDOU T, et al. On the radial vibration of ball bearings: Computer simulation[J]. Bulletin of JSME, 1985, 28(239): 899-904.

[41] LIM T C. Vibration transmission through rolling element bearings in geared rotor systems[D]. Columbus, Ohio: The Ohio State University, 1989.

[42] LIM T C, SINGH R. Vibration transmission through rolling element bearings, Part I: Bearing stiffness formulation[J]. Journal of Sound and Vibration, 1990, 139(2): 179-199.

[43] LIM T C, SINGH R. Vibration transmission through rolling element bearings, Part II: System studies[J]. Journal of Sound and Vibration, 1990, 139(2): 201-225.

[44] AKTURK N, GOHAR R. The effect of ball size variation on vibrations associated with ball-bearings[J]. Proceedings of the Institution of Mechanical Engineers Part J—Journal of Engineering Tribology, 1998, 212(2): 101-110.

[45] JONES A B. A general theory for elastically constrained ball and radial roller bearings under arbitrary load and speed conditions[J]. Journal of Fluids Engineering, 1960, 82(2): 309-320.

[46] HARRIS T A, KOTZALAS M N. Rolling Bearing Analysis: Essential Concepts of Bearing Technology[M]. Boca Raton: CRC Press, 2007.

[47] NOEL D, RITOU M, FURET B, et al. Complete analytical expression of the stiffness matrix of angular contact ball bearings[J]. Journal of Tribology, 2013, 135(4): 041101.

[48] WANG W Z, HU L, ZHANG S G, et al. Modeling angular contact ball bearing without raceway control hypothesis[J]. Mechanism and Machine Theory, 2014, 82: 154-172.

[49] DEMUL J M, VREE J M, MAAS D A. Equilibrium and associated load distribution in ball and roller-bearings loaded in 5-degrees of freedom while neglecting friction. 1. General-theory and application to ball-bearings[J]. Journal of Tribology, 1989, 111(1): 142-148.

[50] DEMUL J M, VREE J M, MAAS D A. Equilibrium and associated load distribution in ball and roller-bearings loaded in 5-degrees of freedom while neglecting friction. 2. Application to roller-bearings and experimental-verification[J]. Journal of Tribology, 1989, 111(1): 149-155.

[51] 曹宏瑞, 何正嘉, 訾艳阳. 高速滚动轴承力学特性建模与损伤机理分析 [J]. 振动与冲击, 2012, 31(19): 134-140.

[52] 曹宏瑞, 李兵, 陈雪峰, 等. 高速主轴离心膨胀及对轴承动态特性的影响 [J]. 机械工程学报, 2012, 48(19): 59-64.

[53] LIAO N T, LIN J F. Ball bearing skidding under radial and axial loads[J]. Mechanism and Machine Theory, 2002, 37(1): 91-113.

[54] XU T, XU G, ZHANG Q, et al. A preload analytical method for ball bearings utilising bearing skidding criterion[J]. Tribology International, 2013, 67: 44-50.

[55] SHENG X, LI B, WU Z, et al. Calculation of ball bearing speed-varying stiffness[J]. Mechanism and Machine Theory, 2014, 81: 166-180.

[56] JANG G, JEONG S W. Vibration analysis of a rotating system due to the effect of ball bearing waviness[J]. Journal of Sound and Vibration, 2004, 269(3-5): 709-726.

[57] BAI C, XU Q. Dynamic model of ball bearings with internal clearance and waviness[J]. Journal of Sound and Vibration, 2006, 294(1-2): 23-48.

[58] FANG B, ZHANG J, YAN K, et al. A comprehensive study on the speed-varying stiffness of ball bearing under different load conditions[J]. Mechanism and Machine Theory, 2019, 136: 1-13.

[59] THAN V T, HUANG J H. Nonlinear thermal effects on high-speed spindle bearings subjected to preload[J]. Tribology International, 2016, 96: 361-372.

[60] MA C, YANG J, ZHAO L, et al. Simulation and experimental study on the thermally induced deformations of high-speed spindle system[J]. Applied Thermal Engineering, 2016, 86: 251-268.

[61] LIN S, JIANG S. Dynamic characteristics of motorized spindle with tandem duplex angular contact ball bearings[J]. Journal of Vibration and Acoustics-Transactions of the ASME, 2019, 141(6): 061004.

[62] 曹宏瑞, 李亚敏, 成玮, 等. 局部损伤滚动轴承建模与转子系统振动仿真 [J]. 振动、测试与诊断, 2014, 34(3): 549-552, 595.

[63] 曹宏瑞, 李亚敏, 何正嘉, 等. 高速滚动轴承–转子系统时变轴承刚度及振动响应分析 [J]. 机械工程学报, 2014, 50(15): 73-81.

[64] CAO H, HOLKUP T, ALTINTAS Y.A comparative study on the dynamics of high speed spindles with respect to different preload mechanisms[J]. International Journal of Advanced Manufacturing Technology, 2011, 57(9-12): 871-883.

[65] CAO H, HOLKUP T, CHEN X, et al. Study of characteristic variations of high-speed spindles induced by centrifugal expansion deformations[J]. Journal of Vibroengineering, 2012, 14(3): 1278-1291.

[66] CAO H, NIU L, HE Z. Method for vibration response simulation and sensor placement optimization of a machine tool spindle system with a bearing defect[J]. Sensors, 2012, 12(7): 8732-8754.

[67] HE P, GAO F, LI Y, et al. Study on thermo-mechanical coupling characteristics of angle contact ball bearing with fix-position preload[J]. Industrial Lubrication and Tribology, 2019, 71(6): 795-802.

[68] TONG V C, HONG S W. Characteristics of tapered roller bearing subjected to combined radial and moment loads[J]. International Journal of Precision Engineering and Manufacturing-Green Technology, 2014, 1(4): 323-328.

[69] TONG V C, HONG S W. The effect of angular misalignment on the running torques of tapered roller bearings[J]. Tribology International, 2016, 95: 76-85.

[70] AI S, WANG W, WANG Y, et al. Temperature rise of double-row tapered roller bearings analyzed with the thermal network method[J]. Tribology International, 2015, 87: 11-22.

[71] KABUS S, HANSEN M R, MOURITSEN O O. A new quasi-static cylindrical roller bearing model to accurately consider non-hertzian contact pressure in time domain simulations[J]. Journal of Tribology, 2012, 134(4): 041401.

[72] KABUS S, HANSEN M, MOURITSEN O. A new quasi-static multi-degree of freedom tapered roller bearing model to accurately consider non-hertzian contact pressures in time-domain simulations[J]. Proceedings of the Institution of Mechanical Engineers Part K— Journal of Multi-body Dynamics, 2014, 228(2): 111-125.

[73] GUPTA P K. Minimum energy hypothesis in quasi-static equilibrium solutions for angular contact ball bearings[J]. Tribology Transactions, 2020, 63(6): 1051-1066.

[74] HARRIS T A. Ball motion in thrust loaded angular contact bearing with coulomb friction[J]. Journal of Tribology, 1971, 93(1): 32-38.

[75] ZHAO C, YU X, HUANG Q, et al. Analysis on the load characteristics and coefficient of friction of angular contact ball bearing at high speed[J]. Tribology International, 2015, 87: 50-56.

[76] HARRIS T A, AARONSON S. An analytical investigation of cylindrical roller bearings having annular rollers[J]. A S L E Transactions, 1967, 10(3): 235-242.

[77] NELIAS D, BERCEA I, PALEU V. Prediction of roller skewing in tapered roller bearings[J]. Tribology Transactions, 2008, 51(2): 128-139.

[78] CRECELIUS W J, PIRVICS J. Computer program operation manual on shabearth, a computer program for the analysis of the steady-state and transient thermal performance of shaft bearing system[R]. Fort Belvoir: SKF Industries INC King of Prussia PA Research LAB, 1976.

[79] HOUPERT L. Cagedyn: A contribution to roller bearing dynamic calculations. Part I: Basic tribology concepts[J].Tribology Transactions, 2009, 53(1): 1-9.

[80] HOUPERT L. Cagedyn: A contribution to roller bearing dynamic calculations. Part II: Description of the numerical tool and its outputs[J]. Tribology Transactions, 2009, 53(1): 10-21.

[81] HOUPERT L. Cagedyn: A contribution to roller bearing dynamic calculations. Part III: Experimental validation[J]. Tribology Transactions, 2010, 53(6): 848-859.

[82] CRETU S, BERCEA I, MITU N. A dynamic analysis of tapered roller bearing under fully flooded conditions. 1. Theoretical formulation[J]. Wear, 1995, 188(1-2): 1-10.

[83] CRETU S, MITU N, BERCEA I. A dynamic analysis of tapered roller bearings under fully flooded conditions. 2. Results[J]. Wear, 1995, 188(1-2): 11-18.

[84] BERCEA I, CRETU S, NÉLIAS D. Analysis of double-row tapered roller bearings, Part I — Model[J]. Tribology Transactions, 2003, 46(2): 228-239.

[85] WALTERS C T. The dynamics of ball bearings[J]. Journal of Lubrication Technology, 1971, 93(1): 1-10.

[86] MEEKS C R, NG K O. The dynamics of ball separators in ball-bearings. 1. Analysis[J]. ASLE Transactions, 1985, 28(3): 277-287.

[87] MEEKS C R. The dynamics of ball separators in ball-bearings. 2. Results and optimization study[J]. ASLE Transactions, 1985, 28(3): 288-295.

[88] MEEKS C R, TRAN L. Ball bearing dynamics analysis using computer methods — Part I: Analysis[J]. Journal of Tribology, 1996, 118(1): 52-58.

[89] KLECKNER R J, PIRVICS J, CASTELLI V.High speed cylindrical rolling element bearing analysis "CYBEAN" — analytic formulation[J]. Journal of Lubrication Technology, 1980, 102(3): 380-388.

[90] NELIAS D, BERCEA I, MITU N. Analysis of double-row tapered roller bearings, Part II — Prediction of fatigue life and heat dissipation[J]. Tribology Transactions, 2003, 46(2): 240-247.

[91] HARRIS T A, MINDEL M H. Rolling element bearing dynamics[J]. Wear, 1973, 23(3): 311-337.

[92] ARAMAKI H. Rolling bearing analysis program package brain[J]. Motion & Control, 1997(3): 15-24.

[93] YANG Z, YU T, ZHANG Y, et al. Influence of cage clearance on the heating characteristics of high-speed ball bearings[J]. Tribology International, 2017, 105: 125-134.

[94] YAN K, WANG Y, ZHU Y, et al. Investigation on heat dissipation characteristic of ball bearing cage and inside cavity at ultra high rotation speed[J]. Tribology International, 2016, 93: 480-481.

[95] RUMBARGER J H. Gas turbine engine mainshaft roller beairng-system analysis[J]. Journal of Lubrication Technology, 1973, 95(4): 401-416.

[96] SHI X, WANG L, QIN F. Non-gaussian surface parameters effects on micro-tehl performance and surface stress of aero-engine main-shaft ball bearing[J]. Tribology International, 2016, 96: 163-172.

[97] GUPTA P K. Dynamics of rolling-element bearings. 1. Cylindrical roller bearing analysis[J]. Journal of Tribology, 1979, 101(3): 293-304.

[98] GUPTA P K. Dynamics of rolling-element bearings. 2. Cylindrical roller bearing results[J]. Journal of Tribology, 1979, 101(3): 305-311.

[99] GUPTA P K. Dynamics of rolling-element bearings. 3. Ball bearing analysis[J]. Journal of Tribology, 1979, 101(3): 312-318.

[100] GUPTA P K. Dynamics of rolling-element bearings. 4. Ball bearing results[J]. Journal of Tribology, 1979, 101(3): 319-326.

[101] NIU L, CAO H, HE Z, et al. Dynamic modeling and vibration response simulation for high speed rolling ball bearings with localized surface defects in raceways[J]. Journal of Manufacturing Science and Engineering-Transactions of the ASME, 2014, 136(4): 152-161.

[102] NIU L, CAO H, HE Z, et al. A systematic study of ball passing frequencies based on dynamic modeling of rolling ball bearings with localized surface defects[J]. Journal of Sound and Vibration, 2015, 357: 207-232.

[103] WANG F, JING M, YI J, et al. Dynamic modeling for vibration analysis of a cylindrical roller bearing due to localized defects on raceways[J]. Proceedings of the Institution of Mechanical Engineers Part K—Journal of Multi-Body Dynamics, 2015, 229: 39-64.

[104] NIU L, CAO H, HE Z, et al. An investigation on the occurrence of stable cage whirl motions in ball bearings based on dynamic simulations[J]. Tribology International, 2016, 103: 12-24.

[105] TAKABI J, KHONSARI M M. On the thermally-induced failure of rolling element bearings[J]. Tribology International, 2016, 94: 661-674.

[106] GUPTA P K. Ball bearing response to cage unbalance[J]. Journal of Tribology, 1986, 108(3): 462-466.

[107] GUPTA P K. Cage unbalance and wear in ball bearings[J]. Wear, 1991, 147(1): 93-104.

[108] GUPTA P K. Cage unbalance and wear of roller bearings[J]. Wear, 1991, 147(1): 105-118.

[109] GUPTA P K. Dynamic loads and cage wear in high-speed rolling bearings[J]. Wear, 1991, 147(1): 119-134.

[110] CUI Y, DENG S, YANG H, et al. Effect of cage dynamic unbalance on the cage's dynamic characteristics in high-speed cylindrical roller bearings[J]. Industrial Lubrication and Tribology, 2019, 71(10): 1125-1135.

[111] BOVET C, ZAMPONI L. An approach for predicting the internal behaviour of ball bearings under high moment load[J]. Mechanism and Machine Theory, 2016, 101: 1-22.

[112] LIU X. Dynamic stability analysis of cages in high-speed oil-lubricated angular contact ball bearings[J]. Transactions of Tianjin University, 2011, 17: 20-27.

[113] GHAISAS N, WASSGREN C R, SADEGHI F. Cage instabilities in cylindrical roller bearings[J]. Journal of Tribology, 2004, 126(4): 681-689.

[114] PEDERSON B M, SADEGHI F, WASSGREN C. The effects of cage flexibility on ball-to-cage pocket contact forces and cage instability in deep groove ball bearings[J]. SAE Transactions, 2006, 115: 260-271.

[115] GUPTA P K. Modeling of instabilites induced by cage clearances in ball bearings[J]. Tribology Transactions, 1991, 34(1): 93-99.

[116] CUI Y, DENG S, NIU R, et al. Vibration effect analysis of roller dynamic unbalance on the cage of high-speed cylindrical roller bearing[J]. Journal of Sound and Vibration, 2018, 434: 314-335.

[117] CHOE B, KWAK W, JEON D, et al. Experimental study on dynamic behavior of ball bearing cage in cryogenic environments, Part II: Effects of cage mass imbalance[J]. Mechanical Systems and Signal Processing, 2019, 116: 25-39.

[118] CHEN S, CHEN X, ZHANG T, et al. Cage motion analysis in coupling influences of ring guidance mode and rotation mode[J]. Journal of Advanced Mechanical Design Systems and Manufacturing, 2019, 13(3): 19-00164.

[119] CHOE B, LEE J, JEON D, et al. Experimental study on dynamic behavior of ball bearing cage in cryogenic environments, Part I: Effects of cage guidance and pocket clearances[J]. Mechanical Systems and Signal Processing, 2019, 115: 545-569.

[120] PEDERSON B M, SADEGHI F, WASSGREN C R. The effects of cage flexibility on ball-to-cage pocket contact forces and cage instability in deep groove ball bearings[C]. SAE 2006 World Congress Exhibition, Detroit, 2006: 260-271.

[121] ASHTEKAR A, SADEGHI F. A new approach for including cage flexibility in dynamic bearing models by using combined explicit finite and discrete element methods[J]. Journal of Tribology, 2012, 134(4): 041502.

[122] WEINZAPFEL N, SADEGHI F. A discrete element approach for modeling cage flexibility in ball bearing dynamics simulations[J]. Journal of Tribology, 2009, 131(2): 021102.

[123] GHAISAS N. Dynamics of cylindrical and tapered roller bearings using the discrete element method[D]. West Lafayette: Purdue University, 2003.

[124] FRITZSON D, STACKE L E. Dynamic behaviour of rolling bearings: Simulations and experiments[J]. Proceedings of the Institution of Mechanical Engineers Part J — Journal of Engineering Tribology, 2001, 215(6): 499-508.

[125] BROUWER M D, SADEGHI F, ASHTEKAR A, et al. Combined explicit finite and discrete element methods for rotor bearing dynamic modeling[J]. Tribology Transactions, 2015, 58(2): 300-315.

[126] LI Y, CAO H, NIU L, et al. A general method for the dynamic modeling of ball bearing-rotor systems[J]. Journal of Manufacturing Science and Engineering, 2015, 137(2): 021016.

[127] CAO H, LI Y, CHEN X. A new dynamic model of ball-bearing rotor systems based on rigid body element[J]. Journal of Manufacturing Science and Engineering, 2016, 138(7): 071007.

[128] ZHANG W, DENG S, CHEN G, et al. Study on the impact of roller convexity excursion of high-speed cylindrical roller bearing on roller's dynamic characteristics[J]. Mechanism and Machine Theory, 2016, 103: 21-39.

[129] GUPTA P K. On the dynamics of a tapered roller bearing[J]. Journal of Tribology, 1989, 111(2): 278-287.

[130] GAO W, NELIAS D, LI K, et al. A multiphase computational study of oil distribution inside roller bearings with under-race lubrication[J]. Tribology International, 2019, 140: 105862.

[131] MARCHESSE Y, CHANGENET C, VILLE F. Drag power loss investigation in cylindrical roller bearings using cfd approach[J]. Tribology Transactions, 2019, 62(3): 403-411.

[132] LI Z, LU Y, ZHANG C, et al. Traction behaviours of aviation lubricating oil and the effects on the dynamic and thermal characteristics of high-speed ball bearings[J]. Industrial Lubrication and Tribology, 2020, 72(1): 15-23.

[133] RUBIO H. Dynamic analysis of rolling bearing system using lagrangian model vs. FEM code[C]. The 12th IFToMM World Congress, Besancon, 2007: 205-210.

[134] LANIADO-JÁCOME E, MENESES-ALONSO J, DIAZ-LÓPEZ V. A study of sliding between rollers and races in a roller bearing with a numerical model for mechanical event simulations[J]. Tribology International, 2010, 43(11): 2175-2182.

[135] SINGH S, HOWARD C Q, HANSEN C H. An extensive review of vibration modelling of rolling element bearings with localised and extended defects[J]. Journal of Sound and Vibration, 2015, 357: 300-330.

[136] SINGH S, KOPKE U G, HOWARD C Q, et al. Analyses of contact forces and vibration response for a defective rolling element bearing using an explicit dynamics finite element model[J]. Journal of Sound and Vibration, 2014, 333(21): 5356-5377.

[137] CAO L, SADEGHI F, STACKE L E. An explicit finite-element model to investigate the effects of elastomeric bushing on bearing dynamics[J]. Journal of Tribology, 2016, 138: 031104.

[138] CAO L, BROUWER M D, SADEGHI F, et al. Effect of housing support on bearing dynamics[J]. Journal of Tribology, 2015, 138(1): 011105.

[139] MEDVECKY S, MADAJ S. Analyzing subsurface stress of rolling bearings for large values of the equvialent load by using fem[J]. Machine Design, 2012, 4(3): 139-144.

[140] POPLAWSKI J V, PETERS S M, ZARETSKY E V. Effect of roller profile on cylindrical roller bearing life prediction—Part II comparison of roller profiles[J]. Tribology Transactions, 2001, 44(3): 417-427.

[141] POPLAWSKI J V, PETERS S M, ZARETSKY E V. Effect of roller profile on cylindrical roller bearing life prediction—Part I: Comparison of bearing life theories[J]. Tribology Transactions, 2001, 44(3): 339-350.

[142] TANG Z, SUN J. The contact analysis for deep groove ball bearing based on ansys[J]. Procedia Engineering, 2011, 23: 423-428.

[143] MASSI F, BOUSCHARAIN N, MILANA S, et al. Degradation of high speed loaded oscillating bearings: Numerical analysis and comparison with experimental observations[J]. Wear, 2014, 317: 141-152.

[144] YE Z, WANG L, GU L, et al. Effects of tilted misalignment on loading characteristics of cylindrical roller bearings[J]. Mechanism and Machine Theory, 2013, 69: 153-167.

[145] DENG S, HUA L, HAN X, et al. Finite element analysis of fatigue life for deep groove ball bearing[J]. Proceedings of the Institution of Mechanical Engineers Part L — Journal of Materials: Design and Applications, 2012, 227(1): 70-81.

[146] KUNC R, ZEROVNIK A, PREBIL I. Verification of numerical determination of carrying capacity of large rolling bearings with hardened raceway[J]. International Journal of Fatigue, 2007, 29(9-11): 1913-1919.

[147] WARDA B, CHUDZIK A. Effect of ring misalignment of the fatigue life of the radial cylindrical roller bearing[J]. International Journal of Mechanical Sciences, 2016, 111-112: 1-11.

[148] SULKI S, KIM W, BAE D, et al. A bearing endurance life prediction method considering the bearing dynamic characteristics[C]. SAE 2015 World Congress Exhibition, Detroit, 2015.

[149] KANG Y, SHEN P C, HUANG C C, et al. A modification of the Jones-Harris method for deep-groove ball bearings[J]. Tribology International, 2006, 39(11): 1413-1420.

[150] MERMOZ E, FAGES D, ZAMPONI L, et al. New methodology to define roller geometry on power bearings[J]. CIRP Annals - Manufacturing Technology, 2016, 65(1): 157-160.

[151] LI W, HUANG Y, FU B, et al. Fretting damage modeling of liner-bearing interaction by combined finite element - discrete element method[J]. Tribology International, 2013, 61: 19-31.

[152] KIM K S, LEE D W, LEE S M, et al. A numerical approach to determine the frictionl torque and temperature of an angular contact ball bearing in a spindle system[J]. International Journal of Precision

Engineering and Manufacturing, 2015, 16: 135-142.

[153] TARAWNEH C M, FUENTES A A, KYPUROS J A, et al. Thermal modeling of a railroad tapered-roller bearing using finite element analysis[J]. Journal of Thermal Science and Engineering Applications, 2012, 4(3): 031002.

[154] HU J, WU W, WU M, et al. Numerical investigation of the air-oil two-phase flow inside an oil-jet lubricated ball bearing[J]. International Journal of Heat and Mass Transfer, 2014, 68: 85-93.

[155] ADENIYI A A, MORVAN H, SIMMONS K. A computational fluid dynamics simulation of oil-air flow between the cage and inner race of an aero-engine bearing[J]. Journal of Engineering for Gas Turbines and Power, 2017, 139: 012506.

[156] GÖNCZ P, DROBNE M, GLODEŽ S. Computational model for determination of dynamic load capacity of large three-row roller slewing bearings[J]. Engineering Failure Analysis, 2013, 32: 44-53.

[157] GÖNCZ P, POTOČNIK R, GLODEŽ S. Computational model for determination of static load capacity of three-row roller slewing bearings with arbitrary clearances and predefined raceway deformations[J]. International Journal of Mechanical Sciences, 2013, 73: 82-92.

[158] SMOLNICKI T, DERLUKIEWICZ D, STAŃCO M. Evaluation of load distribution in the superstructure rotation joint of single-bucket caterpillar excavators[J]. Automation in Construction, 2008, 17(3): 218-223.

[159] HIRANI H. Root cause failure analysis of outer ring fracture of four-row cylindrical roller bearing[J]. Tribology Transactions, 2009, 52(2): 180-190.

[160] SHI Z, LIU J. An improved planar dynamic model for vibration analysis of a cylindrical roller bearing[J]. Mechanism and Machine Theory, 2020, 153: 103994.

[161] KANKAR P K, SHARMA S C, HARSHA S P. Vibration based performance prediction of ball bearings caused by localized defects[J]. Nonlinear Dynamics, 2012, 69(3): 847-875.

[162] PETERSEN D, HOWARD C, SAWALHI N, et al. Analysis of bearing stiffness variations, contact forces and vibrations in radially loaded double row rolling element bearings with raceway defects[J]. Mechanical Systems and Signal Processing, 2015, 50-51: 139-160.

[163] 刘静, 邵毅敏, 秦晓猛, 等. 基于非理想 hertz 线接触特性的圆柱滚子轴承局部故障动力学建模 [J]. 机械工程学报, 2014, 50(1): 91-97.

[164] YUAN X, ZHU Y S, ZHANG Y Y. Multi-body vibration modelling of ball bearing-rotor system considering single and compound multi-defects[J]. Proceedings of the Institution of Mechanical Engineers Part K—Journal of Multi-Body Dynamics, 2014, 228(2): 199-212.

[165] CUI L, ZHANG Y, ZHANG F, et al. Vibration response mechanism of faulty outer race rolling element bearings for quantitative analysis[J]. Journal of Sound and Vibration, 2016, 364: 67-76.

[166] GOVARDHAN T, CHOUDHURY A, PALIWAL D. Numerical simulation and vibration analysis of dynamically loaded bearing with defect on rolling element[J]. International Journal of Acoustics and Vibration, 2018, 23(3): 332-342.

[167] JIANG Y, HUANG W, LUO J, et al. An improved dynamic model of defective bearings considering the three-dimensional geometric relationship between the rolling element and defect area[J]. Mechanical Systems and Signal Processing, 2019, 129: 694-716.

[168] HOU P, WANG L, PENG Q. Influence of rotational speed on the impact characteristics caused by a localized defect of the outer raceway in a ball bearing under an axial load[J]. Proceedings of the Institution of Mechanical Engineers Part K—Journal of Multi-Body Dynamics, 2020, 234(3): 498-513.

[169] QIN Y, CAO F, WANG Y, et al. Dynamics modelling for deep groove ball bearings with local faults based on coupled and segmented displacement excitation[J]. Journal of Sound and Vibration, 2019, 447: 1-19.

[170] QIN Y, LI C, CAO F, et al. A fault dynamic model of high-speed angular contact ball bearings[J]. Mechanism and Machine Theory, 2020, 143: 103627.

[171] PARMAR V, SARAN V H, HARSHA S P. Nonlinear vibration response analysis of a double-row self-aligning ball bearing due to surface imperfections[J]. Proceedings of the Institution of Mechanical Engineers Part K—Journal of Multi-Body Dynamics, 2020, 234(3): 514-535.

[172] 牛蔺楷, 曹宏瑞, 何正嘉. 考虑三维运动和相对滑动的滚动球轴承局部表面损伤动力学建模研究 [J]. 机械工程学报, 2015, 51(19): 53-59.

[173] NIU L, CAO H, XIONG X. Dynamic modeling and vibration response simulations of angular contact ball bearings with ball defects considering the three-dimensional motion of balls[J]. Tribology International, 2017, 109: 26-39.

[174] CAO H, SU S, JING X, et al. Vibration mechanism analysis for cylindrical roller bearings with single/multi defects and compound faults[J]. Mechanical Systems and Signal Processing, 2020, 144: 106903.

[175] NIU L, CAO H, HOU H, et al. Experimental observations and dynamic modeling of vibration, characteristics of a cylindrical roller bearing with roller defects[J]. Mechanical Systems and Signal Processing, 2020, 138: 106553.

[176] SU S, CAO H, ZHANG Y. Dynamic modeling and characteristics analysis of cylindrical roller bearing with the surface texture on raceways[J].Mechanical Systems and Signal Processing, 2021, 158: 107709.

[177] CAO H, SHI F, LI Y, et al. Vibration and stability analysis of rotor-bearing-pedestal system due to clearance fit[J]. Mechanical Systems and Signal Processing, 2019, 133: 106275.

[178] 王黎钦, 崔立, 郑德志, 等. 航空发动机高速球轴承动态特性分析 [J]. 航空学报, 2007, 28(6): 1461-1467.

[179] 崔立, 王黎钦, 郑德志, 等. 航空发动机高速滚子轴承动态特性分析 [J]. 航空学报, 2008, 29(2): 492-498.

[180] 史修江, 王黎钦, 郑德志. 考虑动力学特性的航空发动机主轴球轴承热弹流分析 [J]. 摩擦学学报, 2015, 35(4): 415-422.

[181] 邓四二, 顾金芳, 崔永存, 等. 高速圆柱滚子轴承保持架动力学特性分析 [J]. 航空动力学报, 2014, 29(1): 207-215.

[182] 王自彬, 邓四二, 张文虎, 等. 高速圆柱滚子轴承保持架运行稳定性分析 [J]. 振动与冲击, 2019, 38(9): 100-108.

[183] 郑金涛, 邓四二, 张文虎, 等. 航空发动机主轴滚子轴承非典型失效机理 [J]. 航空学报, 2020, 41(5): 305-317.

[184] SHAH D S, PATEL V N. A dynamic model for vibration studies of dry and lubricated deep groove ball bearings considering local defects on races[J]. Measurement, 2019, 137: 535-555.

[185] PATEL S P, UPADHYAY S H. Nonlinear analysis of cylindrical roller bearing under the influence of defect on individual and coupled inner-outer race[J]. Proceedings of the Institution of Mechanical Engineers Part K—Journal of Multi-Body Dynamics, 2019, 233(2): 404-428.

[186] HODAEI M, RABBANI V, MILANI A S. An enhanced conformal contact modeling of the cylindrical roller bearings with inclusion of roughness effect[J]. Journal of Adhesion Science and Technology, 2020, 34(4): 369-387.

[187] LIU J, PANG R, XU Y, et al. Vibration analysis of a single row angular contact ball bearing with the coupling errors including the surface roundness and waviness[J]. Science China-Technological Sciences, 2020, 63(6): 943-952.

[188] GAO S, CHATTERTON S, NALDI L, et al. Ball bearing skidding and over-skidding in large-scale angular contact ball bearings: Nonlinear dynamic model with thermal effects and experimental results[J]. Mechanical Systems and Signal Processing, 2021, 147: 107120.

[189] LIU Y, CHEN Z, TANG L, et al. Skidding dynamic performance of rolling bearing with cage flexibility under accelerating conditions[J]. Mechanical Systems and Signal Processing, 2021, 150: 107257.

[190] TU W, YU W, SHAO Y, et al. A nonlinear dynamic vibration model of cylindrical roller bearing considering skidding[J]. Nonlinear Dynamics, 2021, 103: 2299-2313.

[191] SOPANEN J, MIKKOLA A. Dynamic model of a deep-groove ball bearing including localized and distributed defects. Part 1: Theory[J]. Proceedings of the Institution of Mechanical Engineers Part K—Journal of Multi-Body Dynamics, 2003, 217(3): 201-211.

[192] SOPANEN J, MIKKOLA A. Dynamic model of a deep-groove ball bearing including localized and distributed defects. Part 2: Implementation and results[J]. Proceedings of the Institution of Mechanical Engineers Part K—Journal of Multi-Body Dynamics, 2003, 217(3): 213-223.

[193] NAKHAEINEJAD M, BRYANT M D. Dynamic modeling of rolling element bearings with surface contact defects using bond graphs[J]. Journal of Tribology, 2011, 133(1): 011102.

[194] 廖英英, 刘永强, 杨绍普, 等. 铁道车辆滚动轴承外圈故障数值模拟与实验 [J]. 振动、测试与诊断, 2014, 34(3): 539-543, 594.

[195] LIU J, SHAO Y, ZUO M J. The effects of the shape of localized defect in ball bearings on the vibration waveform[J]. Proceedings of the Institution of Mechanical Engineers Part K—Journal of Multi-Body Dynamics, 2013, 227(3): 261-274.

[196] LIU J, SHAO Y. A numerical investigation of effects of defect edge discontinuities on contact forces and vibrations for a defective roller bearing[J]. Proceedings of the Institution of Mechanical Engineers Part K—Journal of Multi-Body Dynamics, 2016, 230(4): 387-400.

[197] MISHRA C, SAMANTARAY A K, CHAKRABORTY G. Ball bearing defect models: A study of simulated and experimental fault signatures[J]. Journal of Sound and Vibration, 2017, 400: 86-112.

[198] GAO Q, WU X, LI Z. Failure analysis of rolling bearings based on explicit dynamic method and theories of hertzian contact[J]. Journal of Failure Analysis and Prevention, 2019, 19(6): 1645-1654.

[199] SHI Z, LIU J, DONG S. A numerical study of the contact and vibration characteristics of a roller bearing with a surface crack[J]. Proceedings of the Institution of Mechanical Engineers Part L—Journal of Materials-Design and Applications, 2020, 234(4): 549-563.

第 2 章　滚动轴承动力学建模方法

2.1　引　　言

任何一个轴承的分析模型都包括如下的三个要素：本构方程 (constitutive equation)、几何兼容 (geometric compatibility) 条件和控制方程 (governing equation)。其中，本构方程定义了材料的受载与变形之间的关系以及润滑剂的拖动牵引性能；几何兼容条件主要指轴承模型所采用的外部约束 (如轴承的预紧等)；控制方程定义了分析模型时各轴承元件的运动规律。根据所采用的控制方程，将滚动轴承的建模方法分为三类：拟静力学方法、拟动力学方法及动力学方法。拟静力学模型和拟动力学模型难以分析润滑牵引、接触面打滑以及保持架碰撞等复杂的动力学特性。合理准确地仿真轴承元件动力学行为，需要采用更为复杂的动力学模型。美国学者 Gupta 建立的轴承模型 [1] 是目前能够综合考虑轴承元件复杂动力学特性且最具代表性的滚动轴承动力学模型。由于该模型不对轴承元件的运动进行约束和假设，且采用微分方程对每个轴承元件的运动进行模拟和描述，因此，可以对轴承元件的瞬态作用力、润滑效应以及离心力、陀螺力矩、滚动体歪斜等高速效应和复杂动力学现象进行准确的模拟。本章以 Gupta 提出的轴承动力学建模方法为理论基础，分别构建单列向心球轴承 (深沟球轴承、角接触球轴承)、双半内圈球轴承、浮动变位球轴承、圆柱滚子轴承和双列圆锥滚子轴承动力学模型，利用牛顿–欧拉法建立轴承各个元件的动力学方程，并采用龙格–库塔法对方程进行数值求解。

2.2　理　论　基　础

Gupta 轴承模型可在三维空间中对轴承元件的运动进行分析。通过将元件的位置矢量和速度矢量作为基本输入参数对各元件的力矢量和力矩矢量进行分析和计算。考虑两个轴承元件 A 和 B，建模流程如图 2-1 所示。基于两个轴承元件的位置矢量可以获得二者之间的相对位置矢量，并获得二者之间的几何相互作用量 (即几何趋近量)。利用一定的相互作用模型 (如赫兹接触模型) 即可通过已得到的几何相互作用量计算出二者之间的法向接触载荷。另外，将元件 A 和元件 B 的绝对速度矢量进行减运算就可得到二者在接触面的相对速度，将该相对速度向垂直于法向接触载荷的方向进行投影即可得到相对滑动速度。之后，利用已知的润滑牵引模型即可得到在给定的相对滑动速度下的牵引系数。法向接触力和牵引系数的乘积即为相应的牵引力。牵引力和法向接触力共同构成了作用在轴承元件上的力矢量。通过将相应的位置矢量与力矢量进行叉乘运算即可得到力矩矢量。在得到力矢量和力矩矢量后，利用牛顿方程和欧拉方程即可得到分别考虑元件平动和转动的动力学微分方程，并得到相应的加速度矢量。

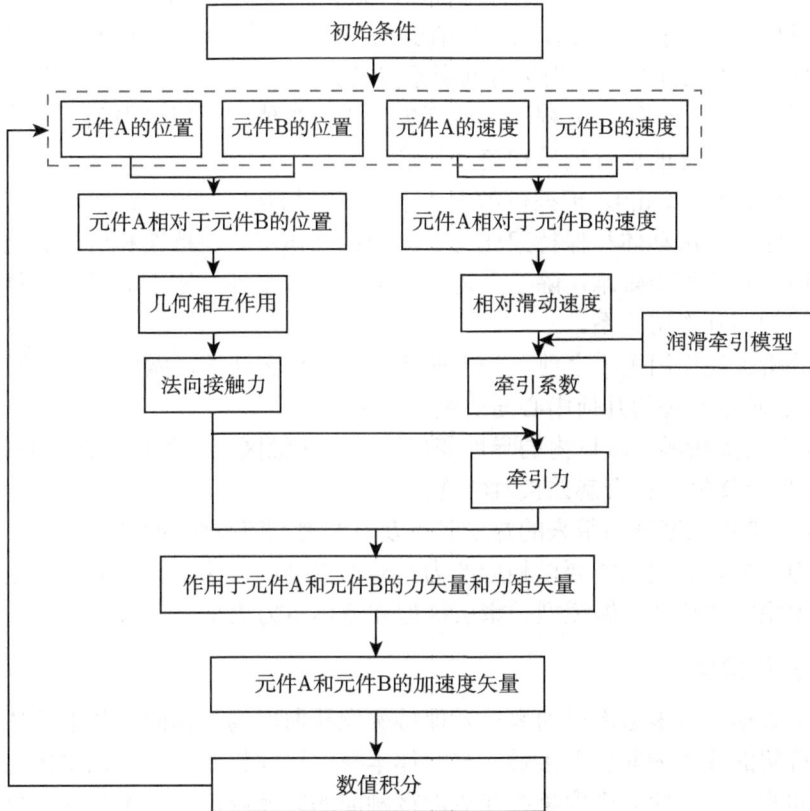

图 2-1　Gupta 轴承建模流程 [1]

滚动轴承各元件的平移运动通过牛顿方程进行描述：

$$\begin{cases} m\ddot{x} = F_x \\ m\ddot{y} = F_y \\ m\ddot{z} = F_z \end{cases} \tag{2-1}$$

式中，m 为轴承元件的质量；$\ddot{x}$、$\ddot{y}$、$\ddot{z}$ 分别为轴承元件沿着三个坐标轴的平移加速度；F_x、F_y、F_z 分别为轴承元件在三个坐标方向所承受的力。

各元件的旋转运动通过欧拉方程进行描述：

$$\begin{cases} I_x\dot{\omega}_x - (I_y - I_z)\,\omega_y\omega_z = M_x \\ I_y\dot{\omega}_y - (I_z - I_x)\,\omega_z\omega_x = M_y \\ I_z\dot{\omega}_z - (I_x - I_y)\,\omega_x\omega_y = M_z \end{cases} \tag{2-2}$$

式中，I_x、I_y、I_z 为轴承元件沿各坐标轴的惯性主矩；ω_x、ω_y、ω_z 为轴承元件沿各坐标轴的角速度；$\dot{\omega}_x$、$\dot{\omega}_y$、$\dot{\omega}_z$ 为轴承元件沿各坐标轴的角加速度；M_x、M_y、M_z 分别为轴承元件在三个坐标方向所承受的力矩。

最后，将动力学微分方程和加速度矢量进行数值积分即可得到下一个时间增量步中各轴承元件的位置矢量和速度矢量。

对于球轴承，Gupta 模型可考虑如下的三大相互作用关系：滚动体和套圈之间的相互作用、滚动体和保持架兜孔之间的相互作用、保持架和引导套圈之间的相互作用。对于滚子轴承，除了上述的三大作用关系外，还考虑了滚动体和套圈挡边之间的相互作用关系。

在分析上述作用关系之前，为方便和简化分析和计算，做出如下的假设：
(1) 各轴承元件的几何中心与质量中心重合；
(2) 仅考虑接触区域以内的弹性变形问题，接触区域以外按刚性问题处理；
(3) 所有接触均符合赫兹接触特性；
(4) 不考虑温度升高带来的热膨胀以及对润滑剂流变学的影响。

动力学模型的建立需要以相应的力学模型为基础，滚动轴承动力学建模涉及的力学模型主要包括接触模型、牵引模型和流体阻力模型。

2.2.1 接触模型

由于滚动体与滚道沟槽曲率以及保持架兜孔曲率均不相同，故滚动体与套圈以及保持架的接触为非协调接触。与物体本身的尺寸相比，非协调物体之间的接触面积通常很小，应力高度集中在靠近接触面的区域内，并且不易受远离接触面的物体形状影响。因此，滚动体与滚道沟槽以及保持架之间的接触可由赫兹接触理论 (无摩擦弹性固体的法向接触) 近似计算，本节仅对点接触的载荷变形关系进行简要推导，以便读者了解轴承几何参数对接触载荷变形关系的影响，详细的计算过程可参考文献 [2]。

1. 点接触

弹性体 ① 和 ② 在载荷 P 作用下发生接触变形，如图 2-2 所示，设两接触物体间的等间隙曲线为椭圆：

$$h = Ax^2 + By^2 = \frac{1}{2R'}x^2 + \frac{1}{2R''}y^2 \tag{2-3}$$

定义 R' 和 R'' 为相对主曲率半径。引进等效半径：

$$R_{\mathrm{e}} = (R'R'')^{\frac{1}{2}} = \frac{1}{2}(AB)^{-\frac{1}{2}} \tag{2-4}$$

则两物体间的弹性位移可表示为

$$\bar{u}_{z1} + \bar{u}_{z2} = \delta - h = \delta - Ax^2 - By^2 \tag{2-5}$$

式中，δ 为两物体间的弹性压缩量。

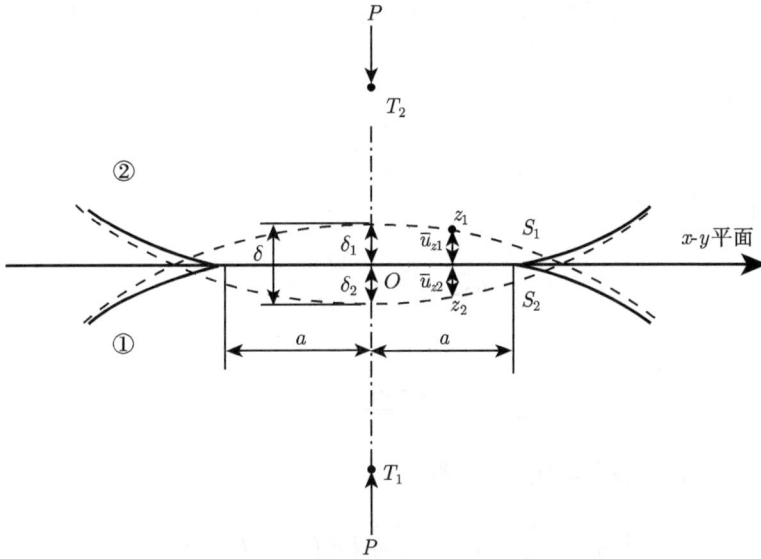

图 2-2　非协调表面法向接触

假设加载后接触区域为椭圆形状，则椭圆域上的赫兹压力分布为 $p = p_0\{1 - (x/a)^2 - (y/b)^2\}^{\frac{1}{2}}$，$p_0$ 为接触区域内最大压力。加载区内的表面位移为

$$\bar{u}_z = \frac{1-\nu^2}{\pi E}\left(L - Mx^2 - Ny^2\right) \tag{2-6}$$

式中

$$M = \frac{\pi p_0 ab}{2}\int_0^\infty \frac{\mathrm{d}w}{\left\{(a^2+w)^3(b^2+w)\,w\right\}^{\frac{1}{2}}}$$

$$= \frac{\pi p_0 b}{e^2 a^2}\left\{K(e) - E(e)\right\}$$

$$N = \frac{\pi p_0 ab}{2} \int_0^\infty \frac{\mathrm{d}w}{\left\{ \left(a^2 + w\right) \left(b^2 + w\right)^3 w \right\}^{\frac{1}{2}}}$$

$$= \frac{\pi p_0 b}{e^2 a^2} \left\{ \frac{a^2}{b^2} K\left(e\right) - E\left(e\right) \right\}$$

$$L = \frac{\pi p_0 ab}{2} \int_0^\infty \frac{\mathrm{d}w}{\left\{ \left(a^2 + w\right) \left(b^2 + w\right) w \right\}^{\frac{1}{2}}}$$

$$= \pi p_0 b K\left(e\right)$$

其中，$K(e)$ 和 $E(e)$ 分别为第一类完全椭圆积分和第二类完全椭圆积分；自变量 $e = \sqrt{1 - b^2/a^2}$；a 和 b 分别为接触椭圆的长半轴长度和短半轴长度。

总载荷为

$$P = \frac{2}{3} p_0 \pi ab \tag{2-7}$$

对两个物体来说，

$$\bar{u}_{z1} + \bar{u}_{z2} = \frac{L - Mx^2 - Ny^2}{\pi E^*} \tag{2-8}$$

其中

$$\frac{1}{E^*} = \frac{1 - \nu_1^2}{E_1} + \frac{1 - \nu_2^2}{E_2} \tag{2-9}$$

又 $\bar{u}_{z1} + \bar{u}_{z2} = \delta - Ax^2 - By^2$，可得

$$\begin{cases} A = \dfrac{M}{\pi E^*} = \dfrac{p_0 b}{E^* e^2 a^2} \left\{ K(e) - E(e) \right\} \\[2mm] B = \dfrac{N}{\pi E^*} = \dfrac{p_0 b}{E^* e^2 a^2} \left\{ \dfrac{a^2}{b^2} K(e) - E(e) \right\} \\[2mm] \delta = \dfrac{L}{\pi E^*} = \dfrac{p_0 b}{E^*} K(e) \end{cases} \tag{2-10}$$

记

$$\frac{B}{A} = \frac{R'}{R''} = \frac{\dfrac{a^2}{b^2} K(e) - E(e)}{K(e) - E(e)} \tag{2-11}$$

结合两接触表面的相对主曲率半径，由式 (2-11) 即可解得接触椭圆离心率 e，以及

$$(AB)^{\frac{1}{2}} = \frac{1}{2} \left(\frac{1}{R'R''} \right)^{\frac{1}{2}} = \frac{1}{2R_{\mathrm{e}}} = \frac{p_0 b}{E^* e^2 a^2} \left[\left\{ \frac{a^2}{b^2} K(e) - E(e) \right\} \left\{ K(e) - E(e) \right\} \right]^{\frac{1}{2}}$$

记

$$c = (ab)^{\frac{1}{2}} \tag{2-12}$$

则

$$c^3 = (ab)^{\frac{3}{2}} = \left(\frac{3PR_e}{4E^*}\right)\left(\frac{4}{\pi e^2}\right)\left(\frac{b}{a}\right)^{\frac{3}{2}}\left[\left\{\frac{a^2}{b^2}K(e) - E(e)\right\}\left\{K(e) - E(e)\right\}\right]^{\frac{1}{2}}$$

$$c = (ab)^{\frac{1}{2}} = \left(\frac{3PR_e}{4E^*}\right)^{\frac{1}{3}} F_1(e)$$

其中，c 为等效接触半径。

结合式 (2-7) 及式 (2-10) 可求得压缩量

$$
\begin{aligned}
\delta &= \frac{3P}{2\pi abE^*}bK(e) \\
&= \left(\frac{9P^2}{16E^{*2}R_e}\right)^{\frac{1}{3}}\frac{2}{\pi}\left(\frac{b}{a}\right)^{\frac{1}{2}}\left\{F_1(e)\right\}^{-1}K(e) \\
&= \left(\frac{9P^2}{16E^{*2}R_e}\right)^{\frac{1}{3}}F_2(e)
\end{aligned}
\tag{2-13}
$$

由此载荷与位移的关系可表示为

$$P = \frac{4}{3}E^* R_e^{\frac{1}{2}} F_2(e)^{\frac{2}{3}} \delta^{\frac{3}{2}} \tag{2-14}$$

结合轴承元件的位置矢量及几何参数，根据式 (2-14) 即可实现对轴承元件间接触载荷的计算。

2. 线接触

当两个圆柱体的轴线平行时，由单位长度上的力 P 压紧而相互接触时，就变成椭圆接触的极限情况，接触面为矩形域。与点接触不同，线接触需要通过计算两物体有限长度上的应变获得。

Palmgren 和 Lundberg 根据实际测量的载荷位移关系提出了线接触载荷变形关系的经验公式，主要用于滚子的接触力计算。

Lundberg 提出的计算线接触载荷变形关系的公式为 [3]

$$\delta = \frac{2P}{\pi l}\left[\frac{1 - \nu_1^2}{E_1} + \frac{1 - \nu_2^2}{E_2}\right]\left[\ln\frac{l}{b} + 1.1932\right] \tag{2-15}$$

式中，b 为接触区域半宽。

$$b = \left\{ \frac{4Q}{\pi l \sum \rho} \left[\frac{1 - \nu_1^2}{E_1} + \frac{1 - \nu_2^2}{E_2} \right] \right\}^{\frac{1}{2}} \tag{2-16}$$

式 (2-15) 和式 (2-16) 中，ν_1、ν_2、E_1、E_2 分别为接触物体的泊松比和弹性模量；$\sum \rho$ 为曲率和；P 为法向接触力；l 为接触区域长度。

Palmgren 提出的计算线接触载荷变形关系的公式为 [4]

$$\delta = 0.39 \left[\frac{4\left(1 - \nu_1^2\right)}{E_1} + \frac{4\left(1 - \nu_2^2\right)}{E_2} \right]^{0.9} \frac{P^{0.9}}{l^{0.8}} \tag{2-17}$$

式 (2-15) 和式 (2-17) 在处理低速及轴径向载荷工况下的滚子轴承问题时可以得到较准确的计算结果。然而，滚子轴承中常常有间隙存在，使得轴承运行时滚子在兜孔中发生偏斜和歪斜，与其他轴承元件不一定始终沿平行轴线方向接触，在高速工况下这种情况尤为严重，故要根据滚子与轴承元件的实际接触长度来计算滚子接触力。Ghaisas 提出的离散元法 (discrete element method)[5] 对于滚子偏斜和歪斜时的接触载荷计算较为有效，故本章采用离散元法计算滚子与套圈及保持架间的接触载荷，具体将在 2.6 节进行阐述。

2.2.2 牵引模型

本节均假设润滑剂为牛顿流体，即黏度与剪切速率无关，且不考虑由剪切稀化或稠化引起的黏度非线性变化。实际上，在接触区域内的润滑油膜厚度与压力和润滑剂的黏度、密度及温度相关。当接触应力大于 1GPa 时，润滑剂会呈现非牛顿流体特性。

弹流润滑主要用于计算滚动体与套圈间的切向牵引力。计算润滑剂的牵引力，首先求出接触坐标系下滚球和套圈在接触区域内坐标点 (x, y) 处的速度，可表示为

$$\begin{cases} \boldsymbol{u}_{\mathrm{r}}^{\mathrm{k}} = \boldsymbol{v}_{\mathrm{r}}^{\mathrm{k}} + \boldsymbol{\omega}_{\mathrm{r}}^{\mathrm{k}} \times \boldsymbol{r}_{\mathrm{ptr}}^{\mathrm{k}} \\ \boldsymbol{u}_{\mathrm{b}}^{\mathrm{k}} = \boldsymbol{v}_{\mathrm{b}}^{\mathrm{k}} + \boldsymbol{\omega}_{\mathrm{b}}^{\mathrm{k}} \times \boldsymbol{r}_{\mathrm{ptb}}^{\mathrm{k}} \end{cases} \tag{2-18}$$

式中，$\boldsymbol{u}_{\mathrm{r}}^{\mathrm{k}}$、$\boldsymbol{u}_{\mathrm{b}}^{\mathrm{k}}$ 分别为接触坐标系中接触椭圆内坐标点上的速度；$\boldsymbol{v}_{\mathrm{r}}^{\mathrm{k}}$、$\boldsymbol{v}_{\mathrm{b}}^{\mathrm{k}}$ 分别为接触坐标系中套圈和滚球中心刚体平动速度；$\boldsymbol{\omega}_{\mathrm{r}}^{\mathrm{k}}$、$\boldsymbol{\omega}_{\mathrm{b}}^{\mathrm{k}}$ 分别为接触坐标系中套圈和滚球旋转角速度；$\boldsymbol{r}_{\mathrm{ptr}}^{\mathrm{k}}$、$\boldsymbol{r}_{\mathrm{ptb}}^{\mathrm{k}}$ 分别为接触坐标系中坐标点 (x, y) 相对于套圈中心和滚球中心矢量。根据接触椭圆内相对滑动速度应用 Gupta 模型中的四参数润滑牵引模型求得牵引系数，其中四参数润滑牵引模型可表示为

$$\mu = (\zeta_1 + \zeta_2 u)\,\mathrm{e}^{-\zeta_3 u} + \zeta_4 \tag{2-19}$$

式中，μ 为滑动速度 u 时的牵引系数；ζ_1、ζ_2、ζ_3、ζ_4 为润滑剂系数，具体取值见表 2-1。

表 2-1 轴承润滑牵引模型润滑剂系数 [6]

系数	数值
ζ_1	-0.0075
ζ_2	0.020
ζ_3	1.60
ζ_4	0.075

接触区内套圈对滚球的牵引摩擦力 $\boldsymbol{F}_{\mathrm{tr}}$ 为

$$\boldsymbol{F}_{\mathrm{tr}} = \iint_{\Omega} -\frac{\boldsymbol{u}_{\mathrm{r}}^{\mathrm{k}} - \boldsymbol{u}_{\mathrm{b}}^{\mathrm{k}}}{\left\| \boldsymbol{u}_{\mathrm{r}}^{\mathrm{k}} - \boldsymbol{u}_{\mathrm{b}}^{\mathrm{k}} \right\|} p\mu \mathrm{d}x\mathrm{d}y \tag{2-20}$$

式中，Ω 为接触区域；p 为坐标点 (x, y) 处赫兹接触压力。

2.2.3 流体阻力

滚动轴承中润滑剂形成的真实流场属于气液两相流，由于润滑剂的成分及实际运行时润滑剂与空气的比例无法准确测量，故滚动体及保持架在润滑剂中的阻力很难用统一的模型进行描述。本书采用了简化模型，轴承空腔内油气混合物对滚球运动阻力 F_{dg} 可表示为

$$F_{\mathrm{dg}} = \frac{1}{2}\rho C_{\mathrm{d}} S v^2 \tag{2-21}$$

式中，ρ 为油气混合物密度；v 为滚球公转线速度；S 为阻力作用面积；C_{d} 为阻力系数，与轴承空腔内油气混合物雷诺数呈对数关系，数值如表 2-2 所示并且可通过拟合插值计算 [7]。雷诺数计算公式可表示为

$$\mathrm{Re} = \frac{\rho v D}{\mu} \tag{2-22}$$

式中，ρ 为油气混合物密度；v 为滚球公转线速度；D 为滚球直径；μ 为油气混合物黏度。

滚球阻力作用面积 S 如图 2-3 中浅灰色区域所示，公式表达为

$$S = \frac{1}{4}\pi D^2 - wD \tag{2-23}$$

式中，w 为保持架径向截面宽度。

表 2-2   阻力系数与雷诺数数值关系 [7]

雷诺数 Re	阻力系数 C_d
10^{-1}	275.00
1	30.00
10	4.20
10^2	1.20
10^3	0.48
10^4	0.45
10^5	0.40
2×10^5	0.40
3×10^5	0.10
5×10^5	0.09
4×10^5	0.09

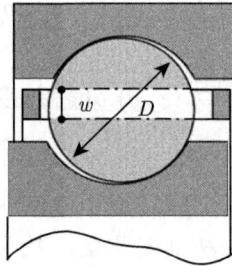

图 2-3   滚球阻力作用面积

2.3   单列向心球轴承动力学建模

本节的单列向心球轴承包括深沟球轴承和角接触球轴承，二者所含的轴承元件类似，故在轴承元件的相互作用关系分析方面一致。由于角接触球轴承的接触角总不为零，滚球的自转轴线与公转轴线成一定角度，在动力学建模中需要考虑陀螺力矩的影响。

2.3.1   轴承元件间的相互作用关系

1. 滚球和套圈之间的相互作用

本节以滚球和内圈的相互作用关系为例来说明滚球和套圈之间的相互作用，如图 2-4 所示。滚球和外圈的相互作用与此类似。为了描述元件的运动，首先在轴承上构建一系列的坐标系，分别是：惯性坐标系 $O_i x_i y_i z_i$、滚球方位坐标系 $O_a x_a y_a z_a$、套圈定体坐标系 $O_r x_r y_r z_r$ 以及接触坐标系 $O_k x_k y_k z_k$ 等，如图 2-4 所示。惯性坐标系固定于空间，其原点 O_i 建立在外圈沟曲率中心平面轨迹圆的圆心，x_i 轴沿着轴承的中心线。滚球的方位坐标系用以描述滚球中心在轴承上的轨道位置，其原点 O_a 位于滚球的中心。初始状态下，x_a 轴与 x_i 轴平行，z_a 轴通过滚球中心，且与轴承中心线垂直相交，y_a 轴按右手螺旋定则确定。滚球方位坐标系既不固定于惯性空间，也不固定于滚球。套圈定体坐标系固结于套圈上并随着套圈的运动而运动，其原点 O_r 位于套圈中心；初始状态下，坐标轴 x_r 的指向与 x_i 轴平行，z_r 轴的指向与 z_i 轴相同；y_r 轴按照右手螺旋定则确定。接触坐标系的原点 O_k 位于滚球/滚道接触椭圆的中心，y_k 轴沿着接触椭圆的短轴方向，且与滚球的滚动方向平行。

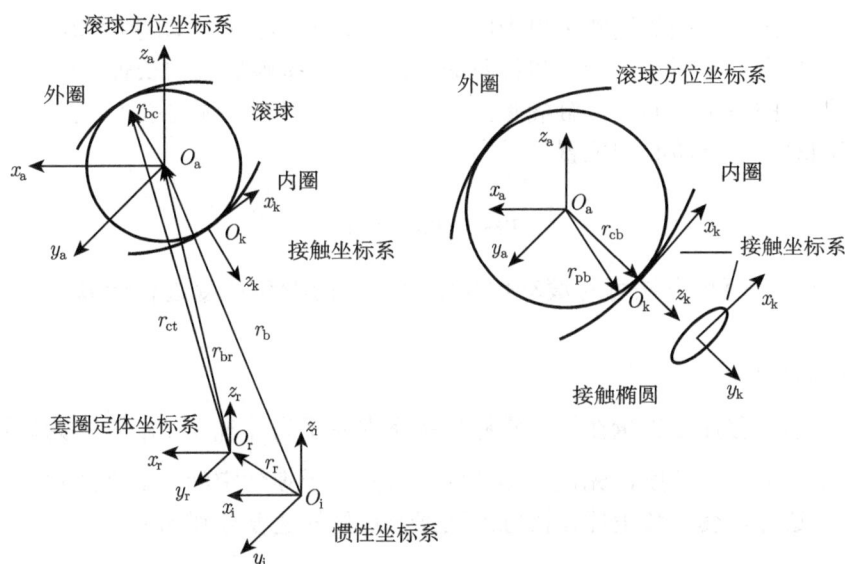

图 2-4　滚球和套圈之间的相互作用 [1]

如图 2-4 所示，套圈和滚球的中心相对于惯性坐标系的位置矢量分别为 r_r 和 r_b，则滚球中心相对于套圈中心的位置矢量可表示为

$$r_{br} = r_b - r_r \tag{2-24}$$

当套圈沟曲率中心相对于套圈中心的位置矢量为 r_{cr} 时，滚球中心相对于套圈沟曲率中心的位置矢量为

$$r_{bc} = r_{br} - r_{cr} \tag{2-25}$$

滚球和滚道之间的几何趋近量 (即接触变形量) 为 [8]

$$\delta_{br} = \left| r_{bc3}^k \right| - (f - 0.5) D \tag{2-26}$$

式中，f 为滚道沟曲率系数；D 为滚球直径；上标 k 表示矢量 r_{bc} 在接触坐标系中描述；下标 3 表示矢量 r_{bc} 的第 3 个分量。

通过赫兹点接触理论 [2,9] 可计算出滚球与套圈法向接触载荷 Q_{br}：

$$Q_{\mathrm{br}} = \begin{cases} K_{\mathrm{br}}\delta_{\mathrm{br}}^{3/2}, & \delta_{\mathrm{br}} > 0 \\ 0, & \delta_{\mathrm{br}} \leqslant 0 \end{cases} \tag{2-27}$$

式中，K_{br} 为滚球与套圈间的赫兹接触刚度系数，该系数与相互接触两部件的材料弹性模量、泊松比以及接触表面几何参数有关，如接触点处的主曲率和函数等 [10]。

滚球和滚道之间的润滑牵引力取决于二者之间的相对滑动速度和润滑剂的牵引特性。如图 2-4 所示，接触坐标系的 x_{k} 轴沿着接触椭圆的长轴方向，y_{k} 轴沿着接触椭圆的短轴方向。接触椭圆上任意一点相对于滚球质心的位置矢量为 $\boldsymbol{r}_{\mathrm{pb}}$，则该点相对于套圈质心的位置矢量为

$$\boldsymbol{r}_{\mathrm{pr}} = \boldsymbol{r}_{\mathrm{pb}} + \boldsymbol{r}_{\mathrm{br}} \tag{2-28}$$

目前，有两种方法可对滚动体和滚道之间的滑动速度进行计算，分别叙述如下。

1) 方法 1

滚球的平移速度矢量在惯性圆柱坐标系中表示为 $\left\{\dot{x}_{\mathrm{b}}, \dot{r}_{\mathrm{b}}, \dot{\theta}_{\mathrm{b}}\right\}^{\mathrm{T}}$。为计算滚球和套圈之间的相对速度，先假设滚球的中心固定于惯性空间，而套圈相对滚球进行旋转。这样，套圈和滚球在接触区域某一点处的速度分别为 [1,8,9]

$$\boldsymbol{u}_{\mathrm{pr}} = \boldsymbol{v}_{\mathrm{r}} + \left(\boldsymbol{\omega}_{\mathrm{r}} - \left\{\dot{\theta}_{\mathrm{b}}, 0, 0\right\}^{\mathrm{T}}\right) \times \boldsymbol{r}_{\mathrm{pr}} \tag{2-29}$$

$$\boldsymbol{u}_{\mathrm{pb}} = \left\{\dot{x}_{\mathrm{b}}, 0, \dot{r}_{\mathrm{b}}\right\}^{\mathrm{T}} + \boldsymbol{\omega}_{\mathrm{b}} \times \boldsymbol{r}_{\mathrm{pb}} \tag{2-30}$$

式中，$\boldsymbol{\omega}_{\mathrm{r}}$ 和 $\boldsymbol{\omega}_{\mathrm{b}}$ 分别为套圈和滚球绕质心旋转的角速度矢量；$\boldsymbol{v}_{\mathrm{r}}$ 为套圈中心的平移速度矢量。因此，套圈和滚球之间的相对滑动速度矢量为

$$\boldsymbol{u}_{\mathrm{rb}} = \boldsymbol{u}_{\mathrm{pr}} - \boldsymbol{u}_{\mathrm{pb}} \tag{2-31}$$

这种方法的计算过程与经典的滚球故障特征频率计算公式的推导过程相似。

2) 方法 2

根据刚体动力学中计算刚体速度的基点法 [11]，套圈和滚球在接触点上的绝对速度可分别计算如下 [5,12,13]：

$$\boldsymbol{u}_{\mathrm{r}} = \boldsymbol{v}_{\mathrm{r}} + \boldsymbol{\omega}_{\mathrm{r}} \times \boldsymbol{r}_{\mathrm{pr}} \tag{2-32}$$

$$u_b = v_b + \omega_b \times r_{pb} \tag{2-33}$$

式中，v_r 和 v_b 分别为套圈和滚球质心的平移速度矢量；ω_r 和 ω_b 分别为套圈和滚球绕质心旋转的角速度矢量；r_{pr} 和 r_{pb} 分别为接触点到套圈质心和滚球中心的位置矢量。相对滑动速度即为式 (2-32) 和式 (2-33) 之差。

在轴承动力学中，上述两种方法都被用于计算接触区域的滑动速度。不同的是，两种方法得到不同的滚动体自转角速度，将在第 3 章中进行详细论述。

当相对滑动速度确定后，牵引系数即可通过 2.2.2 小节的牵引模型获得，牵引力即为牵引系数和法向力的乘积。作用在滚球和套圈上的力矩可利用接触点相对于滚球和套圈质心的位置矢量与力矢量进行叉乘得到。

2. 滚球和保持架兜孔之间的相互作用

为分析滚球和保持架兜孔之间的相互作用，在 2.3.1 小节第一部分建立的几个坐标系的基础上再建立保持架定体坐标系 $O_{ca}x_{ca}y_{ca}z_{ca}$ 和兜孔坐标系 $O_{cp}x_{cp}y_{cp}z_{cp}$，如图 2-5 所示。其中，保持架定体坐标系固结于保持架，随着保持架的运动而运动。其原点 O_{ca} 位于保持架的中心，初始状态下坐标轴 x_{ca} 的方向与坐标轴 x_i 的方向一致，坐标轴 z_{ca} 的方向与坐标轴 z_i 的方向一致。兜孔坐标系固结于每个保持架兜孔，其原点 O_{cp} 与兜孔的圆心相重合，坐标轴 x_{cp} 垂直于兜孔壁，且平行于保持架的公转平面，坐标轴 z_{cp} 沿保持架的径向方向并指向外。滚球和保持架兜孔之间的几何趋近量以及相对滑动速度均在保持架兜孔坐标系中进行计算。

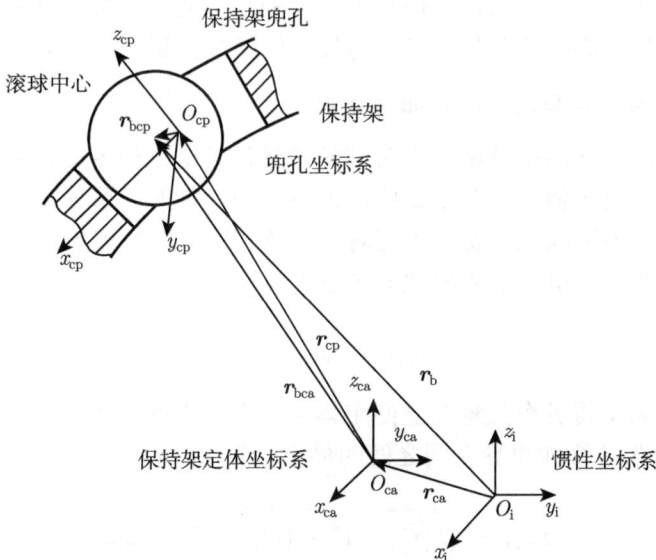

图 2-5　滚球与保持架兜孔之间的相互作用 [1]

图 2-5 中，矢量 $\boldsymbol{r}_\mathrm{b}$ 和矢量 $\boldsymbol{r}_\mathrm{ca}$ 分别描述了滚球中心和保持架中心在惯性坐标系中的位置，则滚球中心相对于保持架中心的位置矢量为

$$\boldsymbol{r}_\mathrm{bca} = \boldsymbol{r}_\mathrm{b} - \boldsymbol{r}_\mathrm{ca} \tag{2-34}$$

保持架兜孔中心相对于保持架中心的位置矢量在兜孔坐标系中表示为 $\boldsymbol{r}_\mathrm{cp}^\mathrm{cp}$。滚球中心相对于保持架兜孔中心的位置矢量在保持架定体系中可描述为

$$\boldsymbol{r}_\mathrm{bcp}^\mathrm{cp} = \boldsymbol{r}_\mathrm{bca}^\mathrm{cp} - \boldsymbol{r}_\mathrm{cp}^\mathrm{cp} \tag{2-35}$$

在得到矢量 $\boldsymbol{r}_\mathrm{bcp}^\mathrm{cp}$ 后，保持架兜孔和滚球之间的几何趋近量为

$$\delta_\mathrm{bcp} = \sqrt{\left(r_\mathrm{bcp1}^\mathrm{cp}\right)^2 + \left(r_\mathrm{bcp2}^\mathrm{cp}\right)^2} - \Delta_\mathrm{bcp} \tag{2-36}$$

式中，下标 1 和 2 分别表示矢量 $\boldsymbol{r}_\mathrm{bcp}^\mathrm{cp}$ 的第 1 个和第 2 个分量；Δ_bcp 为保持架兜孔和滚球之间的间隙 (即保持架兜孔间隙)。

滚球和保持架兜孔之间的法向接触力为 [9]

$$Q_\mathrm{bcp} = K_\mathrm{bcp}\delta_\mathrm{bcp}^{1.5} \tag{2-37}$$

式中，K_bcp 为滚球与保持架兜孔间的赫兹刚度系数。

与计算滚球与套圈之间的相互作用关系相似，根据保持架和滚球在接触点处的绝对速度可以算出二者之间的相对滑动速度，进而得到牵引系数，牵引力即牵引系数和法向接触力的乘积。牵引力和法向接触载荷共同构成了作用在滚球和保持架兜孔上的力矢量。作用在滚球和保持架兜孔上的力矩矢量可利用接触点相对于滚球和保持架中心的位置矢量以及力矢量的叉乘得到。

3. 保持架与引导套圈之间的相互作用

本节以外圈引导的保持架为例对该问题进行讨论，如图 2-6 所示。内圈引导时的计算方法与此类似。在图 2-6 中，保持架中心相对于引导套圈中心的位置矢量为 $\boldsymbol{r}_\mathrm{car}$，保持架边缘上任意一点相对于保持架中心的位置矢量为 $\boldsymbol{r}_\mathrm{pca}$，则保持架边缘上一点相对于引导套圈的位置矢量为

$$\boldsymbol{r}_\mathrm{pcar}^\mathrm{r} = \boldsymbol{r}_\mathrm{car}^\mathrm{r} + \boldsymbol{r}_\mathrm{pca}^\mathrm{r} \tag{2-38}$$

式中，上标 r 表示将各个矢量在套圈定体坐标系中进行描述。当套圈引导半径为 r_guid 时，保持架边缘和引导套圈之间的最小间隙为

$$\delta_\mathrm{pcar} = \sqrt{\left(r_\mathrm{pcar2}^\mathrm{r}\right)^2 + \left(r_\mathrm{pcar3}^\mathrm{r}\right)^2} - r_\mathrm{guid} \tag{2-39}$$

式中，下标 2 和 3 分别表示矢量 $\boldsymbol{r}_\mathrm{pcar}^\mathrm{r}$ 的第 2 个和第 3 个分量。

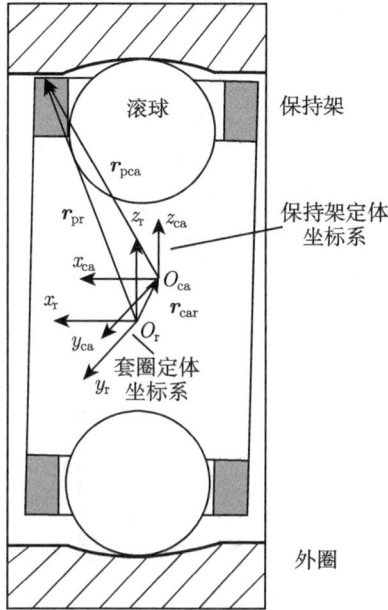

图 2-6　保持架和引导套圈之间的相互作用 [1,8]

得到保持架边缘和引导套圈之间的最小间隙后，即可按照赫兹接触理论计算保持架边缘和引导套圈之间的法向接触力。计算出法向接触力后，即可按照与处理滚球和套圈之间相互作用关系类似的方法计算出保持架和引导套圈之间在接触点处的相对滑动速度以及牵引力，进而得到力矢量和力矩矢量。

2.3.2　轴承动力学方程及求解

单列向心球轴承动力学方程采用牛顿–欧拉法建立，各轴承元件间的作用力及作用力矩由 2.3.1 小节的分析给出。

对于含有 z 个滚球的向心球轴承，内圈除受到滚球对内圈的合力及合力矩外，外载荷也通过轴施加在轴承内圈上，向心球轴承一般考虑纯轴向载荷和纯径向载荷及两种载荷的联合作用。轴承外圈固定，内圈旋转，保持架由外圈引导时的内圈受力分析如图 2-7 所示。

轴承内圈的运动微分方程可表示为

$$m_{\text{ir}}\ddot{\boldsymbol{r}}_{\text{ir}} = \sum_{j=1}^{z} \boldsymbol{F}_{\text{bi}j} + \boldsymbol{F}(t) \tag{2-40}$$

式中，m_{ir} 为内圈质量；$\ddot{\boldsymbol{r}}_{\text{ir}}$ 为内圈质心加速度；$\boldsymbol{F}_{\text{bi}j}$ 表示第 j 个滚球对内圈的作用力；$\boldsymbol{F}(t)$ 为外部载荷，对于施加在内圈上的载荷而言，$\boldsymbol{F}(t) = \begin{bmatrix} F_{\text{a}} & 0 & F_{\text{r}} \end{bmatrix}^{\text{T}}$。

$$\boldsymbol{F}_{\text{bi}j} = (F_{\text{bi}jx}, F_{\text{bi}jy}, Q_{\text{bi}j}) \tag{2-41}$$

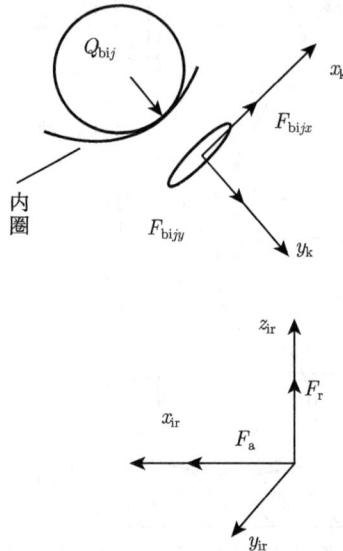

图 2-7 内圈受力分析

对于滚球，其受到套圈对滚球的接触力及牵引力，保持架兜孔对滚球的接触力及切向摩擦力，受力分析如图 2-8 所示。为方便起见，图中符号下标均省略滚球序号 j。

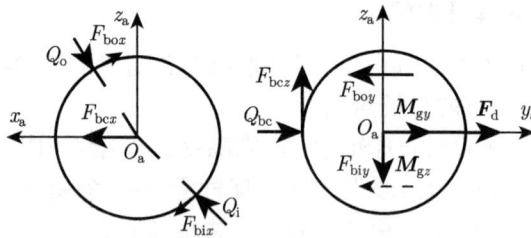

图 2-8 滚球受力分析

图 2-8 中，$O_{\text{a}}x_{\text{a}}y_{\text{a}}z_{\text{a}}$ 为滚球方位坐标系，Q_{i} 与 Q_{o} 分别表示滚球与内圈和外圈的接触力，$F_{\text{bi}x}$ 和 $F_{\text{bo}x}$ 表示牵引力在接触椭圆长轴上的分量，$F_{\text{bi}y}$ 和 $F_{\text{bo}y}$ 表示牵引力在接触椭圆短轴上的分量，Q_{bc} 表示保持架与滚球的接触力，$F_{\text{bc}x}$ 和 $F_{\text{bc}z}$ 分别表示保持架与滚球的摩擦力在 x_{a} 轴和 z_{a} 轴上的分量，$M_{\text{g}z}$ 和 $M_{\text{g}y}$ 分别为陀螺力矩 $\boldsymbol{M}_{\text{g}}$ 在 z_{a} 和 y_{a} 轴上的分量，$\boldsymbol{F}_{\text{d}}$ 为滚球受到的流体阻力。

其运动微分方程可表示为

$$m_b \ddot{\boldsymbol{r}}_b = \boldsymbol{F}_{bi} + \boldsymbol{F}_{bo} + \boldsymbol{F}_{bc} + \boldsymbol{F}_d \tag{2-42}$$

$$\frac{\mathrm{d}\boldsymbol{L}_O}{\mathrm{d}t} + \boldsymbol{\Omega} \times \boldsymbol{L}_O = \boldsymbol{M}_{bi} + \boldsymbol{M}_{bo} + \boldsymbol{M}_{bc} + \boldsymbol{M}_g \tag{2-43}$$

式中，m_b 为滚球质量；$\ddot{\boldsymbol{r}}_b$ 为滚球质心加速度矢量；$\boldsymbol{\Omega}$ 为滚球惯性主轴角速度；$\boldsymbol{L}_O$ 为滚球对质心的动量矩；$\boldsymbol{M}_{bi}$、$\boldsymbol{M}_{bo}$ 及 $\boldsymbol{M}_{bc}$ 分别表示作用力 $\boldsymbol{F}_{bi}$、$\boldsymbol{F}_{bo}$ 及 $\boldsymbol{F}_{bc}$ 对滚球产生的作用力矩。

$$\boldsymbol{F}_{bi} = (F_{bix}, F_{biy}, Q_i) \tag{2-44}$$

$$\boldsymbol{F}_{bo} = (F_{box}, F_{boy}, Q_o) \tag{2-45}$$

$$\boldsymbol{F}_{bc} = (F_{bcx}, Q_{bc}, F_{bcz}) \tag{2-46}$$

式中，$\boldsymbol{F}_{bi}$ 表示内圈对滚球的作用力，包括法向接触力和切向摩擦力；$\boldsymbol{F}_{bo}$ 表示外圈对滚球的作用力，包括法向接触力和切向摩擦力；$\boldsymbol{F}_{bc}$ 表示保持架对滚球的作用力，包括法向接触力和切向摩擦力。

对于保持架，仅考虑 3 个平动自由度及绕 x 轴的旋转自由度，受力分析如图 2-9 所示。

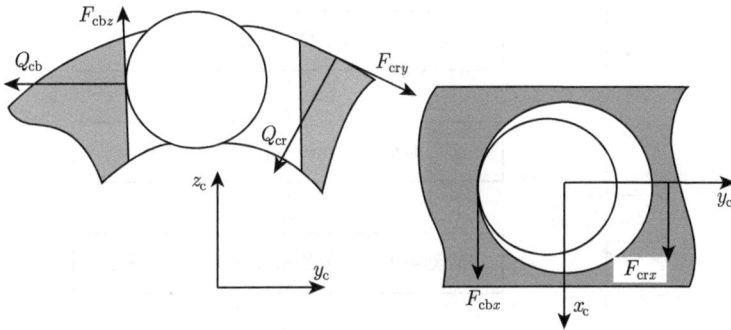

图 2-9　保持架受力分析

其运动微分方程可表示为

$$m_c \ddot{\boldsymbol{r}}_c = \boldsymbol{F}_{cb} + \boldsymbol{F}_{cr} \tag{2-47}$$

$$J_c \ddot{\boldsymbol{\varphi}}_c = \boldsymbol{M}_{cb} + \boldsymbol{M}_{cr} \tag{2-48}$$

其中

$$\boldsymbol{F}_{cb} = (F_{cbx}, Q_{cb}, F_{cbz}) \tag{2-49}$$

$$\boldsymbol{F}_{cr} = (F_{crx}, F_{cry}, Q_{cr}) \tag{2-50}$$

式中，m_c 为保持架质量；$\ddot{\boldsymbol{r}}_c$ 为保持架质心加速度；$\boldsymbol{F}_{cb}$ 表示滚球对保持架的作用力，与 $\boldsymbol{F}_{bc}$ 为一对相互作用力；$\boldsymbol{F}_{cr}$ 为保持架与套圈的作用力，假设为外圈引导；J_c 为保持架转动惯量；$\ddot{\varphi}_c$ 为保持架的角加速度矢量；$\boldsymbol{M}_{cb}$、$\boldsymbol{M}_{cr}$ 分别为作用力 $\boldsymbol{F}_{cb}$ 和 $\boldsymbol{F}_{cr}$ 对保持架的作用力矩。

　　根据建立的动力学方程得到各轴承元件的质心加速度及角加速度，采用变步长 4 阶龙格–库塔法求解方程组，直至到达设定的仿真时长，求解流程如图 2-10 所示。

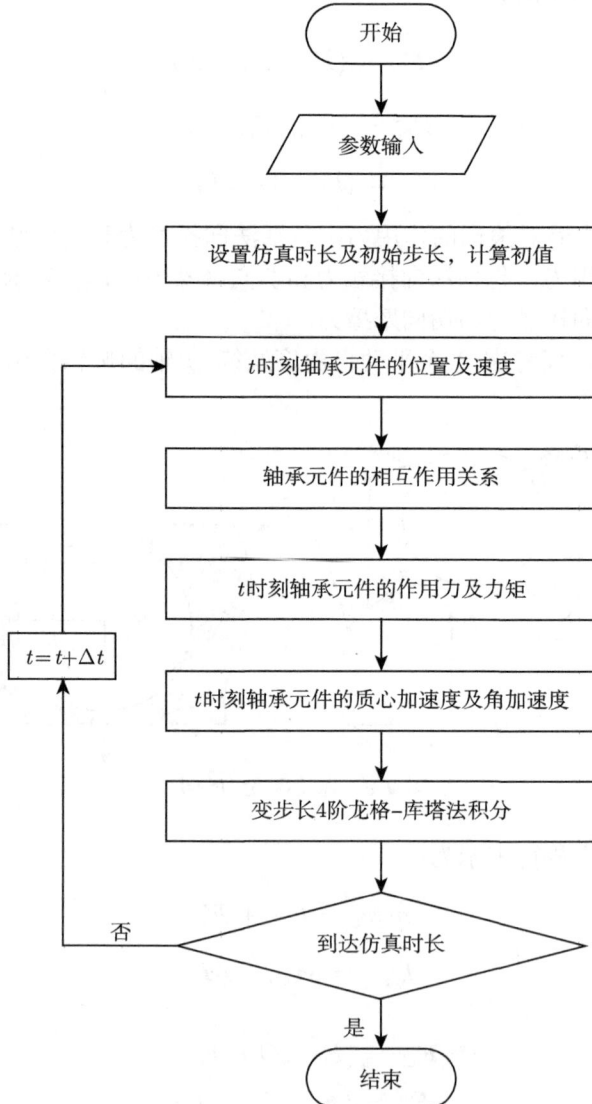

图 2-10　单列向心球轴承求解流程

2.4　双半内圈球轴承动力学建模

双半内圈球轴承 (图 2-11) 广泛地应用于航空发动机、燃气轮机、风力发电机等旋转类机械，可承受以双向轴向载荷为主的联合载荷，相比于可实现相同功能的联装角接触球轴承组，其具有结构紧凑、装配简便等优点；相比于深沟球轴承，其具有接触角大、承载能力强、轴向窜动小等优点 [14]。双半内圈结构可看作深沟球轴承内圈对称地切除部分材料形成两个半内圈，如图 2-12 所示。图中 g_i 为垫片宽度，S_d 为双半内圈球轴承径向游隙。该类轴承在正常工作时滚球和套圈滚道有两个接触点，即某一内圈不产生接触，其工作状态与角接触球轴承相同，只是其可承受两个方向的轴向载荷。在某些工况下，滚球会与外圈及两个半内圈同时接触形成三个接触区域，该状态下轴承会过早地出现磨损、擦伤等损伤。由于三点接触状态的存在，该类轴承又被称为三点接触球轴承。

图 2-11　双半内圈球轴承

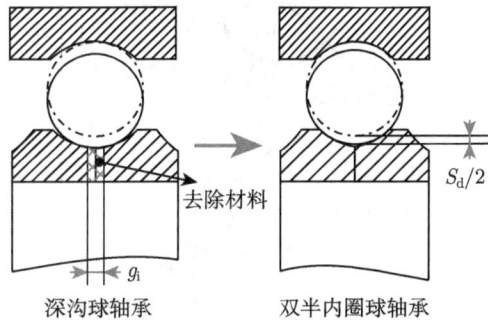

图 2-12　双半内圈球轴承结构示意图

双半内圈球轴承共有三个套圈，相比于普通球轴承，滚球和各套圈沟道的接触情况更加复杂。现有的双半内圈球轴承模型多为拟静力学模型 [15,16]，该类模型采用 "滚道控制理论" 等假设，对于轴承元件动态行为及保持架作用研究不足，因此需要建立双半内圈球轴承动力学模型，以便对其动力学行为进行深入研究。

2.4.1　轴承元件间的相互作用关系

双半内圈球轴承动力学模型应用 Gupta 轴承建模理论，由三维空间中分析得到元件的位置矢量和速度矢量计算各元件的力矢量和力矩矢量，建立各元件的运动微分方程，通过 4 阶龙格–库塔法计算获得各轴承的时域响应 [17]。双半内圈球轴承的各元件有以下三大互相作用关系：滚球和套圈之间的相互作用、滚球和保持架兜孔之间的相互作用、保持架和引导套圈之间的相互作用。由于双半内圈球轴承中的滚球和保持架兜孔之间的相互作用以及保持架与引导套圈之间的相互作用与普通球轴承一致，此处不再赘述。下面仅对滚球与内圈间的相互作用进行分析。

相对于普通球轴承，双半内圈球轴承滚球与左右内半圈均可能产生接触作用，需要详细考虑左右内半圈沟曲率中心与球心的位置关系，如图 2-13 所示。图中矢量下标 cl、cr 分别表示球心所在径向截面内左、右内半圈沟曲率中心点，假设左右内半圈固结为同一实体，不发生相对位移，则套圈定体坐标系 $O_r x_r y_r z_r$ 原点 O_r 位于该实体几何中心，坐标轴方向同前文所述。r_{bcl}、r_{bcr} 为球心到左、右内半圈沟曲率中心矢量，套圈定体坐标系内 $r_{crr}^r = r_{clr}^r + (g_i, 0, 0)$，$r_{clr}$、$r_{crr}$ 分别为左、右内半圈沟曲率中心点相对于套圈定体坐标系原点的位置矢量。

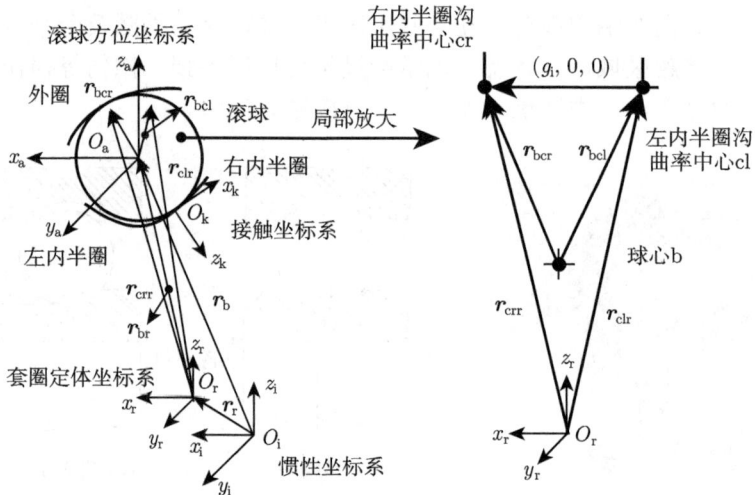

图 2-13　双半内圈沟曲率中心和球心位置关系

以右内半圈滚球接触载荷计算为例对分析过程进行论述。接触坐标系内滚球球心到右内半圈沟曲率中心的矢量为

$$r_{bcr}^k = r_{crr}^k - r_{br}^k \tag{2-51}$$

式中，r_{br}^k 为接触坐标系内球心到套圈定体坐标系原点的矢量；r_{crr}^k 为接触坐标系内右内半圈沟曲率中心相对于套圈定体坐标系原点的矢量。滚球和右内半圈间的接触变形量 (几何趋近量) 可表示为

$$\delta_{ir} = \left| r_{bcr3}^k \right| - (r_i - 0.5D) \tag{2-52}$$

式中，r_{bcr3}^k 为矢量 r_{bcr}^k 在接触坐标系下 z_k 轴方向上分量；r_i 为内圈沟道曲率半径。根据赫兹接触理论即可得到滚球与右内半圈间的接触载荷。由于双半内圈球轴承承受双向轴承向载荷，滚球与左右内半圈均可能发生接触，故需对滚球与左右内半圈的接触判定条件进行分析。

在内圈固结坐标系中，球心到右内半圈沟曲率中心矢量 r_{bcr}^r 的反向延长线与滚球沟道轮廓所在圆相交于点 m，如图 2-14 所示。套圈定体坐标系原点到点 m 的矢量 r_{rm}^r 表达为

$$r_{rm}^r = r_{br}^r - \frac{D}{2} \frac{r_{bcr}^r}{\|r_{bcr}^r\|} \tag{2-53}$$

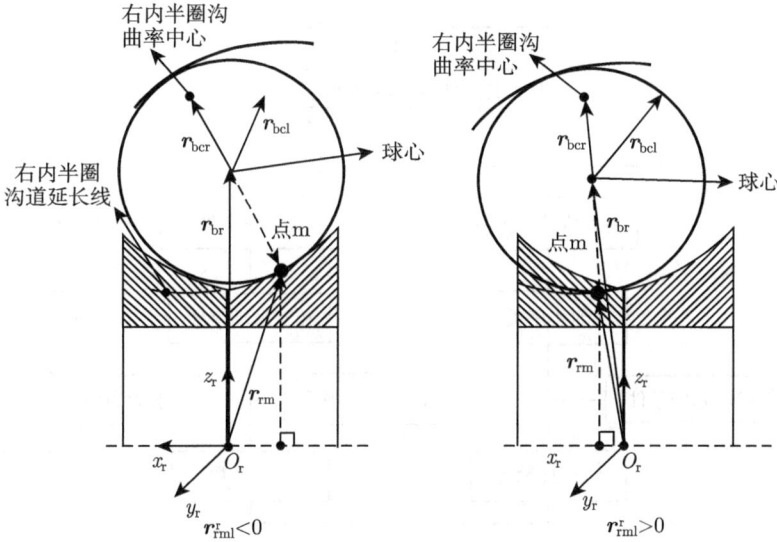

图 2-14 右内半圈滚球接触条件

由图 2-14 可知，当几何趋近量大于零且滚球与右内半圈相交于套圈滚道实体时滚球和右内半圈产生接触，判断条件公式表达为

$$\begin{cases} \delta_{ir} > 0 \\ r_{rm1}^r < 0 \end{cases} \tag{2-54}$$

式中，r_{rm1}^r 为内圈坐标系下矢量 r_{rm}^r 在 x_r 轴方向分量，如图 2-14 所示。当 $\delta_{ir} > 0$，$r_{rm1}^r > 0$ 时滚球与右内半圈滚道轮廓延长线相交，但未与实体轮廓相交，故滚球与右内半圈未产生接触。左内半圈滚道计算过程同理，外圈接触力计算同普通角接触球轴承。

2.4.2 轴承动力学方程及求解

双半内圈球轴承动力学方程同样采用牛顿–欧拉法建立，与普通球轴承动力学方程基本相同，此处不再赘述。其动力学模型求解流程如图 2-15 所示 [14]，相比于向心球轴承，双半内圈球轴承引入了 2.4.1 小节所述的左、右内半圈与滚球接触状态判定条件，并考虑轴承空腔内油气混合物对滚球运动的阻力作用。计算过程简述如下。

```
                              ┌──────────┐
                              │   开始   │
                              └──────────┘
                                   │
                    ┌──────────────────────────────┐
                    │           参数输入            │
                    │     元件几何、材料参数；       │
                    │   转速、载荷等工况参数；        │
                    │  润滑牵引模型、阻力模型参数；    │
                    │         积分计算参数           │
                    └──────────────────────────────┘
                                   │
                    ┌──────────────────────────────┐
                    │      各元件运动参数初始化       │
                    │    (球轴承拟静力学模型)         │
                    └──────────────────────────────┘
```

各元件位移矢量

各元件速度矢量

几何作用关系

相对滑动速度

滚球公转转速

接触判别条件

润滑牵引模型

阻力模型

法向接触力

牵引系数

阻力系数

牵引力

滚球运动阻力

$t+\Delta t$

各元件间相互作用力及作用力矩

各元件加速度矢量

变步长4阶龙格–库塔法积分

否

到达设定时间

是

输出

结束

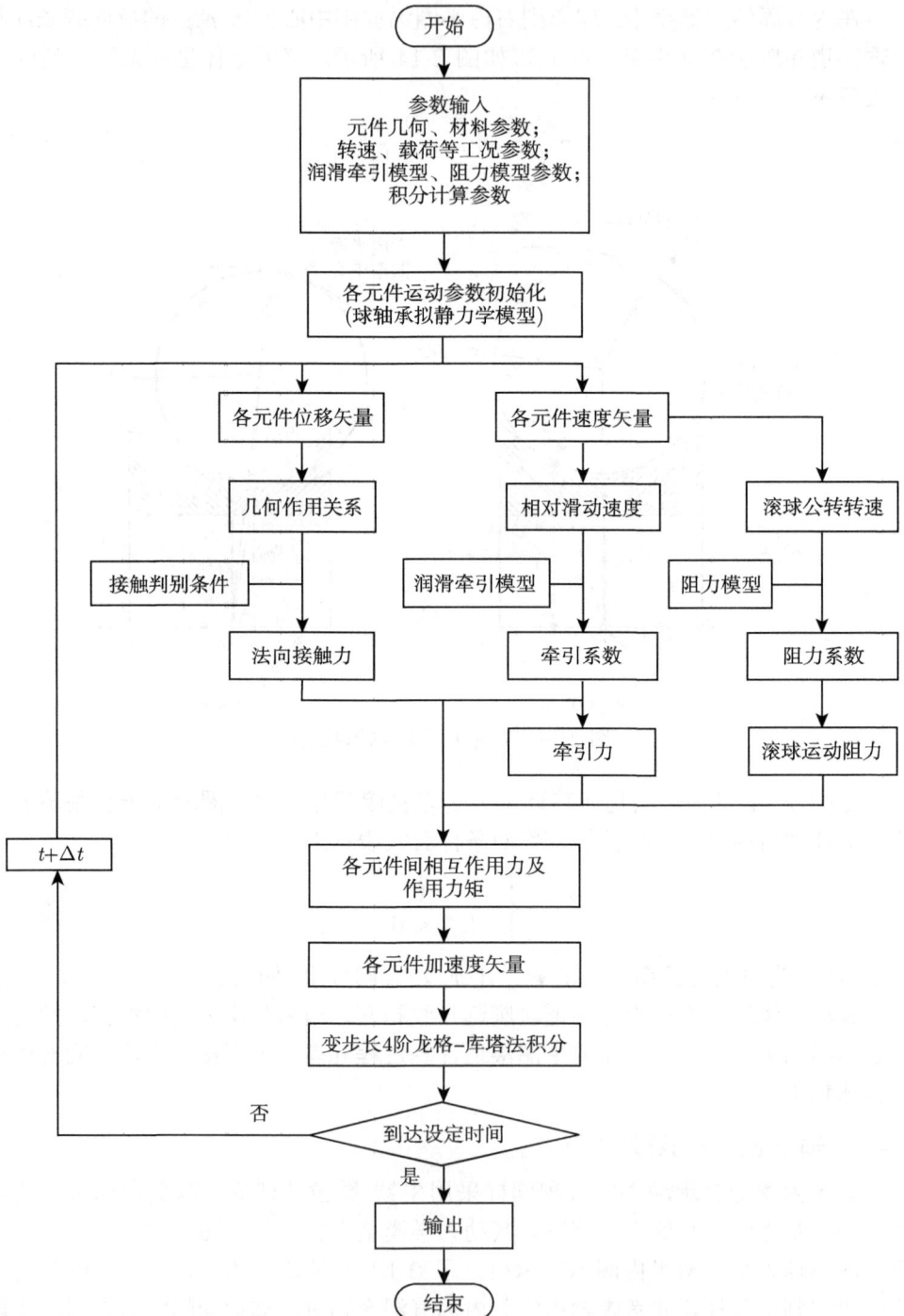

图 2-15 双半内圈球轴承动力学模型求解流程

首先，模型输入轴承各元件几何、材料参数，运行工况参数，润滑牵引模型、阻力模型参数，积分计算参数。根据所输入轴承参数及工况参数应用球轴承拟静力学模型计算得到轴承各元件位移、速度作为积分计算的初值，以便轴承动力学模型计算快速收敛。

然后，根据轴承各元件位移矢量及 2.2.1 小节和 2.4.1 小节所述内容计算得到轴承各元件的法向接触载荷，根据各部件速度矢量及 2.2.2 小节所述润滑牵引模型计算轴承各元件间的切向牵引力，根据轴承滚球公转角速度及 2.2.3 小节所述阻力模型计算得到滚球承受来自轴承空腔内油气混合物的运动阻力，计算得到各元件所受力和力矩。

最后，由上述所得各元件受力求得各元件的加速度，应用变步长 4 阶龙格–库塔法计算下一时刻轴承运动速度和位移矢量，重复上述步骤直至计算达到指定时刻，输出相应轴承元件的动力学响应。

2.5　浮动变位球轴承动力学建模

浮动变位球轴承采用特殊的结构设计，具有球轴承的外圈和圆柱滚子轴承的内圈，这种设计保证了轴承在运转过程中，内圈相对于外圈能够自由轴向移动，实现高速主轴在运转过程中对主轴轴向热伸长的补偿 [18]。滚动体采用材料密度小、耐高温、耐磨损、高强度的陶瓷球，可以极大地减小高速下滚球离心效应的影响，保持架采用外圈引导方式。在达到极限运转速度，但是所需的承载能力不是决定性因素的情况下 (即高速轻载工况)[19]，浮动变位球轴承能够达到高速角接触球轴承的转速，高于普通圆柱滚子轴承两倍的速度，因此被广泛使用于高速机床电主轴。但需要注意的是，浮动变位球轴承的支承刚度和振动响应幅值对轴承安装位置处主轴的径向尺寸以及轴承和主轴配合安装后轴承的径向间隙量十分敏感。最终的浮动变位球轴承安装径向间隙量对于轴承–转子系统的动力学特性有着显著的影响。图 2-16 展示了浮动变位球轴承的结构及应用场景的模拟示意图。浮动变位球轴承各部件结构参数如图 2-17 所示。

图 2-17 中，D 为滚球的直径，r_{IRo} 为内圈的接触滚道半径，r_{ORi} 为外圈的沟底半径，r_{ORc} 为外圈沟曲率中心所在轨迹半径。若外圈的沟曲率系数 f_o 和轴承内部径向间隙 u_r 已知，根据轴承内圈、滚球以及外圈之间的几何位置关系，外圈的沟底半径以及外圈沟曲率中心的轨道半径可以表示为

$$r_{ORi} = r_{IRo} + D + u_r \tag{2-55}$$

$$r_{ORc} = r_{ORi} - f_o D \tag{2-56}$$

图 2-16   浮动变位球轴承结构及应用场景模拟示意图 [20]

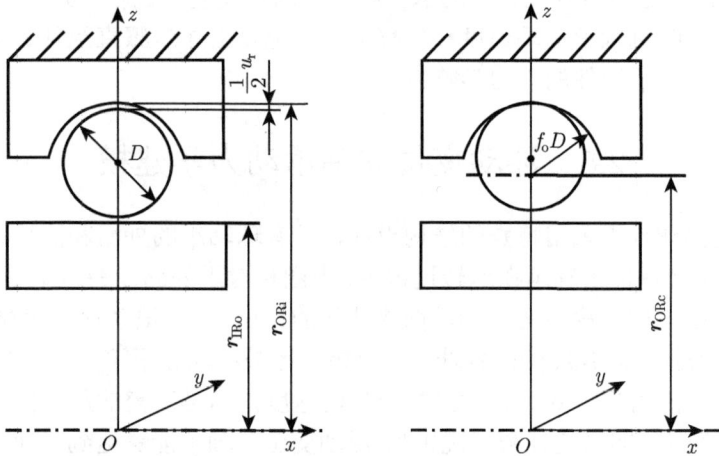

图 2-17   浮动变位球轴承各部件结构参数

2.5.1   轴承元件间的相互作用关系

在浮动变位球轴承中，滚球与套圈的相互作用关系如图 2-18 所示 [21]。由于浮动变位球轴承采用球轴承的外圈，浮动变位球轴承中滚球和外圈的相互作用关系与普通球轴承类似，其相互作用建模方式与 2.3 节中普通球轴承相同，本节中不再赘述，这里主要针对滚球与内圈的相互作用建模进行详细说明。

图 2-18 中，$O_{ir}x_{ir}y_{ir}z_{ir}$ 为内圈定体坐标系，θ_{bir} 为指定滚球相对于内圈定体坐标系转过的角度。将内圈定体坐标系逆时针转动 θ_{bir}，即可得到指定滚球相对于内圈的球方位坐标系 $O_a x_a y_a z_a$，球方位坐标系是为了更好地描述滚球和套圈的相互作用关系而引入的。α_{or} 为滚球和外圈的实际接触角，Δx 表示轴承内圈相对于外圈发生的轴向位移量，β 表示轴承内圈绕 y_i 轴的旋转角位移。

浮动变位球轴承滚球–内圈的相互作用关系如图 2-19 所示。由于浮动变位球轴承的内圈为圆柱滚子轴承的内圈，所以内圈的外滚道为圆柱表面。滚球与内圈外滚道发生接触时，始终处于垂直接触状态。为了更好地描述滚球和内圈的相互作用关系以及计算滚球与内圈之间的几何趋近量，本书在内圈定体系下的球方位坐标系中对滚球和内圈间的相互作用关系进行阐述。

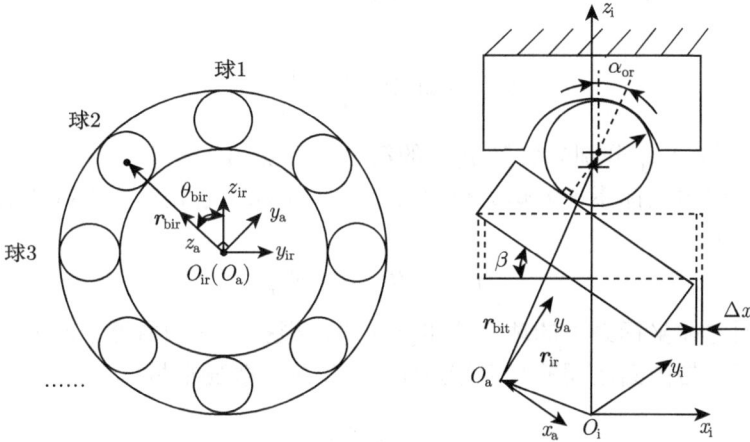

图 2-18　滚球与轴承套圈之间的相互作用关系

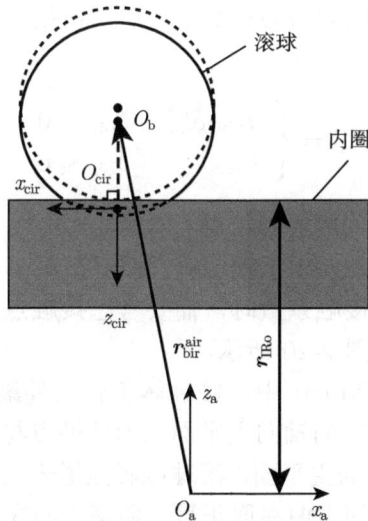

图 2-19　滚球–内圈相互作用关系

图 2-19 中，坐标系 $O_{cir}x_{cir}y_{cir}z_{cir}$ 表示滚球与内圈的接触坐标系。由于滚球与内圈外滚道始终处于垂直接触状态，因此接触坐标系的 x_{cir} 轴与内圈定体系下的球方位坐标系的 x_a 轴相互平行，但两者方向相反。

从内圈定体坐标系到滚球在内圈定体坐标系中的球方位坐标系的转换可表示为

$$\boldsymbol{T}_{\text{ira}} = \boldsymbol{T}(\theta_{\text{bir}}, 0, 0) \tag{2-57}$$

式中，θ_{bir} 为滚球在内圈定体坐标系中的方位角，如图 2-18 所示，可由式 (2-58) 确定：

$$\theta_{\text{bir}} = \arctan\left(\frac{-r_{\text{bir2}}^{\text{r}}}{r_{\text{bir3}}^{\text{r}}}\right) \tag{2-58}$$

式中，$r_{\text{bir2}}^{\text{r}}$ 和 $r_{\text{bir3}}^{\text{r}}$ 分别为矢量 $\boldsymbol{r}_{\text{bir}}^{\text{r}}$ 的第 2 个和第 3 个分量。

在内圈定体坐标系下的球方位坐标系中，滚球质心相对于内圈质心的位置矢量可以表示为

$$\boldsymbol{r}_{\text{bir}}^{\text{a}} = \boldsymbol{T}_{\text{ira}} \boldsymbol{T}_{\text{iir}} \boldsymbol{r}_{\text{bir}}^{\text{i}} \tag{2-59}$$

在内圈定体坐标系下的球方位坐标系中，根据滚球和内圈之间的相互几何位置关系，滚球与内圈之间的几何趋近量 (即赫兹接触变形量) 可表示为

$$\delta_{\text{bir}} = r_{\text{IRo}} + \frac{1}{2}D - r_{\text{bir3}}^{\text{a}} \tag{2-60}$$

式中，$r_{\text{bir3}}^{\text{a}}$ 为 $\boldsymbol{r}_{\text{bir}}^{\text{a}}$ 在 z_{a} 轴方向的标量值。

在获得滚球与内圈之间的接触形变量之后，根据赫兹接触理论，滚球和内圈之间的法向接触载荷可以表示为

$$Q = \begin{cases} K_{\text{bir}} \delta_{\text{bir}}^{1.5}, & \delta_{\text{bir}} > 0 \\ 0, & \delta_{\text{bir}} \leqslant 0 \end{cases} \tag{2-61}$$

其中，K_{bir} 为滚球和内圈间的赫兹接触系数。

这里需要特别注意的是，由于滚球–内圈与滚球–外圈接触形式上的差异，在计算滚球和内圈间的赫兹接触系数时，需要考虑接触点处主曲率的差异。滚球与内、外圈几何接触形式如图 2-20 所示。

在图 2-20(a) 和图 2-20 (b) 中，接触体 I 代表外滚道，接触体 II 代表滚球。主平面 1 为过轴承旋转轴线的轴向主平面，为接触点与旋转轴线构成的平面；主平面 2 为与主平面 1 正交的主平面。滚球或者滚道表面接触点处，在两个主平面中存在两个主曲率；凸面的主曲率取正号，曲率中心在物体内部；凹面的主曲率取负号，曲率中心在物体外部。滚球和外圈接触过程中，接触点处外滚道和滚球在两个主平面上的主曲率半径分别为

$$\begin{cases} r_{\text{I1}} = -f_{\text{o}}D, & r_{\text{I2}} = -\dfrac{D(1+\gamma)}{2\gamma} \\ r_{\text{II1}} = D/2, & r_{\text{II2}} = D/2 \end{cases} \tag{2-62}$$

式中，$r_{\text{I}1}$ 表示接触体 I 在主平面 1 上接触点处的主曲率；$\gamma = \dfrac{D \cos \alpha_{\text{o}}}{d_{\text{m}}}$，其中 α_{o} 为滚球和外滚道的接触角，d_{m} 为轴承节径。

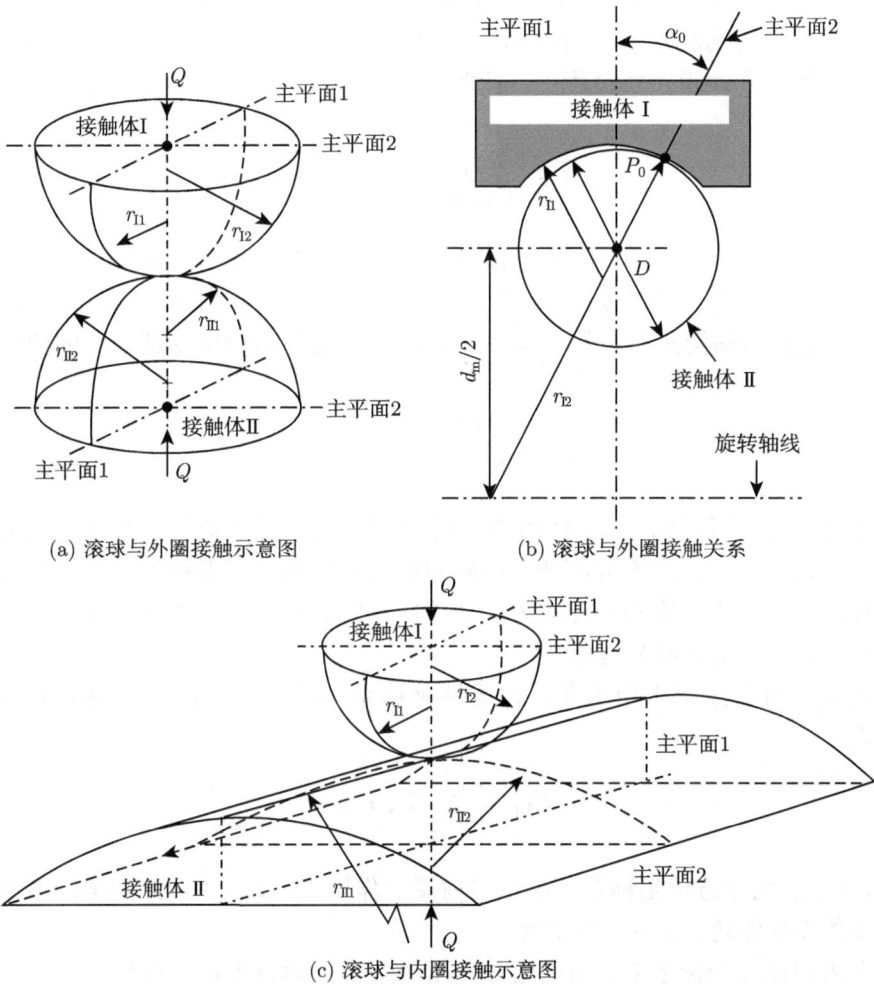

(a) 滚球与外圈接触示意图　　　　　(b) 滚球与外圈接触关系

(c) 滚球与内圈接触示意图

图 2-20　滚球与内、外圈几何接触形式

在图 2-20(c) 滚球与内圈接触形式中，接触体 I 代表滚球，接触体 II 代表内滚道。由于其特殊的接触形式，接触点处滚球和内滚道在两个主平面上的主曲率半径分别为

$$
\begin{cases}
r_{\text{I}1} = D/2, & r_{\text{I}2} = D/2 \\
r_{\text{II}1} = \infty, & r_{\text{II}2} = r_{\text{IR}\text{o}}
\end{cases}
\tag{2-63}
$$

由于赫兹接触系数与滚球–内滚道接触点处两主平面上的主曲率以及主曲率和函数相关，因此，在进行滚球–内滚道赫兹接触系数计算时需要综合考虑其特殊接触形式引起的差异。

此外，滚球–内滚道接触形式差异导致的接触点处主曲率的差异，在计算滚球和内滚道之间的相对滑动速度和切向牵引力时需要特别注意。根据 Gupta 模型 [1]，在滚球和滚道接触过程中，接触点处由于挤压产生的形变表面曲率半径可以定义为

$$\rho_j = \frac{2f_j D}{2f_j + 1}, \quad j = \text{i, o} \tag{2-64}$$

式中，f_j 为滚道的沟曲率系数；i 和 o 分别表示内圈和外圈；D 为滚球直径。

由于在浮动变位球轴承中，内滚道在主平面 1 的沟曲率半径为 ∞，即 $r_{\text{II}1} = \infty$，所以，滚道的内圈沟曲率系数 $f_i = \infty$；滚球与内滚道接触区形变表面的曲率半径 ρ_i 可以表示为

$$\rho_i = \left.\frac{2f_i D}{2f_i + 1}\right|_{f_i=\infty} = D \tag{2-65}$$

通过上述分析可知，浮动变位球轴承特殊的结构特点会引起接触点处主平面主曲率半径的差异，会影响滚球与内圈间赫兹接触系数以及接触点处形变表面曲率半径的计算，进而影响滚球与内滚道法向接触载荷、相对滑动速度及切向牵引力的计算，因此需要特别注意。

通过对所有滚球作用求和，在惯性坐标系下所有滚球作用于内圈上的合力矢量为

$$\boldsymbol{F}_{\text{bir}}^{\text{i}} = \sum_{k=1}^{z} \boldsymbol{T}_{\text{ai}} \boldsymbol{F}_{\text{bir}k}^{\text{a}} \tag{2-66}$$

式中，$\boldsymbol{F}_{\text{bir}k}^{\text{a}}$ 为球方位坐标系下滚球对内圈的作用力；$\boldsymbol{T}_{\text{ai}}$ 为球方位坐标系到惯性坐标系的变换矩阵；z 为滚球数量。

在内圈定体坐标系下，所有滚球作用于内圈上的合力矩矢量为

$$\boldsymbol{M}_{\text{bir}}^{\text{ir}} = \sum_{k=1}^{z} \boldsymbol{T}_{\text{air}} \boldsymbol{M}_{\text{bir}k}^{\text{a}} \tag{2-67}$$

式中，$\boldsymbol{M}_{\text{bir}k}^{\text{a}}$ 为球方位坐标系下滚球对内圈的作用力矩；$\boldsymbol{T}_{\text{air}}$ 为球方位坐标系到内圈定体坐标系的变换矩阵。

浮动变位球轴承动力学建模中，滚球与保持架、保持架与引导套圈之间的相互作用和角接触球轴承建模方法相同，这里不再赘述。

2.5.2　轴承动力学方程及求解

通过轴承各部件之间的相互作用关系，计算出轴承各部件所受的力和力矩矢量，即可建立轴承各部件的动力学运动微分方程。根据轴承各部件的动力学运动特性，轴承各部件的动力学运动微分方程在不同的坐标系下被定义[19]。在惯性圆柱坐标系下，滚球的动力学运动微分方程定义为

$$
\begin{cases}
m_{\mathrm{b}}\ddot{x}_{\mathrm{b}} = F_{\mathrm{b}x} \\
m_{\mathrm{b}}\ddot{r}_{\mathrm{b}} - m_{\mathrm{b}}r_{\mathrm{b}}\dot{\theta}_{\mathrm{b}}^2 = F_{\mathrm{b}r} \\
m_{\mathrm{b}}r_{\mathrm{b}}\ddot{\theta}_{\mathrm{b}} + 2m_{\mathrm{b}}\dot{r}_{\mathrm{b}}\dot{\theta}_{\mathrm{b}} = F_{\mathrm{b}\theta}
\end{cases}
\tag{2-68}
$$

式中，m_{b} 为滚球质量；$F_{\mathrm{b}x}$、$F_{\mathrm{b}r}$、$F_{\mathrm{b}\theta}$ 为在惯性圆柱坐标系下作用在滚球上的力。

在笛卡儿坐标下，套圈和保持架的平动微分方程根据牛顿第二定律可以表示为

$$
\begin{cases}
m_{\mathrm{i}}\ddot{x} = F_x \\
m_{\mathrm{i}}\ddot{y} = F_y \\
m_{\mathrm{i}}\ddot{z} = F_z
\end{cases}
\tag{2-69}
$$

式中，m_{i} 为套圈或者保持架质量；F_x、F_y、F_z 为作用在套圈或者保持架上的作用力。

轴承各部件的旋转运动通过欧拉方程进行描述：

$$
\begin{cases}
I_1\dot{\omega}_1 - (I_2 - I_3)\omega_2\omega_3 = M_1 \\
I_2\dot{\omega}_2 - (I_3 - I_1)\omega_3\omega_1 = M_2 \\
I_3\dot{\omega}_3 - (I_1 - I_2)\omega_1\omega_2 = M_3
\end{cases}
\tag{2-70}
$$

式中，I_1、I_2、I_3 为转动惯量；ω_1、ω_2、ω_3 为对应轴承部件的角速度；M_1、M_2、M_3 为施加在对应部件上的力矩。

建立浮动变位球轴承动力学方程后，其求解流程参考 2.3.2 小节单列向心球轴承的动力学方程求解流程，此处不再赘述。

2.6　圆柱滚子轴承动力学建模

与球轴承类似，滚子轴承动力学建模过程主要包括计算滚动体和滚道之间的几何相互作用以及相对滑动速度等，并在此基础上计算法向力及牵引力。与球轴承不同的是，由于滚子歪斜，滚子和套圈之间的接触长度可能会随着时间发生变化，因此处理滚子和滚道的接触要比处理滚球和滚道的接触更为复杂。同样的情

况还会出现在处理滚子和保持架兜孔的相互作用上 [22]。为了方便分析并简化计算，本节做了如下合理的假设：

(1) 忽略滚子的轴向运动，且不考虑修形，假设滚动体具有自转、绕轴公转、沿径向的平动和倾斜与歪斜五个自由度；

(2) 忽略保持架的倾斜、歪斜和轴向运动，假设保持架具有平面内两个方向的平移运动和绕轴转动三个自由度；

(3) 忽略内圈轴向运动，假设内圈只具有平面内两个方向移动、绕轴转动、倾斜和歪斜五个自由度，但倾斜和歪斜角度设为固定值；

(4) 假设外圈固定在轴承座上；

(5) 忽略温度的影响，假设轴承各元件的质心与几何中心重合。

2.6.1　轴承元件间的相互作用关系

1. 圆柱滚子与套圈之间的相互作用

这里以圆柱滚子和外滚道的相互作用关系为例对圆柱滚子与套圈的相互作用进行介绍，内圈与此类似。首先，需要建立惯性坐标系 $O_i x_i y_i z_i$、滚子定体坐标系 $O_b x_b y_b z_b$、套圈定体坐标系 $O_r x_r y_r z_r$ 等一系列坐标系来描述轴承元件的相对位置和运动情况，如图 2-21 所示。其中，惯性坐标系固定在空间，其原点位于外滚道沟曲率中心，x_i 轴沿轴承轴线方向；滚子定体坐标系固定在滚子上，跟随滚子运动，其原点位于滚子质心，x_b 沿滚子轴线方向；套圈定体坐标系固定在套圈上，跟随套圈运动，其原点位于套圈质心，x_r 沿套圈轴线方向。另外，还需构建滚子方位坐标系 $O_a x_a y_a z_a$ 来描述滚子质心的轨道位置，原点位于滚子中心，初始条件下，x_a 平行于 x_i，z_a 过滚子中心和 x_i 所在轴线垂直相交，y_a 通过右手螺旋定则确定 [23]。其他局部坐标系根据需要构建。

图 2-21 中，根据几何关系可以得到滚子中心和套圈中心相对惯性坐标系的位置矢量 $\boldsymbol{r}_b^i$ 和 $\boldsymbol{r}_r^i$ (上标 i 代表惯性坐标系)。由此可得套圈定体坐标系下，滚子中心相对套圈中心位置矢量 $\boldsymbol{r}_{br}^r$ (上标 r 代表套圈定体坐标系) 表示为

$$\boldsymbol{r}_{br}^r = \boldsymbol{T}_{ir}(\boldsymbol{r}_b^i - \boldsymbol{r}_r^i) \tag{2-71}$$

式中，$\boldsymbol{T}_{ir}$ 代表惯性坐标系到套圈定体坐标系的变换矩阵，变换矩阵的计算见附录 A。

滚子运转过程中，若发生倾斜即滚子绕 y_{bf} 轴转动，此时滚子和套圈间接触长度沿轴线方向将发生变化。因此，需要将长度为 l 的滚子用切片法平均切成 m 个圆薄片，则第 s 个圆薄片中心相对滚子中心坐标为 $\left[\left(-0.5 + \dfrac{s - 0.5}{m}\right) l \quad 0 \quad 0\right]$，

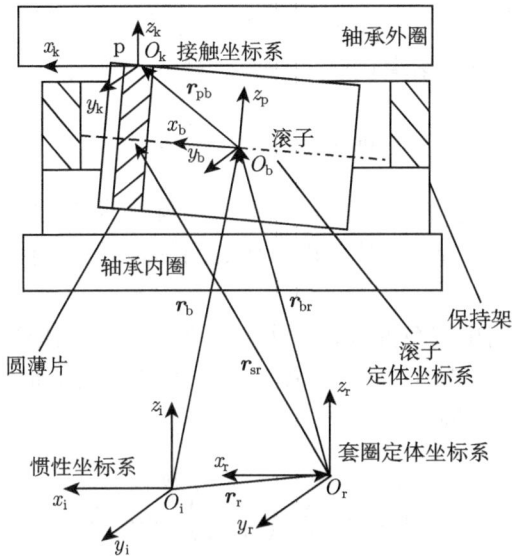

图 2-21　圆柱滚子与套圈的相互作用示意图

那么该圆薄片中心相对套圈中心的位置矢量 $\boldsymbol{r}_{sr}^{r}(r_{sr1}^{r}, r_{sr2}^{r}, r_{sr3}^{r})$ 为

$$\boldsymbol{r}_{sr}^{r} = \boldsymbol{r}_{br}^{r} + \boldsymbol{T}_{br} \left[\left(-0.5 + \frac{s-0.5}{m} \right) l \quad 0 \quad 0 \right]^{T} \tag{2-72}$$

式中，$\boldsymbol{T}_{br}$ 为滚子定体坐标系到套圈定体坐标系的变换矩阵。

为了描述切片中心在轴承的轨道位置，需要建立切片方位坐标系 $O_{as}x_{as}y_{as}z_{as}$，该坐标系原点位于圆薄切片中心，其他方向与滚子方位坐标系方向一致。根据 $\boldsymbol{r}_{sr}^{r}$ 在 y_r 和 z_r 两个方向的分量 r_{sr2}^{r} 和 r_{sr3}^{r} 可以确定圆薄切片中心相对套圈中心位置矢量的方位角 φ 为

$$\varphi = \arctan \left(\frac{-r_{sr2}^{r}}{r_{sr3}^{r}} \right) \tag{2-73}$$

由方位角可以确定套圈坐标系到切片方位坐标系的变换矩阵 $\boldsymbol{T}_{ras}$。设 p 点为滚子圆薄片上靠近外滚道的一点，则 p 点在切片方位坐标系中相对套圈中心的位置矢量 $\boldsymbol{r}_{pr}^{as}(r_{pr1}^{as}, r_{pr2}^{as}, r_{pr3}^{as})$ 为

$$\boldsymbol{r}_{pr}^{as} = \boldsymbol{T}_{ras} \left\{ \boldsymbol{r}_{br}^{r} + \boldsymbol{T}_{br} \left[\begin{array}{c} \left(-0.5 + \dfrac{k-0.5}{m} \right) l \\ -\dfrac{D}{2} \sin\phi \\ \dfrac{D}{2} \cos\phi \end{array} \right] \right\} \tag{2-74}$$

式中，D 为滚子直径；ϕ 为点 p 绕滚子轴线转过的角度 [8]。

要确定切片是否与外滚道接触，需要计算 p 点和外滚道之间的趋近量 δ_k：

$$\delta_k = \pm(r_{pr3}^{as} - 0.5d_r) \tag{2-75}$$

式中，r_{pr3}^{as} 为 r_{pr}^{as} 沿 z_{as} 轴的分量。若求切片与外滚道之间的趋近量，括号外取正，d_r 取外滚道直径；若求切片与内滚道之间的趋近量，括号外取负，d_r 取内滚道直径。

若 δ_k 为正，说明出现负间隙，即在 p 点处，滚子和滚道之间发生变形。本节采用 Ghaisas 提出的离散元法 [5] 计算第 s 个圆薄片与滚道的接触载荷 F_{bns}，相应的接触载荷计算公式为

$$F_{bns} = \frac{E_{eq}}{8} \left(\frac{\delta_k}{0.39} \right)^{\frac{10}{9}} l_{eq}^{-\frac{1}{9}} dx \tag{2-76}$$

式中，E_{eq} 为等效弹性模量；l_{eq} 为滚子有效接触长度；dx 为圆薄片厚度。

此时已知在 p 点处滚子切片与滚道之间发生接触，要计算滚子所受的切向牵引力，还需获得滚道接触区域中心与滚子接触中心二者的相对滑动速度和相对位置矢量。首先需要在接触点 p 处建立接触坐标系 $O_k x_k y_k z_k$，各坐标轴方向和切片方位坐标系各坐标轴方向一致，坐标原点位于 p 点。假设滚子和滚道接触变形量相等，则滚子定体坐标系中，接触点 p 到滚子中心的位置矢量 r_{pb}^{bf} 为

$$r_{pb}^{bf} = \begin{bmatrix} \left(-0.5 + \dfrac{s-0.5}{m} \right) l \\ -(0.5D - 0.5\delta_k)\sin\varphi \\ (0.5D - 0.5\delta_k)\cos\varphi \end{bmatrix} \tag{2-77}$$

已知套圈在惯性坐标系下的平移速度为 v_r^i，旋转角速度为 ω_r^r，滚子在惯性坐标系下平移速度为 v_b^i，自转角速度为 ω_b^b。在接触坐标系中，滚子切片接触点 p 处速度 v_b^k 为

$$v_b^k = T_{bk}(\omega_b^b \times r_{pb}^b + T_{ib}v_b^i) \tag{2-78}$$

式中，T_{ib} 为惯性坐标系到滚子定体坐标系的变换矩阵；T_{bk} 为滚子定体坐标系到接触坐标系的变换矩阵，均可利用已知条件通过坐标变换获得。

套圈上接触点 p 在接触坐标系下的线速度 v_r^k 为

$$v_r^k = T_{ask}(T_{ias}v_r^i + (T_{ras}\omega_r^r) \times (T_{ras}r_{br}^r + T_{bas}r_{pb}^b)) \tag{2-79}$$

式中，$\boldsymbol{T}_{ask}$ 为切片方位坐标系到接触坐标系的变换矩阵；$\boldsymbol{T}_{ias}$ 为惯性坐标系到切片方位坐标系的变换矩阵；$\boldsymbol{T}_{bas}$ 为滚子定体坐标系到切片方位坐标系的变换矩阵，均可利用已知条件通过坐标变换获得。

由此可得，套圈上 p 点相对于滚子切片上 p 点的滑动速度 $\boldsymbol{v}_{rb}^{k}(v_{rb1}^{k}, v_{rb2}^{k}, v_{rb3}^{k})$ 为

$$\boldsymbol{v}_{rb}^{k} = \boldsymbol{v}_{r}^{k} - \boldsymbol{v}_{b}^{k} \tag{2-80}$$

相对滑动速度确定后，代入 2.2.2 小节润滑牵引模型，计算得到牵引系数。之后，可得接触坐标系下，作用在滚子切片上的力矢量为

$$\boldsymbol{F}_{rbs}^{k} = \left(\begin{array}{ccc} \mu \dfrac{v_{rb1}^{k}}{u} F_{bns} & \mu \dfrac{v_{rb2}^{k}}{u} F_{bns} & F_{bns} \end{array} \right) \tag{2-81}$$

进而可得滚子定体坐标系中，切片所受力矩矢量为

$$\boldsymbol{M}_{rbs}^{b} = \boldsymbol{r}_{pb}^{b} \times (\boldsymbol{T}_{ib} \boldsymbol{T}_{ias}^{-1} \boldsymbol{T}_{ac}^{-1} \boldsymbol{F}_{rbs}^{k}) \tag{2-82}$$

则滚道作用在滚子上的合力与合力矩为

$$\begin{cases} \boldsymbol{F}_{rb}^{k} = \displaystyle\sum_{s=1}^{m} \boldsymbol{F}_{rbs}^{k} \\ \boldsymbol{M}_{rb}^{b} = \displaystyle\sum_{s=1}^{m} \boldsymbol{M}_{rbs}^{b} \end{cases} \tag{2-83}$$

进而根据作用力与反作用力原理，可以求得滚子作用在轴承滚道上的力和力矩矢量。

2. 圆柱滚子与保持架的相互作用

滚子和保持架兜孔之间存在间隙，运动中会发生碰撞，在高速情况下尤为频繁。为了分析圆柱滚子和保持架的相互作用，还需在 2.6.1 小节第一部分的基础上，建立如图 2-22 所示的保持架定体坐标系 $O_{ca}x_{ca}y_{ca}z_{ca}$ 和兜孔坐标系 $O_{cp}x_{cp}y_{cp}z_{cp}$。图中，保持架定体坐标系原点 O_{ca} 和保持架中心重合，初始状态下三个坐标轴方向均与惯性坐标系一致。兜孔坐标系固定在每个兜孔，其原点 O_{cp} 位于兜孔中心，x_{cp} 轴与兜孔壁垂直，z_{cp} 轴位于保持架径向方向，其指向向外。

图 2-22 中，$\boldsymbol{r}_{b}$ 和 $\boldsymbol{r}_{ca}$ 分别是惯性坐标系下滚子中心和保持架中心的位置矢量，根据矢量关系，可以得到滚子中心相对保持架中心的位置矢量 $\boldsymbol{r}_{bca}$。$\boldsymbol{r}_{cp}$ 表示保持架定体坐标系中，保持架兜孔中心相对保持架中心的位置矢量，考虑到滚子存在歪斜 (绕 z_{b} 轴的旋转)，滚子与保持架兜孔前壁接触时也是部分接触，因此依

然需要采用切片法，接触点设为点 g，求解流程与 2.6.1 小节相同，通过一系列矢量和、差运算之后，得到兜孔坐标系下，滚子切片上接触点 g 相对保持架兜孔的位置矢量 $\boldsymbol{r}_{\mathrm{pg}}^{\mathrm{cp}}(r_{\mathrm{pg1}}^{\mathrm{cp}}, r_{\mathrm{pg2}}^{\mathrm{cp}}, r_{\mathrm{pg3}}^{\mathrm{cp}})$（上标 cp 表示保持架兜孔坐标系）。因为不考虑滚子轴向运动，所以滚子只与保持架前壁发生碰撞，则滚子和保持架之间的趋近量为

$$\delta_{\mathrm{bc}} = r_{\mathrm{pg2}}^{\mathrm{cp}} - \frac{l_{\mathrm{c}}}{2} \tag{2-84}$$

式中，$r_{\mathrm{pg2}}^{\mathrm{cp}}$ 为矢量 $\boldsymbol{r}_{\mathrm{pg}}^{\mathrm{cp}}$ 沿 y_{cp} 轴的分量；l_{c} 为保持架兜孔径向方向的长度。

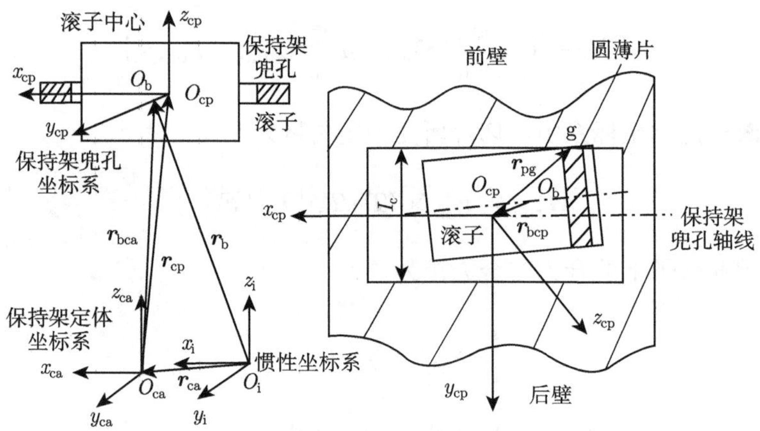

图 2-22　圆柱滚子与保持架的相互作用示意图

当 $\delta_{\mathrm{bc}} > 0$ 时即滚子和保持架之间发生变形，可以利用赫兹接触理论求得接触载荷，然后按照与上面滚子与滚道相互作用类似的处理方法，最终求得滚子与保持架的相互作用力和力矩。

3. 保持架与引导套圈的相互作用

这里以保持架外圈引导方式为例进行讨论，内圈引导与此类似。考虑到实际保持架存在非常小的倾角，所以接触区域的宽度定为套圈引导宽度的一半，保持架与引导套圈的相互作用示意图如图 2-23 所示。

图 2-23 中，套圈定体坐标系下，保持架中心相对引导套圈中心的位置矢量是 $\boldsymbol{r}_{\mathrm{car}}^{\mathrm{r}}$，保持架边缘上任意一点 p 相对于保持架中心位置矢量为 $\boldsymbol{r}_{\mathrm{pca}}^{\mathrm{r}}$（上标 r 表示套圈定体坐标系），则在套圈定体坐标系中，保持架边缘上任意一点 p 相对于引导套圈位置矢量 $\boldsymbol{r}_{\mathrm{pr}}^{\mathrm{r}}(r_{\mathrm{pr1}}^{\mathrm{r}}, r_{\mathrm{pr2}}^{\mathrm{r}}, r_{\mathrm{pr3}}^{\mathrm{r}})$ 为

$$\boldsymbol{r}_{\mathrm{pr}}^{\mathrm{r}} = \boldsymbol{r}_{\mathrm{car}}^{\mathrm{r}} + \boldsymbol{r}_{\mathrm{pca}}^{\mathrm{r}} \tag{2-85}$$

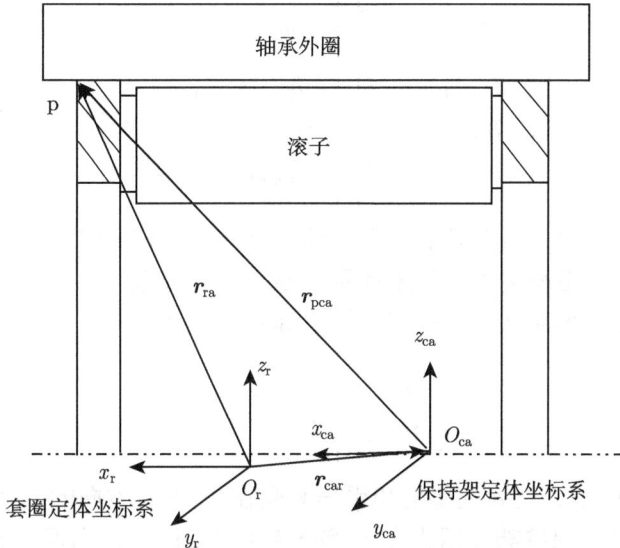

图 2-23　保持架与引导套圈的相互作用示意图

设套圈引导半径为 R_{cg}，此时保持架边缘和引导套圈之间的间隙为

$$\delta_{pcar} = \sqrt{(r_{pr2}^r)^2 + (r_{pr3}^r)^2} - R_{cg} \tag{2-86}$$

式中，下标 2 和 3 分别表示矢量 $\boldsymbol{r}_{pr}^r$ 沿坐标轴 Y_r 和 Z_r 方向的分量。

当 $\delta_{pcar} > 0$，则保持架和引导套圈发生接触，然后利用赫兹接触理论可以计算出保持架与引导套圈间的接触载荷，之后按照与上文滚子和滚道相互作用类似的处理方法，可以求得保持架与引导套圈间的作用力和作用力矩。

2.6.2　轴承动力学方程及求解

为了分析方便，根据轴承元件的运动特点，其动力学方程可以在不同运动方程中描述。滚子的运动包括平动和转动，忽略滚子轴向运动，其平动微分方程在惯性柱坐标系下描述为

$$\begin{cases} m_b \ddot{r} - m_b r_b \dot{\theta}_b^2 = F_r \\ m_b r_b \ddot{\theta} + 2 m_b r_b \dot{\theta}_b = F_\theta \end{cases} \tag{2-87}$$

式中，m_b 为滚子质量；r_b 为滚子半径；F_r 与 F_θ 为滚子所受合力在惯性柱坐标系下的径向和轴向分力。

其转动微分方程在滚子定体坐标系中描述为

$$
\begin{cases}
I_{bx}\dot{\omega}_{b1} - (I_{by} - I_{bz})\omega_{b2}\omega_{b3} = M_1 \\
I_{by}\dot{\omega}_{b2} - (I_{bz} - I_{bx})\omega_{b3}\omega_{b1} = M_2 \\
I_{bz}\dot{\omega}_{b3} - (I_{bx} - I_{by})\omega_{b1}\omega_{b2} = M_3
\end{cases}
\tag{2-88}
$$

式中，I_{bx}、I_{by}、I_{bz} 分别为滚子在坐标轴三个方向的转动惯量；M_1、M_2、M_3 分别为滚子所受合力矩在滚子定体坐标系各坐标轴的分量。

保持架质心的平动微分方程在惯性坐标系下描述为

$$
\begin{cases}
m_c\ddot{y}_c = F_{rcy} + F_{bcy} \\
m_c\ddot{z}_c = F_{rcz} + F_{bcz}
\end{cases}
\tag{2-89}
$$

式中，F_{rcy} 和 F_{rcz} 分别为保持架和引导套圈在 y 和 z 方向的两个分力；F_{bcy} 和 F_{bcz} 分别为滚子与保持架作用力在 y 和 z 轴的分量；m_c 为保持架质量。

因为只考虑保持架绕轴线运转，不考虑倾斜和歪斜，所以保持架绕质心旋转微分方程为

$$
I_{cx}\dot{\omega}_c = M_{rc} + M_{bc}
\tag{2-90}
$$

式中，M_{rc} 为保持架与引导套圈之间作用力矩；M_{bc} 为滚子与保持架之间作用力矩；I_{cx} 为保持架在 x 方向的转动惯量。

对于轴承内圈，考虑到内圈与转轴固结，即角速度为常量，因此，这里只计算内圈质心的平动，其在惯性系下的动力学微分方程为

$$
\begin{cases}
m_{in}\ddot{y}_{in} = F_{cry} + F_{bryi} \\
m_{in}\ddot{z}_{in} = F_{crz} + F_{brzi}
\end{cases}
\tag{2-91}
$$

式中，F_{cry} 和 F_{crz} 分别为保持架内圈引导方式下，保持架与内圈之间作用力在 y 轴和 z 轴的分量；F_{bryi} 和 F_{brzi} 分别为滚子与内圈之间作用力在 y 轴和 z 轴的分量；m_{in} 为内圈质量。对于轴承外圈，假设其固定在轴承座中不旋转。

所构建的圆柱滚子轴承动力学模型求解流程如图 2-24 所示 [24]。首先给定轴承几何参数、材料参数、运行参数、润滑参数等基本参数并将其作为模型输入，根据这些参数计算各个轴承元件的初始位置和速度作为动力学方程初值，然后通过 2.6.1 小节描述的方法对各个轴承元件间的相对位置和相对速度进行计算，进而确定各元件所受总的作用力与作用力矩，之后代入各轴承元件的动力学方程，获得各部件的速度和加速度，利用变步长 4 阶龙格–库塔法进行数值积分，得到所有部件下一时刻的位置和速度，迭代循环，直至达到设定的仿真时间，最终获得要分析的仿真结果。

开始

输入参数
- 几何参数
- 材料参数
- 运行参数
- 润滑参数

计算动力学方程初值

滚子、保持架及套圈 t 时刻位置和速度

滚子和保持架相对位置和相对滑动速度	滚子和套圈相对位置和相对滑动速度	保持架和引导套圈相对位置和相对滑动速度
滚子和保持架相互作用力与作用力矩	滚子和套圈相互作用力与作用力矩	保持架和引导套圈相互作用力与作用力矩

滚子运动微分方程
保持架运动微分方程
套圈运动微分方程

数值积分

滚子、保持架及套圈在 $t+\mathrm{d}t$ 时刻位置和速度

储存滚子、保持架及套圈动力学分析数据

达到仿真时间

否 → $t=t+\mathrm{d}t$

是

结束

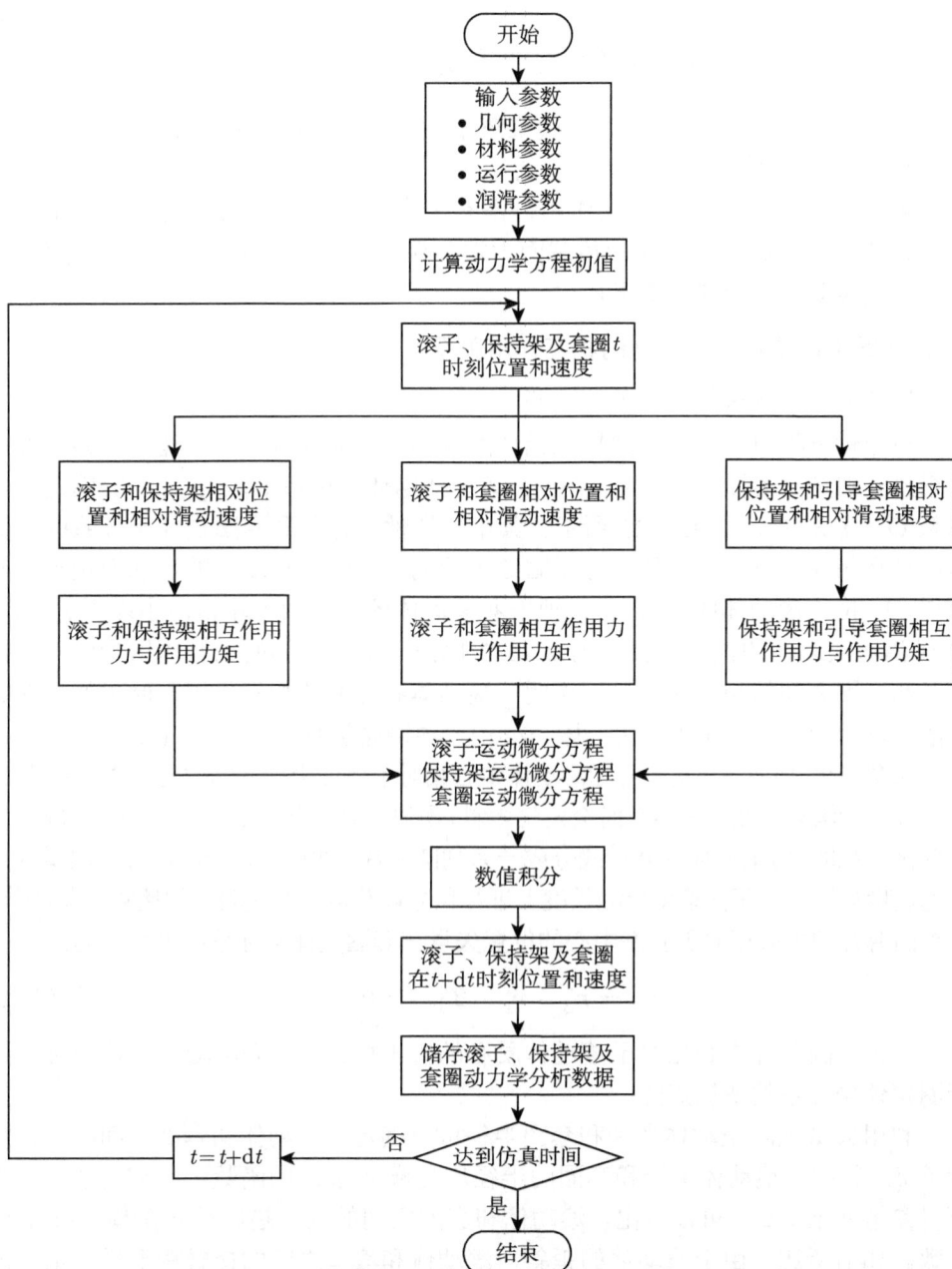

图 2-24　圆柱滚子轴承动力学模型求解流程

2.7　圆锥滚子轴承动力学建模

本节首先基于 Gupta 模型对圆锥滚子轴承元件间的相互作用关系进行分析，在此基础上建立双列圆锥滚子轴承的动力学模型。Gupta 模型在分析圆锥滚子轴承中滚动体和保持架的相互作用时没有考虑滚动体球面大端的影响。本节对 Gupta 模型进行改进，对滚动体球面大端和保持架之间的相互作用进行建模 (本节中所提滚动体皆指圆锥滚子)。

2.7.1　圆锥滚子轴承元件间的相互作用关系

1. 圆锥滚子和套圈之间的相互作用

与球轴承类似，为了描述轴承元件的运动，首先在轴承上构建了一系列的坐标系，分别是：惯性坐标系 $O_i x_i y_i z_i$、滚动体定体坐标系 $O_b x_b y_b z_b$、套圈定体坐标系 $O_r x_r y_r z_r$ 等，如图 2-25 所示。其中，惯性坐标系和套圈定体坐标系的定义与球轴承相同。滚动体定体坐标系固结于滚动体，随着滚动体的运动而运动，其原点 O_b 位于滚动体的质心，x_b 轴沿着滚动体的轴线由大端指向小端，y_b 轴和 z_b 轴沿着滚动体的惯性主轴。图 2-25 中以滚动体和外圈的相互作用为例对圆锥滚子和套圈之间的相互作用进行说明。滚动体和内圈的相互作用与此类似。在圆锥滚子轴承中，外圈也被称为 "杯" (cup)，内圈也被称为 "锥体" (cone)。

如图 2-25 所示，套圈中心和滚动体中心相对于惯性坐标系的位置矢量分别为 r_r 和 r_b。因为滚动体在轴承运转时会发生歪斜，所以滚动体和滚道的接触长度会随时发生变化。为此，将滚动体沿其轴线分成一系列圆薄片，通过将每个圆薄片与滚道的几何趋近量与接触载荷在整个接触长度上进行积分以获得整个滚动体的接触载荷[5,12]。每个圆薄片的中心相对于套圈中心的位置矢量在套圈定体坐标系中可表示为

$$r_0^r = r_b^r - r_r^r + T_{br} \{x, 0, 0\}^T \tag{2-92}$$

式中，x 为圆薄片中心相对于滚动体质心的横坐标；T_{br} 为滚动体定体坐标系到套圈定体坐标系的变换矩阵。

利用矢量 r_0、滚动体半径和套圈半径可以确定出滚动体和套圈之间的几何趋近量 δ。其中，滚动体半径和套圈的半径均是横坐标 x 的函数。详细的建模步骤可以参考文献 [12]。可以看出，滚动体和套圈之间的几何趋近量 δ 是横坐标 x 的函数。如前所述，由于滚动体的歪斜，滚动体和滚道之间的接触变形量会沿着滚动体轴线方向而发生变化。同时，在不同的时间步滚动体和滚道之间的接触长度也会发生变化，因此需要在每个时间积分步中确定滚动体的接触长度。对此，需要求解如下的非线性方程以确定接触变形的零值点：

$$\delta(x) = 0 \tag{2-93}$$

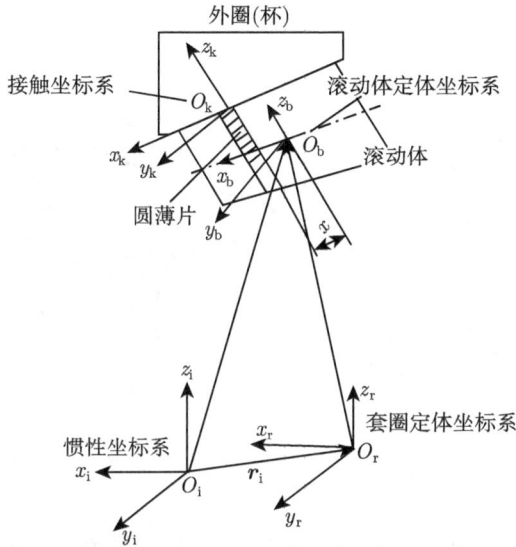

图 2-25　圆锥滚子和套圈之间的相互作用 [12]

一般而言，根据滚动体的几何轮廓以及滚动体的倾斜量，式 (2-93) 在整个滚动体长度上会有 0∼2 个根 [12]。与点接触情况不同的是，线接触的接触载荷与变形的关系并不唯一，且只能根据两个有限长物体相互作用所对应的应变来计算 [1]。本节同样采用式 (2-76) 计算每个圆薄片的接触载荷，将计算得到的每个圆薄片接触载荷在整个接触长度上进行积分即可得到作用在整个滚动体上的接触载荷。

同样，滚动体和滚道之间的润滑牵引力取决于二者之间的相对滑动速度和润滑剂的牵引特性。利用与球轴承相似的计算方法，可以计算每个接触点处的滑动速度。当相对滑动速度确定后，牵引系数可通过润滑剂的牵引模型获得，牵引力即为牵引系数和法向力的乘积。作用在滚动体和套圈上的力矩矢量可利用接触点相对于滚动体质心和套圈质心的位置矢量与力矢量的叉乘后得到。

2. 圆锥滚子和保持架兜孔之间的相互作用

为了描述圆锥滚子和保持架兜孔之间的相互作用关系，在滚子轴承原有坐标系统的基础上建立保持架定体坐标系 $O_{ca}x_{ca}y_{ca}z_{ca}$ 和兜孔坐标系 $O_{cp}x_{cp}y_{cp}z_{cp}$，如图 2-26 所示。其中，保持架定体坐标系各坐标轴的指向与球轴承所定义的相同，这里不再赘述。兜孔坐标系的原点 O_{cp} 位于保持架兜孔的中心，坐标轴 x_{cp} 沿着兜孔中心轴线并垂直于兜孔右壁，坐标轴 z_{cp} 垂直于兜孔平面并指向外侧。另外，x_{cp} 轴与 x_{ca} 轴的夹角为 γ_1，兜孔前壁和兜孔后壁与 x_{cp} 轴的夹角均为 γ_2。兜孔前壁的接触坐标系可通过将兜孔坐标系沿着 z_{cp} 轴逆时针旋转 γ_2 后得到。

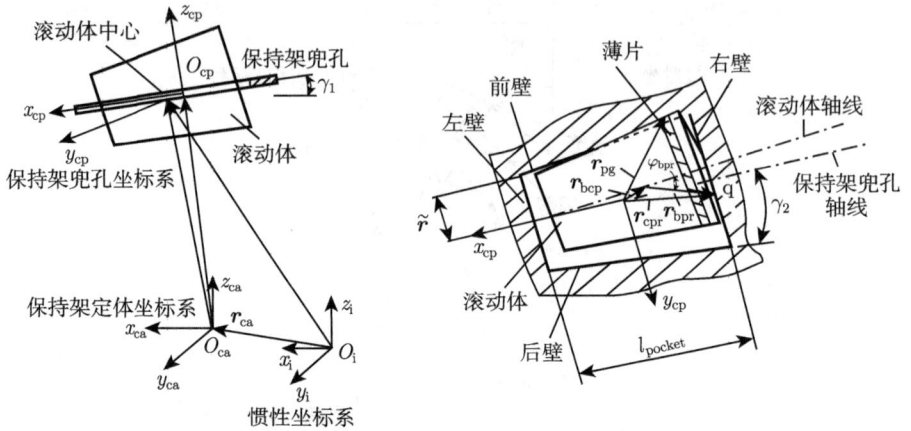

图 2-26　圆锥滚子和保持架兜孔之间的相互作用

图 2-26 中，r_b 和 r_{ca} 分别为滚动体中心和保持架中心在惯性坐标系中的位置矢量。保持架兜孔中心相对于保持架中心的位置矢量在保持架定体坐标系中表示为 r_{cp}^{ca}。滚动体中心相对于保持架中心的位置矢量为 r_{bca}，滚动体中心相对于保持架兜孔中心的位置矢量为 (在保持架定体系中描述) r_{bcp}^{ca}。滚动体表面上的任意一点相对于保持架兜孔中心的位置矢量为 r_{pg}，该矢量可通过前述的各种矢量进行矢量和、矢量差运算后得到。详细的计算过程参见文献 [12]。

　　滚动体与保持架兜孔之间的相互作用关系主要有两种情况：一种情况是滚动体与保持架的前后两个侧壁发生碰撞，另一种情况是滚动体与保持架的左右两个侧壁发生碰撞。根据矢量 r_{pg} 可将滚动体和保持架之间的几何相互作用关系在上述两种情况下的表达式分别写为

$$\delta_{bc} = \max\left(r_{pg2}^{cp}\right) - \tilde{r}_c\left(r_{pg1}^{cp}\right) \tag{2-94}$$

和

$$\delta_{bc} = \max\left(r_{pg1}^{cp}\right) - 0.5l_{pocket} \tag{2-95}$$

式中，l_{pocket} 为保持架兜孔沿 x_{cp} 方向的长度；下标 1 和 2 分别表示矢量 r_{pg}^{cp} 的第 1 个和第 2 个分量；函数 $\tilde{r}_c\left(\cdot\right)$ 描述了沿兜孔轴线不同位置处的兜孔半径；r_{pg1}^{cp} 和 r_{pg2}^{cp} 的最大值需要在滚动体表面上进行寻找。

　　对于圆锥滚子轴承，Gupta 模型在处理滚动体和保持架左右两个侧壁的接触问题时没有考虑滚子球面大端的影响。然而，滚子球面大端会影响相应接触区域的润滑剂流变学特性。为了更为精确地分析圆锥滚子轴承的动力学问题，本书将 Gupta 模型进行了改进，改进后的模型在处理滚动体和保持架兜孔左右两个侧壁的接触问题时可以考虑滚动体球面大端的影响。图 2-26 中，滚动体球面大端上

任意一点 q 和保持架兜孔中心之间的位置矢量为 r_{cpr}，该矢量可以利用式 (2-96) 计算：

$$r_{\text{cpr}} = r_{\text{bcp}} + r_{\text{bpr}} \tag{2-96}$$

式中，矢量 r_{bpr} 确定了 q 点相对于滚动体中心的位置。在保持架兜孔坐标系中，矢量 r_{bpr} 可以表示为

$$r_{\text{bpr}}^{\text{cp}} = \{-\tilde{r}\left(\varphi_{\text{bpr}}\right)\cos\left(\varphi_{\text{bpr}}\right), \tilde{r}\left(\varphi_{\text{bpr}}\right)\sin\left(\varphi_{\text{bpr}}\right), 0\}^{\text{T}} \tag{2-97}$$

式中，φ_{bpr} 为滚动体轴线和矢量 r_{bpr} 在 $x_{\text{cp}}y_{\text{cp}}$ 平面上的夹角；$\tilde{r}\left(\varphi_{\text{bpr}}\right)$ 为点 q 和滚动体中心之间的距离；上标 cp 表示将矢量 $r_{\text{bpr}}^{\text{cp}}$ 在保持架兜孔坐标系中进行描述。角度 φ_{bpr} 的定义域为 $[0, \arctan\left(0.5d_{\text{w}}/z_{\text{c}}\right)]$（$d_{\text{w}}$ 为滚动体大端直径，z_{c} 为滚动体质心到滚动体大端的长度）。由式 (2-96) 和式 (2-97) 可以看出，矢量 r_{bpr} 是角度 φ_{bpr} 的函数。在这种情况下，滚动体球面大端和保持架右壁的几何作用量可以写为 $\max\left(r_{\text{cpr1}}^{\text{cp}}\right) - 0.5l_{\text{pocket}}$，其中，$r_{\text{cpr1}}^{\text{cp}}$ 的最大值需要在 φ_{bpr} 的定义域内寻找。

得到几何趋近量后即可利用赫兹接触关系求得相应的接触载荷。与处理滚动体和滚道接触的情形类似，先计算出相应的接触载荷、牵引力，最终得到力矢量和力矩矢量。

3. 圆锥滚子球面大端和套圈挡边之间的相互作用

圆锥滚子球面大端和套圈挡边之间的相互作用，如图 2-27 所示。滚动体球面大端的半径为 R_{sph}，锥点为 M。内圈挡边倾斜面与内圈轴线的夹角为 θ。滚动体方位坐标系 $O_{\text{a}}x_{\text{a}}y_{\text{a}}z_{\text{a}}$ 用以描述滚动体在整个套圈圆周上的轨道方位。滚动体中心与内圈中心之间的相对位置矢量为 r_{br}，锥点到滚动体中心和套圈中心的位置矢量分别为 r_{bm} 和 r_{rm}。根据矢量 r_{bm} 和轴承的几何特性即可确定出滚动体和大端挡边之间的几何作用量，进而可得到相应的接触载荷。

为了更加精确的分析套圈挡边和滚动体球面大端的接触，本书采用 Ghaisas[5] 提出的分片法对在整个接触椭圆内套圈挡边和滚动体球面大端之间的接触和滑动问题进行计算。首先在接触点处建立滚动体/挡边接触坐标系 $O_{\text{f}}x_{\text{f}}y_{\text{f}}z_{\text{f}}$，如图 2-27 所示。其中，$z_{\text{f}}$ 轴垂直于接触面朝向挡边，y_{f} 沿着挡边的旋转方向。当球面大端和挡边在接触椭圆中心处的相对平移速度矢量和相对转动速度矢量在坐标系 $O_{\text{f}}x_{\text{f}}y_{\text{f}}z_{\text{f}}$ 中分别描述为 $\{u_{x_{\text{f}}}, u_{x_{\text{f}}}, u_{x_{\text{f}}}\}^{\text{T}}$（图 2-27 中只给出了速度 $u_{x_{\text{f}}}$ 和速度 $u_{y_{\text{f}}}$）和 $\{0, 0, \omega_{\text{f}}\}^{\text{T}}$ 时，对于距离接触椭圆中心为 y_{s} 薄片，该薄片中心处的滑动速度矢量在坐标系 $O_{\text{f}}x_{\text{f}}y_{\text{f}}z_{\text{f}}$ 中可以描述为 $\{u_{x_{\text{f}}} - y_{\text{s}}\omega_{\text{f}}, u_{y_{\text{f}}}, u_{z_{\text{f}}}\}^{\text{T}}$。根据速度矢量 $\{u_{x_{\text{f}}} - y_{\text{s}}\omega_{\text{f}}, u_{y_{\text{f}}}, u_{z_{\text{f}}}\}^{\text{T}}$ 即可对薄片处的摩擦力进行计算。将单个薄片处的摩擦力沿着整个接触椭圆进行积分即可得到整个接触椭圆上的摩擦力。对于法向接

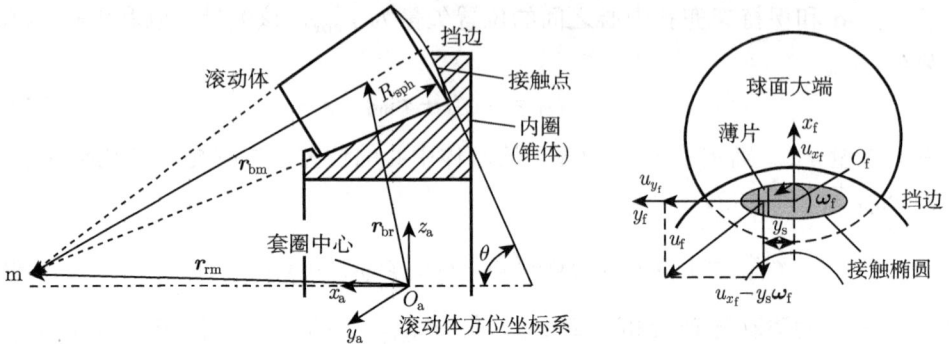

图 2-27　圆锥滚子球面大端和套圈挡边之间的相互作用 [5]

触力也采用相同的处理方法，即先计算单个薄片处的法向接触力，然后在整个接触椭圆区域上积分得到球面大端和挡边之间的法向接触力。具体的分析方法参见文献 [5]。

计算力矩的方法与计算滚动体和套圈相互作用时采用的方法类似，此处不再赘述。

圆锥滚子轴承中保持架与引导套圈之间的相互作用与球轴承中的计算方法类似，此处不再赘述。

2.7.2　双列圆锥滚子轴承动力学方程及求解

圆锥滚子轴承通常情况下是成对安装。为了提高圆锥滚子轴承的径向承载能力，同时为了避免两套轴承之间间距过长而导致的轴向调整问题，可将圆锥滚子轴承组合为双列轴承，即双列圆锥滚子轴承。双列圆锥滚子轴承已经广泛地应用到高速列车轮对、汽车轮毂以及热轧机等设备上，并成为这些设备的关键零部件之一。

本节以背对背配置的双列圆锥滚子轴承 (图 2-28) 为例，提出一种双列圆锥滚子轴承的动力学分析模型。该分析模型以 2.7.1 小节建立的单列圆锥滚子轴承动力学模型为基础，通过力和力矩耦合的方法对双列圆锥滚子轴承的动力学模型进行构建。

双列圆锥滚子轴承的分析步骤可简述如下 [25]：

(1) 根据左右两侧轴承中各轴承元件在 t 时刻的位置和速度关系，计算每侧轴承中各元件所承受的力和力矩。这一部分的计算基于单列圆锥滚子轴承的建模方法。

(2) 将左右两个锥体所承受的力和力矩进行耦合，获得轴承内圈的力和力矩。

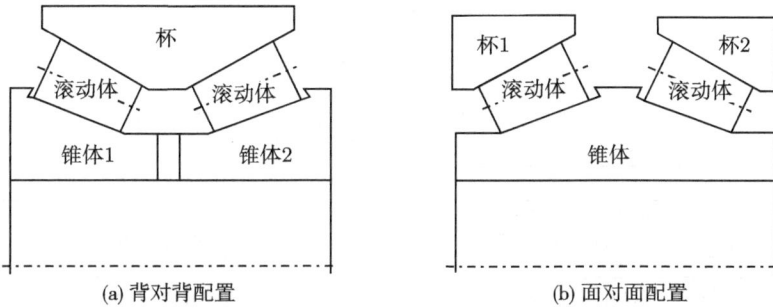

(a) 背对背配置　　　　　　　　　　(b) 面对面配置

图 2-28　双列圆锥滚子轴承的配置方式

(3) 根据左右两侧轴承中保持架、滚动体以及轴承内圈的力和力矩即可获得这些轴承元件在当前时刻的动力学方程，对动力学方程进行数值积分来获得下一个时刻 ($t + \mathrm{d}t$，其中 $\mathrm{d}t$ 为数值积分的时间增量) 这些轴承元件的位置和速度。

(4) 将计算得到的轴承内圈的位置和速度向左右两个锥体进行分配，以获得每个锥体的位置和速度。

(5) 返回第 (1) 步，并根据第 (4) 步计算得到的每个锥体的速度和位置，结合第 (3) 步得到的每侧轴承中各滚动体和保持架的速度和位置，对下一个时间积分步中各轴承元件的力和力矩进行计算。求解流程见图 2-29。

在第 (1) 步中，单列圆锥滚子轴承各轴承元件之间的相互作用关系可采用 2.6.1 小节讨论的方法进行计算。下面主要讨论左右两个锥体的力和力矩的耦合以及内圈速度和位移向左右两锥体进行分配的方法。另外，双列圆锥滚子轴承在工作时都会预设一定的轴向游隙，以满足温度升高后轴承内部载荷分布的要求。已有学者采用静力学方法 [26,27] 对初始轴向游隙对双列圆锥滚子轴承性能的影响进行了分析。为了研究不同轴向游隙 Δ 下轴承的动力学响应，首先对双列圆锥滚子轴承在不同轴向游隙下左右两锥体之间相对位置的确定进行分析。

为了确定不同轴向游隙下左锥与右锥之间的相对位置，首先应确定 $\Delta=0$ 时左、右两锥之间的相对位置。在内圈上建立内圈定体坐标系 $O_{\mathrm{in}}x_{\mathrm{in}}y_{\mathrm{in}}z_{\mathrm{in}}$，如图 2-30 所示。原点 O_{in} 固定于内圈的中心 (也就是轴承的中心)。进而，建立全局惯性坐标系 $Oxyz$。轴承中各轴承元件之间的相对位置均相对全局惯性坐标系进行计算。

分析时假设左右两侧轴承的锥体 (锥体 1 和锥体 2) 在转轴上通过刚性连接的方式组成轴承的整体内圈 (以下简称 "内圈")，外圈固定于空间。

图 2-30 中，锥体坐标系 $O_{\mathrm{c}1}x_{\mathrm{c}1}y_{\mathrm{c}1}z_{\mathrm{c}1}$ 和 $O_{\mathrm{c}2}x_{\mathrm{c}2}y_{\mathrm{c}2}z_{\mathrm{c}2}$ 分别建立在左侧和右侧锥体上，用以描述每个锥体相对惯性坐标系的平移和转动。原点 $O_{\mathrm{c}1}$ 和 $O_{\mathrm{c}2}$ 分别建立在每个锥体的中心。坐标系 $O_{\mathrm{c}1}x_{\mathrm{c}1}y_{\mathrm{c}1}z_{\mathrm{c}1}$ 和 $O_{\mathrm{c}1}x_{\mathrm{c}1}y_{\mathrm{c}1}z_{\mathrm{c}1}$ 相对于内圈定体坐标系的旋转角分别为 $\{0,0,-\pi\}^{\mathrm{T}}$ 和 $\{0,0,0\}^{\mathrm{T}}$。当轴承具有一定的轴向游隙时，

```
                          ┌─────────┐
                          │  开始   │
                          └────┬────┘
                       ╱──────────────╲
                       │   输入参数    │
                       ╲──────────────╱
              ┌──────────────────────────────────┐
              │ 采用拟静力学方法计算动力学方程的积分初值 │
              └──────────────────┬───────────────┘
    ┌──────────────────────────┐        ┌──────────────────────────┐
    │ 左侧轴承中滚动体、保持架以及 │        │ 右侧轴承中滚动体、保持架以及 │
    │ 锥体在 t 时刻的位置和速度    │        │ 锥体在 t 时刻的位置和速度    │
    └────────────┬─────────────┘        └────────────┬─────────────┘
    ┌──────────────────────────┐        ┌──────────────────────────┐
    │ 左侧轴承中滚动体、保持架以及 │        │ 右侧轴承中滚动体、保持架以及 │
    │ 锥体的力和力矩             │        │ 锥体的力和力矩             │
    └────────────┬─────────────┘        └────────────┬─────────────┘
         ┌──────────────────────────────────────────────┐
         │ 左右两侧锥体的力和力矩进行耦合得到轴承整体内圈的力和力矩 │
         └────────────────────────┬─────────────────────┘
    ┌──────────────────────────────────────────────────────┐
    │ 左右两侧轴承滚动体、保持架以及轴承整体内圈的动力学方程      │
    └────────────────────────┬─────────────────────────────┘
              ┌──────────────────────────────────┐
              │     对动力学方程进行数值积分        │
              └──────────────────┬───────────────┘
    ┌──────────────────────────────────────────────────────┐
    │ 左右两侧轴承中滚动体、保持架以及轴承整体内圈在 t+dt 时刻的位置和速度 │
    └────────────────────────┬─────────────────────────────┘
         ┌──────────────────────────────────────────────┐
         │ 将轴承整体内圈在 t+dt 时刻的位置和速度            │
         │ 向左右两个锥体进行分配，得到左右                 │
         │ 两个锥体在时刻 t+dt 的位置和速              │
         └────────────────────────┬─────────────────────┘
              ╱────────────────────────────────────────╲
              │ 储存左右两侧轴承中滚动体、保持架、           │
              │ 锥体以及轴承内圈的动力学分析数据            │
              ╲────────────────────────────────────────╱
  ┌──────────┐    否    ╱────────────────────╲
  │ t = t+dt │◄───────── │  达到仿真所需时间    │
  └──────────┘          ╲────────────────────╱
                                   │ 是
                          ┌─────────┐
                          │  结束   │
                          └─────────┘
```

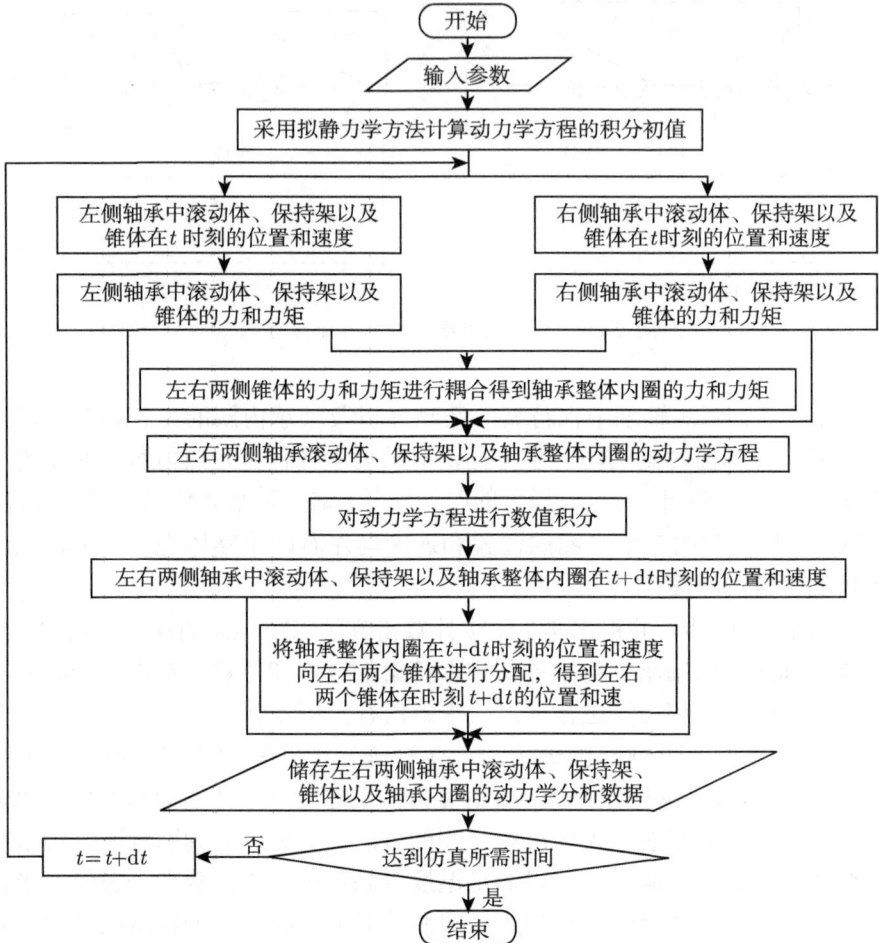

图 2-29　双列圆锥滚子轴承动力学模型求解流程

点 O_{c1} 和 O_{c2} 相对于点 O_{in} 的距离均为 e，所对应的位置矢量分别为 $\{e, 0, 0\}^{\mathrm{T}}$ 和 $\{-e, 0, 0\}^{\mathrm{T}}$。下面讨论一定轴向游隙 Δ 下距离 e 的计算方法。分析时假设轴承内部的轴向游隙为 2Δ，每侧轴承内部的游隙即为 Δ。

　　另外在图 2-30 中，$\boldsymbol{F}_{c1}$ 和 $\boldsymbol{M}_{c1}$ 分别是左侧轴承中滚动体和保持架对左侧锥体的力和力矩矢量。此处，力和力矩矢量 $\boldsymbol{F}_{c1}$ 和 $\boldsymbol{M}_{c1}$ 均在坐标系 $O_{c1}x_{c1}y_{c1}z_{c1}$ 中进行描述。同样，$\boldsymbol{F}_{c2}$ 和 $\boldsymbol{M}_{c2}$ 分别是在坐标系 $O_{c2}x_{c2}y_{c2}z_{c2}$ 中描述的右侧轴承中滚动体和保持架对右侧锥体的力和力矩矢量。以左侧轴承为例，左侧轴承中第 j 个滚动体所承受的力和力矩矢量 $\boldsymbol{F}_{rc1_j}$ 和 $\boldsymbol{M}_{rc1_j}$ 均是左侧锥体在惯性坐标系中的位置矢量 $\boldsymbol{r}_{c1}$ 的函数。因此，可将第 j 个滚动体承受的力和力矩矢量以及左侧

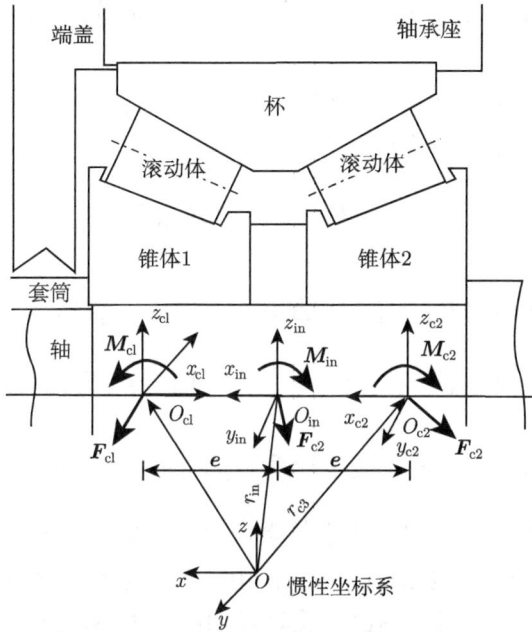

图 2-30　双列圆锥滚子轴承分析坐标系

锥体承受的来自滚动体的力和力矩矢量写为

$$\boldsymbol{F}_{\mathrm{rc1}_j} = \boldsymbol{F}_{\mathrm{rc1}_j}\left(\boldsymbol{r}_{\mathrm{c1}}\right) \tag{2-98}$$

$$\boldsymbol{M}_{\mathrm{rc1}_j} = \boldsymbol{M}_{\mathrm{rc1}_j}\left(\boldsymbol{r}_{\mathrm{c1}}\right) \tag{2-99}$$

$$\boldsymbol{F}_{\mathrm{c1}} = \sum_{j=1}^{z}\left[-\boldsymbol{F}_{\mathrm{rc1}_j}\left(\boldsymbol{r}_{\mathrm{c1}}\right)\right] \tag{2-100}$$

$$\boldsymbol{M}_{\mathrm{c1}} = \sum_{j=1}^{z}\left[-\boldsymbol{M}_{\mathrm{rc1}_j}\left(\boldsymbol{r}_{\mathrm{c1}}\right)\right] \tag{2-101}$$

　　当轴承的内部游隙为零时，轴承内部的接触载荷分布为零 (不施加外载荷时)，即式 (2-98) ∼ 式 (2-101) 的左端均为零。从而，式 (2-98) ∼ 式 (2-101) 构成了一组非线性力平衡方程。采用牛顿–拉弗森法对该平衡方程进行求解，即可得到零游隙时左侧锥体相对于惯性坐标系的位置矢量 $\boldsymbol{r}_{\mathrm{c1}}$。根据内圈中心相对于惯性坐标系的位置矢量 $\boldsymbol{r}_{\mathrm{in}}$ 以及求解得到的矢量 $\boldsymbol{r}_{\mathrm{c1}}$ 即可确定零游隙时左侧锥体相对于内圈中心的距离 e_0。进而，在一定轴向游隙 Δ 下，左侧锥体相对于内圈中心的距离即可写为 $e = e_0 + \Delta$，相应的位置矢量可以写为 $\{e_0 + \Delta, 0, 0\}^{\mathrm{T}}$。同理，利用上述方法可以确定出一定轴向游隙 Δ 下，右侧锥体相对于内圈中心的位置矢量，即 $\{-e_0 - \Delta, 0, 0\}^{\mathrm{T}}$。

在得到左右两个锥体的力和力矩矢量后，通过将这些力和力矩矢量在内圈上进行耦合即可得到作用在整个内圈上的力和力矩：

$$F_{\mathrm{in}} = T_{\mathrm{c1in}} F_{\mathrm{c1}} + T_{\mathrm{c2in}} F_{\mathrm{c2}} \tag{2-102}$$

$$M_{\mathrm{in}} = \left[T_{\mathrm{c1in}} M_{\mathrm{c1}} + \{e_0 + \Delta, 0, 0\}^{\mathrm{T}} \times (T_{\mathrm{c1in}} F_{\mathrm{c1}}) \right]$$
$$+ \left[T_{\mathrm{c2in}} M_{\mathrm{c2}} + \{-e_0 - \Delta, 0, 0\}^{\mathrm{T}} \times (T_{\mathrm{c2in}} F_{\mathrm{c2}}) \right] \tag{2-103}$$

式中，$T_{\mathrm{c1in}} = T \begin{pmatrix} 0 & 0 & -\pi \end{pmatrix}$ 是坐标系 $O_{\mathrm{c1}} x_{\mathrm{c1}} y_{\mathrm{c1}} z_{\mathrm{c1}}$ 与坐标系 $O_{\mathrm{in}} x_{\mathrm{in}} y_{\mathrm{in}} z_{\mathrm{in}}$ 之间的变换矩阵；$T_{\mathrm{c2in}} = T \begin{pmatrix} 0 & 0 & 0 \end{pmatrix}$ 是坐标系 $O_{\mathrm{c2}} x_{\mathrm{c2}} y_{\mathrm{c2}} z_{\mathrm{c2}}$ 与坐标系 $O_{\mathrm{in}} x_{\mathrm{in}} y_{\mathrm{in}} z_{\mathrm{in}}$ 之间的变换矩阵。通过式 (2-102) 和式 (2-103) 即可求得在内圈定体坐标系中描述的作用在内圈上的力和力矩。内圈的旋转运动由力矩 M_{in} 确定。为了计算内圈的平移运动，力矢量 F_{in} 需要变换到惯性坐标系中进行描述。在得到轴承元件的力和力矩矢量后，即可利用牛顿方程及欧拉方程得到轴承内圈的动力学方程。通过对动力学方程进行数值积分，即可得到下一个时间步轴承元件的位置和速度矢量。

如前所述，得到内圈的位置和速度矢量后，需要将内圈的位置和速度矢量向左右两个锥体进行分配，以确定每个锥体的位置和速度。基于小位移假设，左侧锥体的平动位移和转动位移可表示为

$$\boldsymbol{\delta}_{\mathrm{c1}} = T_{\mathrm{c1in}}^{-1} \left(\left\{ \begin{array}{c} \delta_x \\ \delta_y \\ \delta_z \end{array} \right\} + \left[\begin{array}{ccc} 0 & -\theta_z & \theta_y \\ \theta_z & 0 & 0 \\ -\theta_y & 0 & 0 \end{array} \right] \left\{ \begin{array}{c} -e_0 - \Delta \\ 0 \\ 0 \end{array} \right\} \right) \tag{2-104}$$

$$\boldsymbol{\theta}_{\mathrm{c1}} = T_{\mathrm{c1in}}^{-1} \{\theta_x, \theta_y, \theta_z\}^{\mathrm{T}} \tag{2-105}$$

式中，$\{\delta_x, \delta_y, \delta_z\}^{\mathrm{T}}$ 和 $\{\theta_x, \theta_y, \theta_z\}^{\mathrm{T}}$ 分别为数值积分后得到的内圈平动位移矢量和转动位移矢量。同理，右侧锥体的平动位移和转动位移可分别表示为

$$\boldsymbol{\delta}_{\mathrm{c2}} = T_{\mathrm{c2in}}^{-1} \left(\left\{ \begin{array}{c} \delta_x \\ \delta_y \\ \delta_z \end{array} \right\} + \left[\begin{array}{ccc} 0 & -\theta_z & \theta_y \\ \theta_z & 0 & 0 \\ -\theta_y & 0 & 0 \end{array} \right] \left\{ \begin{array}{c} e_0 + \Delta \\ 0 \\ 0 \end{array} \right\} \right) \tag{2-106}$$

$$\boldsymbol{\theta}_{\mathrm{c2}} = T_{\mathrm{c2in}}^{-1} \{\theta_x, \theta_y, \theta_z\}^{\mathrm{T}} \tag{2-107}$$

参 考 文 献

[1] GUPTA P K. Advanced Dynamics of Rolling Elements[M]. New York: Speringer-Verlag, 1984: 56-57.

[2] JOHNSON K L. Contact Mechanics[M]. Cambridge, UK: Cambridge University Press, 1985: 23-30.

[3] LUNDBERG G. Elastic berihung zweier halbraiine[J]. VDI Forschung, 1939, 10(5): 135-137.

[4] PALMGREN A. Ball and roller bearing engineering[M]. 3rd Edition. Philadelphia: SKF Industries, 1959: 173-181.

[5] GHAISAS N. Dynamics of cylindrical and tapered roller bearings using the discrete element method[D]. West Lafayette, USA: Purdue University, 2003.

[6] JAIN S, HUNT H. A dynamic model to predict the occurrence of skidding in wind-turbine bearings[C]. 9th International Conference on Damage Assessment of Structures, 2011: 18-20.

[7] SCHLICHTING H, GERSTEN K. Boundary-Layer Theory[M]. New York: Springer, 2016: 25-30.

[8] 刘秀海. 高速滚动轴承动力学分析模型与保持架动态性能研究 [D]. 大连: 大连理工大学, 2011.

[9] HARRIS T A, KOTZALAS M N. Rolling Bearing Analysis: Essential Concepts of Bearing Technology[M]. Boca Raton: Taylor & Francis, 2007: 31-35.

[10] HARRIS T A, MINDEL M H. Rolling element bearing dynamics[J]. Wear, 1973, 23(3): 311-337.

[11] 哈尔滨工业大学理论力学教研室. 理论力学 (i)[M]. 北京: 高等教育出版社, 2002.

[12] GUPTA P K. On the dynamics of a tapered roller bearing[J]. Journal of Tribology, 1989, 111(2): 278-287.

[13] GHAISAS N, WASSGREN C R, SADEGHI F. Cage instabilities in cylindrical roller bearings[J]. Journal of Tribology, 2004, 126(4): 681-689.

[14] 朱玉彬. 航空发动机主轴承及转子系统动力学建模与分析研究 [D]. 西安: 西安交通大学, 2019.

[15] HALPIN J D, TRAN A N. An analytical model of four-point contact rolling element ball bearings[J]. Journal of Tribology, 2016, 138(3): 031404.

[16] LEBLANC A, NELIAS D. Analysis of ball bearings with 2, 3 or 4 contact points[J]. Tribology Transactions, 2008, 51(3): 372-380.

[17] CAO H, WANG D, ZHU Y, et al. Dynamic modeling and abnormal contact analysis of rolling ball bearings with double half-inner rings[J]. Mechanical Systems and Signal Processing, 2021, 147: 107075.

[18] ABELE E, ALTINTAS Y, BRECHER C. Machine tool spindle units[J]. Cirp Annals-Manufacturing Technology, 2010, 59(2): 781-802.

[19] 席松涛. 高速主轴振动特性分析及铣削颤振特征识别 [D]. 西安: 西安交通大学, 2018.

[20] FAG. Ultra-precision bearing handbook[R]. Germany: Schaffler Group Industrial, 2008.

[21] XI S, CAO H, CHEN X, et al. A dynamic modeling approach for spindle bearing system supported by both angular contact ball bearing and floating displacement bearing[J]. Journal of Manufacturing Science and Engineering-Transactions of the ASME, 2018, 140(2): 021014.

[22] CAO H, SU S, JING X, et al. Vibration mechanism analysis for cylindrical roller bearings with single/multi defects and compound faults[J]. Mechanical Systems and Signal Processing, 2020, 144: 106903.

[23] 曹宏瑞, 景新, 苏帅鸣, 等. 中介轴承故障动力学建模与振动特征分析 [J]. 机械工程学报, 2020, 56(21): 89-99.

[24] 景新. 圆柱滚子轴承故障动力学建模与试验研究 [D]. 西安: 西安交通大学, 2019.

[25] 牛蔺楷. 高速滚动轴承局部损伤动力学建模及振动响应机理研究 [D]. 西安: 西安交通大学, 2016.

[26] BERCEA I, NÉLIAS D. A unified and simplified treatment of the non-linear equilibrium problem of double-row rolling bearings. Part 2: Application to taper rolling bearings supporting a flexible shaft[J]. Proceedings of the Institution of Mechanical Engineers Part J— Journal of Engineering Tribology, 2003, 217(3): 213-221.

[27] BERCEA I, NÉLIAS D, CAVALLARO G. A unified and simplified treatment of the non-linear equilibrium problem of double-row rolling bearings. Part 1: Rolling bearing model[J]. Proceedings of the Institution of Mechanical Engineers Part J— Journal of Engineering Tribology, 2003, 217(3): 205-212.

第 3 章 滚动轴承局部损伤故障动力学分析

3.1 引 言

滚动轴承局部损伤故障动力学建模主要包括两个步骤：对局部损伤进行数学表达，建立局部损伤模型；将建立的局部损伤模型与轴承的动力学模型进行融合，得到滚动轴承局部损伤故障动力学模型。

局部损伤建模是滚动轴承局部损伤故障动力学分析的关键。能否对故障轴承的动力学行为进行准确模拟很大程度上取决于所构建的局部损伤模型的合理性。已有的分析模型在损伤建模时考虑的因素较少，主要从冲击力以及几何趋近量两个方面对局部损伤进行建模 [1,2]。大部分模型在分析轴承元件和局部损伤的接触时将滚动体简单化为一个单一质点进行处理。实际上，局部损伤会从多个角度对轴承元件的几何和运动特性产生影响：① 局部损伤的出现会引入一定的额外间隙，从而对轴承元件之间的几何趋近量产生影响；② 计算轴承元件和损伤的接触时需要考虑滚动体实际尺寸的影响，将滚动体简单地处理为一个单质点具有一定的不合理性；③ 轴承元件与损伤之间接触载荷的作用方向相对正常情况发生了改变，这种改变会对轴承元件的转动产生较大的影响 [3,4]。进而，局部损伤的出现会严重影响滚动体的公转角速度和自转角速度，对轴承的动力学行为和振动响应产生影响，这些影响在高速情况下更为突出 [5]。因此，需要采用能够考虑接触面打滑和牵引特性的动力学模型以更为合理地分析局部损伤对轴承元件转动的影响。

为了更准确和合理地分析具有局部损伤的滚动轴承的动力学特性和振动响应，本章在对局部损伤进行数学建模的基础上，从轴承元件和局部损伤之间的几何趋近量、滚动体尺寸的影响，以及接触载荷作用线方向的改变三个方面，讨论局部损伤模型与正常轴承动力学模型的融合方法，建立滚动轴承局部损伤动力学分析模型。分别以球轴承、滚子轴承为研究对象，考虑单点损伤、多点损伤、复合损伤等情况，根据仿真与实验研究结果，系统地分析转速、载荷、牵引系数等因素对轴承故障特征频率的影响。

3.2　滚动轴承单点损伤故障动力学分析

3.2.1　球轴承单点损伤动力学建模与仿真

1. 球轴承局部损伤的数学描述

本节将从几何趋近量、滚动体尺寸和接触载荷的作用方向三个角度出发，对球轴承滚道损伤和滚动体损伤进行数学表达，建立局部损伤模型。首先对几何趋近量、滚动体尺寸和接触载荷的作用方向这三个问题的基本含义进行说明。

首先讨论轴承元件之间的几何趋近量。以滚动体和外滚道损伤的接触为例，如图 3-1 所示。图 3-1(a) 为无损伤时的情况，此时，滚动体和外滚道之间的几何趋近量为正值，滚动体和外滚道之间发生接触。当损伤出现后 (图 3-1(b))，由于损伤处材料的缺失，滚动体在进入局部损伤后，其和外滚道之间的间隙增大，由此引入的额外间隙导致滚动体和外滚道之间的几何趋近量变为负值，滚动体和外滚道之间不再接触 [4]。

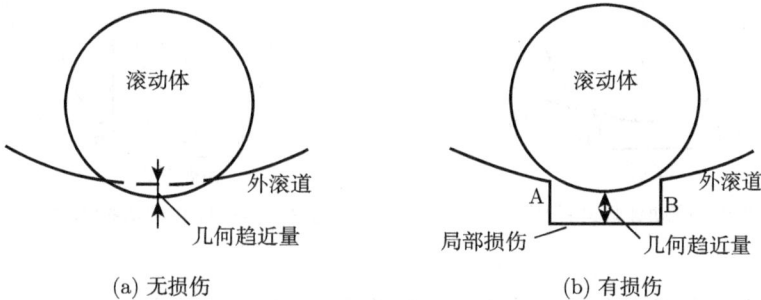

(a) 无损伤　　　　　　　　　　　　　　(b) 有损伤

图 3-1　无损伤与有损伤的几何趋近量对比

下面以滚动体和外滚道损伤的接触为例对滚动体尺寸的影响进行讨论，如图 3-2 所示。图 3-2 中，O_b 和 O_r 分别为接触角为 0 时滚动体中心和外圈中心。在滚动轴承局部损伤故障动力学分析中，通常将滚动体视为一个质点，仅在滚动体的径向方向 (即连线 $O_r O_b$ 的方向) 计算滚动体和损伤之间的接触。由图 3-2 可以看出，尽管滚动体在径向方向上未与损伤产生接触，该滚动体仍有可能在损伤的两个侧壁处 (侧壁 A 和侧壁 B) 与损伤发生接触。也就是说，在计算滚动体和损伤之间的接触时需要考虑滚动体的实际尺寸，在滚动体的表面上寻找接触点。文献 [6] 基于简化模型，分析了滚动体尺寸对滚动体和外滚道损伤之间接触特性的影响，但没有对内滚道损伤和滚动体损伤进行建模。本节将文献 [6] 中的思想进行扩展，在计算滚动体和内滚道损伤以及滚动体损伤和滚道之间的接触时均考虑了滚动体尺寸的影响。

进一步，以滚动体和外滚道局部损伤的接触为例对接触载荷作用线方向的改变进行说明。滚动体和滚道损伤之间在接触点处的接触载荷 (即碰撞力) 的作用线方向如图 3-3 所示。在已有模型中不考虑滚动体和局部损伤之间接触载荷作用线方向的改变，接触载荷的方向仍视为沿着滚动体中心和滚道沟曲率中心的连线。然而，当滚动体和局部损伤发生碰撞时，碰撞点处的接触力将沿着碰撞点和滚动体中心的连线，相对于正常情况，接触载荷可以分解为法向分量和切向分量，从而对轴承动力学特性产生影响。

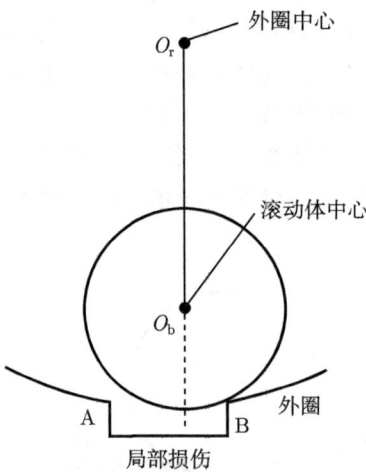

图 3-2　滚动体尺寸的影响　　　　图 3-3　滚动体和滚道损伤之间的碰撞力

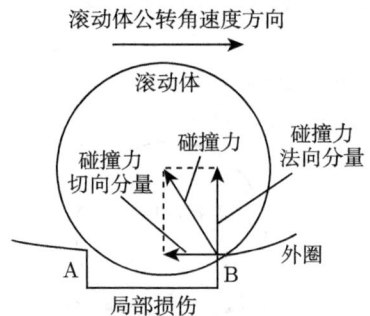

为了研究上述三个因素对轴承动力学特性的影响，本节采用单一、简单的损伤轮廓特征进行分析。按照文献 [6] 和 [7] 的讨论，这种处理方法在分析局部损伤对轴承动力学特性的一般影响规律上具有一定的合理性。

1) 滚道损伤

(1) 几何趋近量。图 3-4 和图 3-5 为滚球与滚道上的局部损伤相互作用示意图 (本节以外滚道损伤为例进行说明，内滚道损伤的分析方法与此类似)。图 3-4 为滚球和滚道在 $x_k z_k$ 平面上相互作用的示意图，$O_k x_k y_k z_k$ 和 $O_a x_a y_a z_a$ 分别为接触坐标系和滚球方位坐标系 (参见第 2 章)。图 3-5 为滚球和滚道在 $y_k z_k$ 平面上相互作用的示意图。为了分析滚球和局部损伤之间的相对位置，在局部损伤中心处建立局部损伤坐标系 $O_d x_d y_d z_d$，如图 3-5 所示。该坐标系固结于套圈，随着套圈的运动而运动。

图 3-4 中，矢量 $\boldsymbol{r}_{cm}$ 定义了滚道沟曲率中心 c 相对于 z_k 轴与轴承套圈轴线的交点 m 的位置。根据轴承基本几何学特性，该矢量在接触坐标系 $O_k x_k y_k z_k$ 中

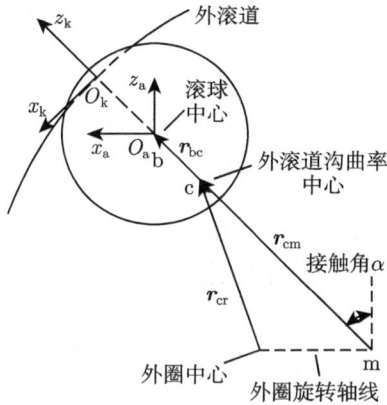

图 3-4　滚球和滚道损伤作用示意图 ($x_k z_k$ 平面)

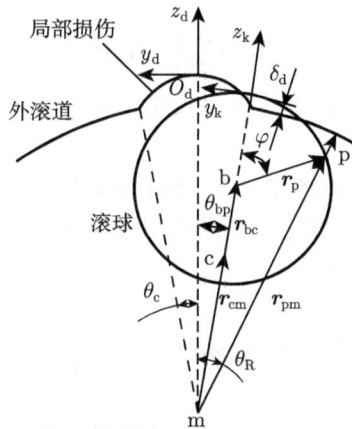

图 3-5　滚球和滚道损伤作用示意图 ($y_k z_k$ 平面)

可描述为

$$r_{cm}^{k} = \left\{0, 0, \frac{r_c}{\cos \alpha}\right\}^{T} \tag{3-1}$$

式中，α 为接触角；r_c 为滚道沟曲率中心 c 到轴承轴线之间的垂直距离。

当外滚道和内滚道的沟曲率系数分别为 f_o 和 f_i，滚动体直径为 D，轴承节径为 d_m，初始接触角为 α_0 时，外滚道和内滚道的 r_c 可分别写为

$$r_{co} = \frac{d_m}{2} - \left(f_o D - \frac{D}{2}\right)\cos \alpha_0 \tag{3-2}$$

和

$$r_{ci} = \frac{d_m}{2} + \left(f_i D - \frac{D}{2}\right)\cos \alpha_0 \tag{3-3}$$

对于滚动体上的任意一点 p (图 3-5)，该点相对于滚动体中心 b 的位置矢量在接触坐标系 $O_k x_k y_k z_k$ 中可描述为

$$\boldsymbol{r}_{\mathrm{pb}}^{\mathrm{k}} = \left\{ 0, -\frac{D}{2}\sin\varphi, \frac{D}{2}\cos\varphi \right\}^{\mathrm{T}} \tag{3-4}$$

式中，φ 为矢量 $\boldsymbol{r}_{\mathrm{p}}^{\mathrm{k}}$ 与 z_k 轴之间的夹角。

另外，点 p 相对于点 m 之间的位置矢量 $\boldsymbol{r}_{\mathrm{pm}}$ 可表示为

$$\boldsymbol{r}_{\mathrm{pm}} = \boldsymbol{r}_{\mathrm{cm}} \pm \boldsymbol{r}_{\mathrm{bc}} + \boldsymbol{r}_{\mathrm{pb}} \tag{3-5}$$

式中，符号 "+" 对应外滚道；符号 "−" 对应内滚道。

在得到矢量 $\boldsymbol{r}_{\mathrm{pm}}$ 后即可根据滚道几何特征对滚动体上的点 p 与滚道之间的几何趋近量进行计算

$$\delta_{\mathrm{d}} = \left| \boldsymbol{r}_{\mathrm{pm}}^{\mathrm{k}} \right| - R(\theta_{\mathrm{R}}) \tag{3-6}$$

式中，θ_{R} 为矢量 $\boldsymbol{r}_{\mathrm{pm}}$ 与 z_{d} 轴之间的夹角；$R(\theta_{\mathrm{R}})$ 为滚道在位置 θ_{R} 处的半径（$y_k z_k$ 平面上）。

下面讨论角度 θ_{R} 以及滚道半径 $R(\theta_{\mathrm{R}})$ 的确定方法。角度 θ_{R} 需要根据 z_k 轴与 z_{d} 轴之间的夹角 θ_{bp}、角度 φ，以及矢量 $\boldsymbol{r}_{\mathrm{pm}}$ 的模 $|\boldsymbol{r}_{\mathrm{pm}}|$ 共同决定。对于外滚道和内滚道，角度 θ_{R} 可分别表示为

$$\theta_{\mathrm{Ro}} = |\theta_{\mathrm{bp}}| + \arcsin\left(\frac{0.5D\sin(\pi - |\varphi|)}{|\boldsymbol{r}_{\mathrm{pm}}|} \right) \tag{3-7}$$

$$\theta_{\mathrm{Ri}} = |\theta_{\mathrm{bp}}| + \arcsin\left(\frac{0.5D\sin(|\varphi|)}{|\boldsymbol{r}_{\mathrm{pm}}|} \right) \tag{3-8}$$

根据式 (3-6)、式 (3-7) 及式 (3-8)，有两个重要参数决定了滚球和局部损伤之间的几何趋近量，一个是滚道在不同角度 θ_{R} 处的半径 $R(\theta_{\mathrm{R}})$，另外一个参数是 z_k 轴与 z_{d} 轴之间的夹角 θ_{bp}。接下来，对这两个参数的取值方法进行讨论。

假设局部损伤在滚道上的包容角的一半为 θ_{e}（参见图 3-5），根据轴承的基本几何学特征，滚道在位置 θ_{R} 处的半径 $R(\theta_{\mathrm{R}})$ 可表示为

$$R(\theta_{\mathrm{R}}) = \begin{cases} \dfrac{1}{2}\left(\dfrac{d_{\mathrm{m}}}{\cos\alpha} + D \right), & \theta_{\mathrm{R}} \geqslant \theta_{\mathrm{e}} \\[3mm] \dfrac{1}{2}\left(\dfrac{d_{\mathrm{m}}}{\cos\alpha} + D \right) + h_{\mathrm{d}}, & \theta_{\mathrm{R}} < \theta_{\mathrm{e}} \end{cases} \tag{3-9}$$

式中，h_{d} 为损伤深度，如图 3-6 所示。当滚球进入损伤区域后，损伤深度 h_{d} 也是角度 θ_{R} 的函数。

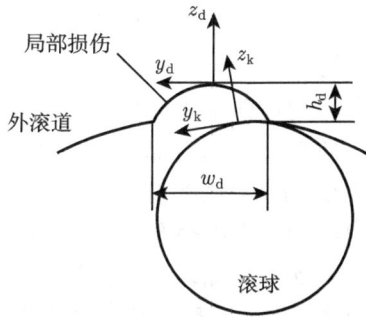

图 3-6　局部损伤宽度 w_d 和损伤深度 h_d

式 (3-9) 中，包容角 θ_e 可表示为

$$\theta_e = \arcsin\left[\frac{\dfrac{w_d}{2}}{\dfrac{1}{2}\left(\dfrac{d_m}{\cos\alpha} + D\right)}\right] \tag{3-10}$$

式中，w_d 为损伤宽度，如图 3-6 所示。

夹角 θ_{bp} 和角度 θ_e 决定了滚动体和损伤之间的位置关系。在一般的轴承应用中，外圈固定于空间，内圈随轴的旋转而转动。在这种情况下，当损伤中心在各套圈中的初始圆周位置为 θ_{dr} 时，外滚道和内滚道上的 θ_{bp} 可分别写为

$$\theta_{bpo} = \mathrm{mod}\,(\theta_b, 2\pi) - \theta_{dri} \tag{3-11}$$

和

$$\theta_{bpi} = \mathrm{mod}\,(\theta_b, 2\pi) - \mathrm{mod}\,(\theta_{dr} + \omega_i t, 2\pi) \tag{3-12}$$

式中，ω_i 为内圈旋转角速度；t 为时间；$\mathrm{mod}\,(\cdot)$ 为求余函数。

至此，式 (3-6) 中所有的几何量都得到了定义，从而可对滚动体上任意一点与局部损伤之间的几何趋近量进行计算。

(2) 滚动体尺寸。通过上一小节的讨论可知，采用式 (3-6) 可对滚动体和局部损伤之间的几何趋近量 δ_d 进行计算。然而，式 (3-6) 计算的是滚动体上任意一点 p 与局部损伤之间的几何趋近量。为了考虑滚动体尺寸对滚动体和损伤之间接触特性的影响，在利用式 (3-6) 时需要根据角度 φ 在滚球表面上进行逐点计算，并取 δ_d 的最大正值作为滚球和局部损伤之间的几何趋近量，然后即可利用赫兹接触关系 [8] 计算相应的接触载荷：

$$Q_d = \begin{cases} K_{bd}\left[\max(\delta_d)\right]^{3/2}, & \max(\delta_d) > 0 \\ 0, & \max(\delta_d) \leqslant 0 \end{cases} \tag{3-13}$$

式中，K_{bd} 为滚球与局部表面损伤在接触点处的赫兹接触系数。

(3) 接触载荷作用方向的改变。当滚球与局部损伤发生接触时，接触载荷 Q_d 的作用方向不再是滚球中心和沟道曲率中心的连线，接触载荷 Q_d 相对于正常接触情况可分解为两个分量：切向分量 Q_{d1} (沿着 y_k 轴) 和法向分量 Q_{d2} (沿着 z_k 轴)，如图 3-7 所示 (以外滚道为例)。接触载荷的切向分量会对滚球的公转角速度产生影响。在动力学分析中，为了考虑接触载荷作用方向的改变，先在接触点处建立滚球/损伤接触坐标系 $O_{da}x_{da}y_{da}z_{da}$，其 z_{da} 轴沿着接触载荷 Q_d 相反的方向，y_{da} 轴位于 $y_k z_k$ 平面，如图 3-7 所示。接触载荷在坐标系 $O_{da}x_{da}y_{da}z_{da}$ 中可以以矢量的形式表示为 $\boldsymbol{Q}_d^{da} = \{0, 0, -Q_d\}^T$。为了考虑接触载荷作用方向的改变，需要将矢量 $\{0, 0, -Q_d\}^T$ 变换到接触坐标系 $O_k x_k y_k z_k$ 中以和轴承动力学模型进行融合。利用坐标系 $O_{da}x_{da}y_{da}z_{da}$ 和坐标系 $O_k x_k y_k z_k$ 之间的变换矩阵 $\boldsymbol{T}_{dak}$ 即可将接触载荷矢量 $\{0, 0, -Q_d\}^T$ 变换到坐标系 $O_k x_k y_k z_k$ 中进行描述：

$$\boldsymbol{Q}_d^k = \boldsymbol{T}_{dak} \boldsymbol{Q}_d^{da} \tag{3-14}$$

式中，变换矩阵 $\boldsymbol{T}_{dak} = \boldsymbol{T} \begin{pmatrix} -\varphi & 0 & 0 \end{pmatrix}$。

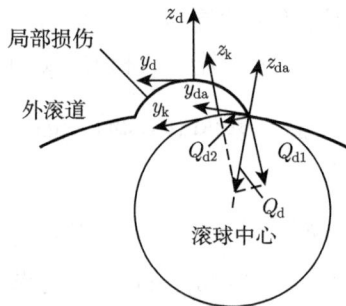

图 3-7　滚球和外滚道之间的接触载荷

2) 滚球损伤

(1) 几何趋近量。滚球上的局部损伤与滚道 (以外滚道为例) 之间的相互作用关系如图 3-8 所示。本小节中，坐标系 $O_k x_k y_k z_k$ 和坐标系 $O_d x_d y_d z_d$ 同样表示正常接触坐标系和损伤坐标系，并且 z_d 轴穿过局部损伤的中心，为局部损伤的对称轴线。图 3-8 中，滚球定体坐标系 $O_b x_b y_b z_b$ 固结于滚球，并随着滚球的运动而运动。为方便分析，使平面 $x_b z_b$ 与平面 $x_d z_d$ 共面，仅利用角度 β_b (图 3-8) 即可确定局部损伤在整个滚球中的位置。损伤中心相对于滚动体中心的位置矢量在损伤坐标系中可以描述为

$$r_{db}^{d} = \left\{ \quad 0, \quad 0, \quad \sqrt{\left(\frac{D}{2}\right)^2 - \left(\frac{w_d}{2}\right)^2} \quad \right\}^{T} \tag{3-15}$$

式中，D 为滚球直径；w_d 为损伤宽度。

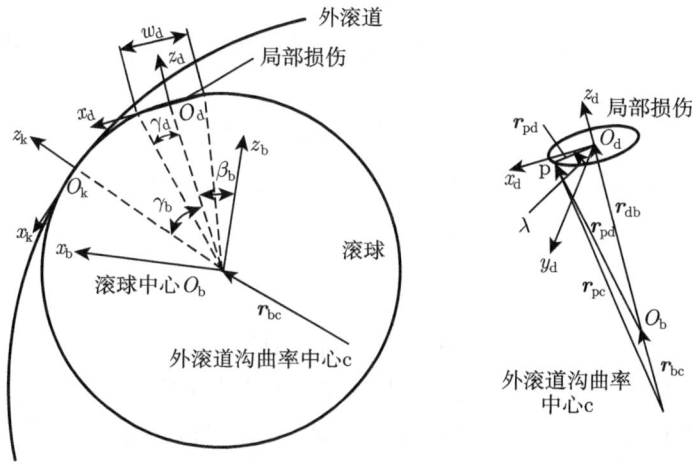

图 3-8　滚球局部损伤与外滚道的相互作用关系

局部损伤在 $x_b z_b$ 平面上的包容角 γ_d 为

$$\gamma_d = \arcsin\left(\frac{w_d}{D}\right) \tag{3-16}$$

为确定滚球上的损伤是否进入接触区域，需要确定位置矢量 r_{bc} 与损伤轴线 z_d 轴之间的夹角 γ_b（即接触坐标系的 z_k 轴与损伤轴线 z_d 轴之间的夹角）。下面讨论 γ_b 的确定方法。

利用角度 β_b 可将矢量 r_{bc} 变换到损伤坐标系中进行描述：

$$r_{bc}^{d} = T_{bd} r_{bc}^{b} \tag{3-17}$$

式中，$T_{bd} = T\begin{pmatrix} 0 & \beta_b & 0 \end{pmatrix}$ 为从滚球定体坐标系到损伤坐标系的变换矩阵。矢量 r_{bc} 的计算方法参见第 2 章。

利用矢量 r_{bc}^{d} 可确定角度 γ_b：

$$\gamma_b = \arctan\left(\frac{r_{bc3}^{d}}{\sqrt{\left(r_{bc1}^{d}\right)^2 + \left(r_{bc2}^{d}\right)^2}}\right) \tag{3-18}$$

当 $\gamma_b < \gamma_d$ 时说明局部损伤进入接触区域。损伤边缘区域上任意一点 p 相对于损伤中心的位置矢量 $\boldsymbol{r}_{pd}$ 在损伤坐标系中可以表示为

$$\boldsymbol{r}_{pd}^d = \left\{ -\frac{w_d}{2}\sin\lambda, \frac{w_d}{2}\cos\lambda, 0 \right\}^T \tag{3-19}$$

式中，λ 为矢量 $\boldsymbol{r}_{pd}$ 与 y_d 轴之间的夹角。

进而，点 p 相对于滚道沟曲率中心 c 的位置矢量 $\boldsymbol{r}_{pc}^d$ 在损伤坐标系中可以描述为

$$\boldsymbol{r}_{pc}^d = \boldsymbol{r}_{pd}^d + \boldsymbol{r}_{db}^d + \boldsymbol{r}_{bc}^d \tag{3-20}$$

则损伤在点 p 处与外滚道和内滚道之间的几何趋近量分别为

$$\delta_{bpo} = \left| \boldsymbol{r}_{pc}^d \right| - f_o D \tag{3-21}$$

和

$$\delta_{bpi} = \left| \boldsymbol{r}_{pc}^d \right| - f_i D \tag{3-22}$$

(2) 滚动体尺寸。与处理滚动体与滚道上局部损伤相互作用关系的方法相似，为了计算局部损伤与滚道之间的相互趋近量，需要在整个损伤边缘区域上根据角度 λ 进行逐点计算，取其中的最大正值作为二者之间的几何趋近量，并采用赫兹接触理论[8] 计算接触载荷。

(3) 接触载荷作用线方向的改变。与分析滚动体和滚道局部损伤之间相互作用关系一样，处理滚动体局部损伤和滚道之间的相互作用时也需要考虑局部损伤对接触载荷作用方向的影响。

为方便分析，在与滚道发生接触的损伤点处建立损伤接触坐标系 $O_{da}x_{da}y_{da}z_{da}$，其 z_{da} 轴方向沿着滚球中心 b 和接触点 p 的连线，如图 3-9 所示 (为更好地对滚球损伤和滚道之间的接触载荷进行分析，图 3-9 仅在 $y_{da}z_{da}$ 平面内对滚球损伤和滚道之间的相互作用进行描述)。利用矢量 $\boldsymbol{r}_{bp}^d$ 在损伤坐标系 $O_d x_d y_d z_d$ 中的方向角可以确定从损伤坐标系到损伤接触坐标系的变换矩阵：

$$\boldsymbol{T}_{dad} = \boldsymbol{T}\left(\arctan\left(\frac{-r_{bp2}^d}{r_{bp3}^d} \right) \quad \arcsin\left(\frac{-r_{bp1}^d}{\sqrt{\left(r_{bp2}^d\right)^2 + \left(r_{bp3}^d\right)^2}} \right) \quad 0 \right) \tag{3-23}$$

进而，从损伤接触坐标系到正常接触坐标系的变换矩阵为

$$\boldsymbol{T}_{dak} = \boldsymbol{T}_{ik}\boldsymbol{T}_{bi}\boldsymbol{T}_{db}\boldsymbol{T}_{dad} \tag{3-24}$$

式中，$\boldsymbol{T}_{ik}$ 为从惯性坐标系到接触坐标系的变换矩阵；$\boldsymbol{T}_{bi}$ 为从滚球定体坐标系到惯性坐标系的变换矩阵；$\boldsymbol{T}_{db}$ 为从滚球定体坐标系到损伤坐标系的变换矩阵。有关变换矩阵 $\boldsymbol{T}_{ik}$ 和 $\boldsymbol{T}_{bi}$ 的详细推导过程参见文献 [9]。

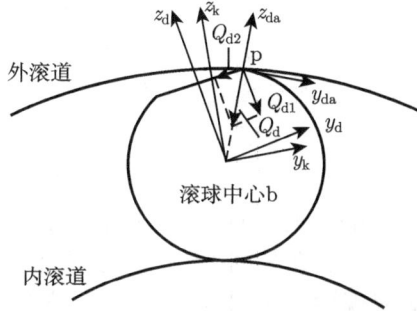

图 3-9　滚球损伤和滚道之间的接触载荷

接触载荷在损伤接触坐标系中以矢量的形式可以表示为

$$\boldsymbol{Q}_{\mathrm{d}}^{\mathrm{da}} = \{0, 0, -Q_{\mathrm{d}}\}^{\mathrm{T}} \tag{3-25}$$

利用变换矩阵 $\boldsymbol{T}_{\mathrm{dak}}$ 即可将接触载荷变换到正常接触坐标系 $O_{\mathrm{k}}x_{\mathrm{k}}y_{\mathrm{k}}z_{\mathrm{k}}$ 中进行描述，以在动力学分析中对接触载荷作用方向的改变进行考虑：

$$\boldsymbol{Q}_{\mathrm{d}}^{\mathrm{k}} = \boldsymbol{T}_{\mathrm{dak}}\boldsymbol{Q}_{\mathrm{d}}^{\mathrm{da}} \tag{3-26}$$

2. 球轴承局部损伤动力学模型

上文通过对局部损伤进行数学表达建立了局部损伤模型。为了对含有局部损伤的滚动轴承的振动特性进行分析，需要将局部损伤模型与第 2 章的正常轴承动力学模型进行融合，建立滚动轴承局部损伤故障动力学模型。

动力学分析过程中，在每一个时间积分步 t 均需要根据轴承元件以及损伤之间的位置关系判断轴承元件是否进入损伤区域。假如轴承元件没有进入损伤区域，则按照第 2 章中的方法计算轴承元件之间的相互作用。假如轴承元件进入损伤区域，则采用上文中介绍的方法计算轴承元件与损伤之间的相互作用关系。现详述如下 [10]。

1) 判断轴承元件是否进入损伤区域

对于滚道损伤，角度 θ_{bp} 和角度 θ_{e} 决定了滚动体和损伤之间的相对位置关系。当 $|\theta_{\mathrm{bp}}| < \theta_{\mathrm{e}}$ 时，滚动体进入损伤。

对于滚动体损伤，角度 γ_{b} 和角度 γ_{d} 之间的相对大小决定了滚道是否进入损伤区域。当 $\gamma_{\mathrm{b}} < \gamma_{\mathrm{d}}$ 时，说明滚道进入损伤区域。

2) 在损伤区域中轴承元件之间的相互作用

在损伤区域中，需要根据上文的方法寻找局部损伤和轴承元件之间的接触点，并确定几何趋近量以及接触载荷。进而，需要确定接触载荷的作用方向，按照上文中所介绍的方法将接触载荷矢量变换到正常接触坐标系中，确定接触载荷的法向和切向分量。按照第 2 章中介绍的方法在正常接触坐标系中确定轴承元件的润滑牵引力以及力矢量。通过矢量叉乘运算得到力矩矢量以及轴承元件的动力学方程。

　　另外，轴承内部的振动会通过轴承的外圈传递到轴承基座上。然而，在一般的轴承动力学分析中，通常是将外圈固定于空间，而不考虑外圈的振动。因此，为了研究局部损伤对轴承振动响应的影响规律 (如特定损伤形式下轴承加速度响应的调制特性等 [11])，模型中通过在外圈上额外增加两个平动自由度来分析不同损伤形式下轴承的加速度响应规律，如图 3-10 所示。外圈的动力学方程为

$$\begin{cases} m_{\mathrm{h}} \ddot{y}_{\mathrm{h}} + c_{\mathrm{h}y} \dot{y}_{\mathrm{h}} + k_{\mathrm{h}y} y_{\mathrm{h}} = F_{\mathrm{h}y} \\ m_{\mathrm{h}} \ddot{z}_{\mathrm{h}} + c_{\mathrm{h}z} \dot{z}_{\mathrm{h}} + k_{\mathrm{h}z} z_{\mathrm{h}} = F_{\mathrm{h}z} \end{cases} \tag{3-27}$$

式中，m_{h} 为轴承外圈质量；$\ddot{y}_{\mathrm{h}}$、$\ddot{z}_{\mathrm{h}}$ 分别为外圈在 y_{i} 轴和 z_{i} 轴上的加速度；$\dot{y}_{\mathrm{h}}$、$\dot{z}_{\mathrm{h}}$ 分别为外圈在 y_{i} 轴和 z_{i} 轴上的速度；y_{h}、z_{h} 分别为外圈在 y_{i} 轴和 z_{i} 轴上的位移；$c_{\mathrm{h}y}$、$c_{\mathrm{h}z}$ 分别为外圈在 y_{i} 和 z_{i} 两个方向的阻尼系数；$k_{\mathrm{h}y}$、$k_{\mathrm{h}z}$ 分别为外圈在 y_{i} 和 z_{i} 两个方向的刚度系数；$F_{\mathrm{h}y}$、$F_{\mathrm{h}z}$ 分别为外圈在 y_{i} 和 z_{i} 两个方向上承受的来自滚动体和保持架的载荷。后文中，轴承的加速度响应主要以外圈在 z_{i} 方向的加速度响应为主进行分析。

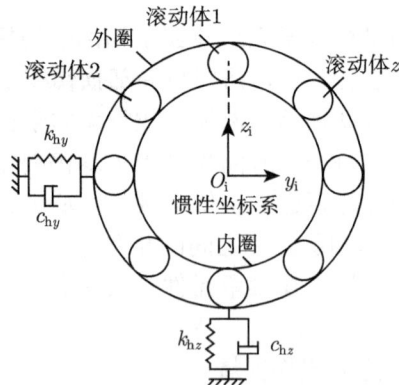

图 3-10　轴承外圈动力学模型

　　滚动轴承局部损伤动力学分析流程参见图 3-11。图 3-11 中，$\mathrm{d}t$ 为数值积分时间步长。动力学方程涉及每个轴承元件的位置、速度，以及在当前速度、位置下各轴承元件之间的相互作用力及力矩。在动力学方程求解时，首先采用拟静力学分析方法得到积分初值。在每一个时间步都需要对各轴承元件和局部损伤的方位进行分析，以判断轴承元件是否进入局部损伤区域。

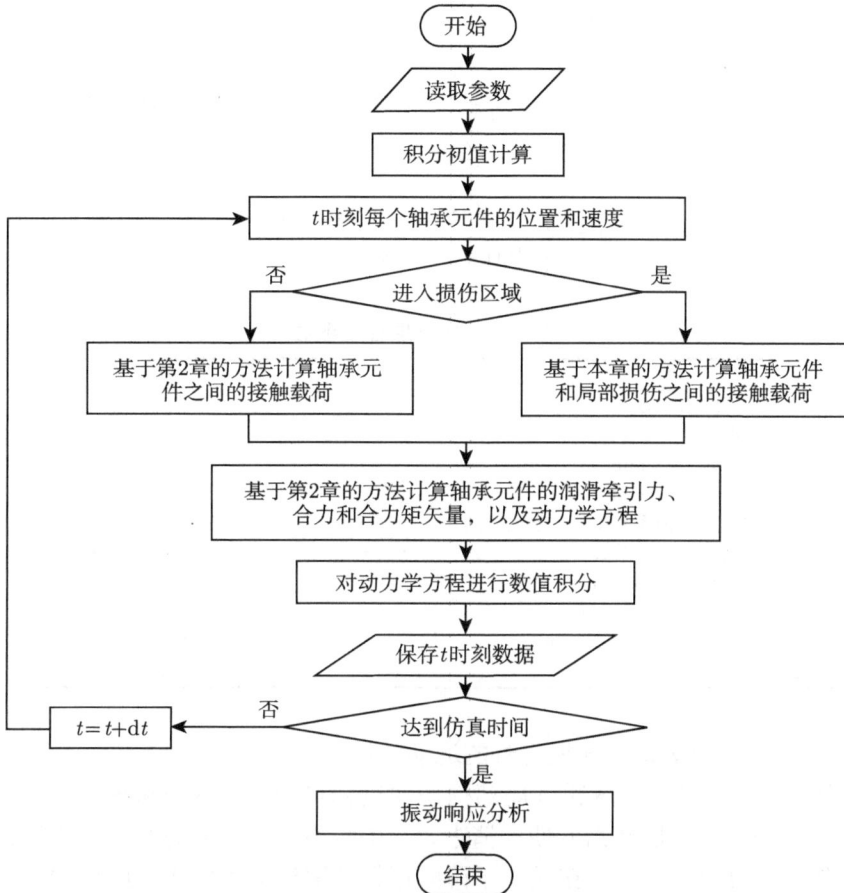

图 3-11　滚动轴承局部损伤动力学分析流程

3. 仿真分析

滚球在通过局部损伤时的振动波形包含了当前损伤的程度等重要信息[12]，以及轴承故障区别于其他机械零部件故障在动力学响应上的一些特殊性。因此，分析滚球通过局部损伤时的运动特性以及与此对应的轴承振动波形对深入理解故障轴承的动力学特性，开发和测试先进的故障特征提取算法，实现轴承故障的高效、定量诊断具有重要的意义。

基于局部损伤动力学模型，本节主要从滚球与滚道之间的接触载荷变化、接触载荷与振动响应之间的对应关系及滚球的轨道角速度和自转角速度的变化三个方面进行仿真分析。仿真分析时采用变步长 4/5 阶龙格–库塔法[13]对动力学方程进行数值积分，并在 FORTRAN 90 环境中进行程序编写。仿真轴承的结构参数参见表 3-1。表中部分轴承参数与 Gupta 等在文献 [14] 中分析球轴承一般动力学特性时所采用的参数相同。由于采用了变步长积分策略，因此在频域分析时首先对动力学分析得到的振动响应进行重采样。表 3-1 中刚度系数和阻尼系数取自文献 [15] 和 [16]。牵引系数 μ 与滑动速度 u 的关系如式 (3-28) 所示。此牵引模型是式 (2-19) 所示四参数模型的简化形式。

$$\mu = \begin{cases} 0.08\,|u|, & |u| \leqslant 1 \text{ m/s} \\ 0.08, & |u| > 1 \text{ m/s} \end{cases} \tag{3-28}$$

表 3-1　仿真球轴承参数

参数	数值
滚动体个数 z	14
初始接触角 $\alpha_0/(°)$	30
滚球直径/mm	12.7
轴承节径/mm	70
内滚道沟曲率系数	0.515
外滚道沟曲率系数	0.52
保持架兜孔间隙/mm	0.5
保持架引导间隙/mm	0.3
阻尼系数 (c_{hy}、c_{hz})/(N·s/m)	1800
刚度系数 (k_{hy}、k_{hz})/(N/m)	1.5×10^7

1) 滚球通过外滚道局部损伤时的运动特性

如图 3-12 所示，滚球通过局部损伤的过程可分为进入下降和碰撞上升两个主要阶段。为了使分析更为方便和清晰，图中将内、外滚道的曲率设置为无穷大，并将损伤的宽度进行放大。在进入下降阶段，当滚球进入损伤 (进入点) 之后，滚球的径向位移逐渐增大 ("下降" 过程)。在碰撞上升阶段，滚球即将离开损伤区域，滚球的径向位移逐渐减小。

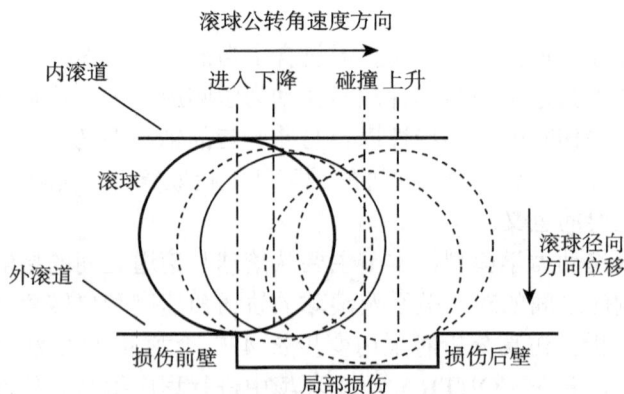

图 3-12　滚球通过外滚道局部损伤示意图

如图 3-13 所示，本节利用滚球通过局部损伤时滚球与滚道之间接触载荷的变化以及接触载荷与轴承外圈加速度响应之间的对应关系对滚球通过局部损伤时轴承的动力学响应进行分析。图 3-13 中，轴承承受轴向力 1000N，径向力 0N，轴承转速为 5000r/min，损伤宽度为 1mm，损伤深度为 0.3mm，损伤在轴承上的轨道位置为 100°。当滚球通过外滚道上的局部损伤时，滚球与内滚道、外滚道的接触载荷存在着若干个明显的冲击。同时，当滚球进入损伤及与损伤后壁发生碰撞时均可在外圈加速度响应上产生一个冲击，而且滚球与损伤后壁发生碰撞时所产生的冲击幅值是局部最大的。由此可见，滚球与损伤发生碰撞时接触载荷的突变是故障轴承中冲击现象产生的原因。所以损伤区域内的进入点和碰撞点两个时刻的冲击尤为重要，分别对应图 3-12 中的进入下降阶段和碰撞上升阶段。

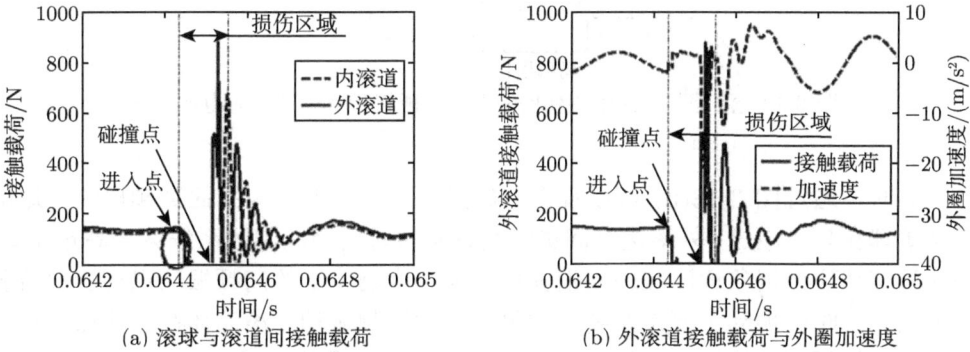

图 3-13　滚球通过外滚道局部损伤时轴承接触载荷及外圈加速度响应

对于进入点冲击，滚球刚刚进入损伤区域，由于损伤区域材料的缺失，滚球和内滚道、外滚道的接触载荷均会减小为零。然而，在滚球进入损伤的过程中，滚球和外滚道的接触载荷并没有瞬间减小为零，而是经历了一些小幅度的反弹波动后才降为零 (图 3-13(a) 中椭圆区域)。这是因为滚球进入损伤后其质心远离了损伤的前壁，但是在滚球径向位移增大的过程中，损伤的前壁依然会与滚球发生碰撞。

对于碰撞点冲击，滚球即将离开损伤区域，滚球和滚道之间的接触载荷在碰撞点达到了局部最大值。接触载荷的局部最大值可以认为是滚球通过损伤时与损伤之间产生的碰撞力，如图 3-14 所示。通过对比滚球和损伤之间的相对位置可以发现，当滚球与损伤后壁发生碰撞时，滚球质心并没有离开损伤区域 (参考图 3-12)，这与已有模型采用的质点法有所不同。质点法将滚球看作一个质点，滚球与损伤的碰撞发生在滚球质心抵达并离开损伤后壁的瞬时。当滚球和损伤发生碰撞后，滚球与内滚道、外滚道之间的接触载荷交替增大、减小，并呈反相振动。下面对产生这种现象的原因进行讨论。当滚球和外滚道损伤发生碰撞后，碰撞力的法向分量 (参见图 3-14) 使滚球向上运动并趋近内滚道，与内滚道发生碰撞。在与内滚道发生碰撞后，滚球和内滚道产生的碰撞力又会使滚球产生趋向外滚道的运动趋势。滚球与内滚道、外滚道之间的这种交替运动形式会在滚球远离损伤后逐渐减弱。

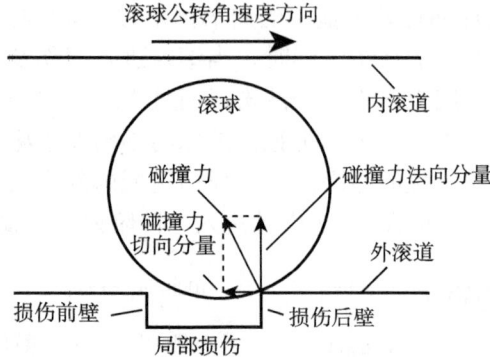

图 3-14　滚球与外滚道损伤的后壁发生碰撞所产生的碰撞力示意图

　　同时，通过图 3-13(b) 可以观察到碰撞点后加速度响应中的高频振动，这可能是滚球在与内滚道、外滚道之间进行交替碰撞时所激励起的系统某一高频振动。当这种交替碰撞现象逐渐减弱并消失后，加速度响应上的高频振动也相应地减弱并消失，此时的振动主要是系统中的另外一种低频振动。滚动体在碰撞点后轴承的高频和低频振动特性在文献 [17] 中通过实验得到了验证。

　　图 3-15 为滚球通过外滚道局部损伤时公转角速度的变化。可以看出，当滚球刚刚进入损伤区域后，其公转角速度略微升高，进而下降，并与损伤发生碰撞时急剧下降，而在离开损伤区域后又会逐渐接近初始状态。下面详细讨论滚球公转角速度的这种变化及原因。如前所述，当滚球进入损伤后，滚球的质心开始远离损伤前壁。然而，随着滚球径向位移的增大，损伤前壁还是会和滚球发生一些比较轻微的碰撞作用。所产生碰撞力的切向分量与滚球的公转角速度方向相同，从而导致滚球在进入损伤后的一段较小的时间段内公转角速度略微增大。当滚球继续沿着轴承的轨道方向向前运动时，滚球与内滚道和外滚道的接触载荷均减小为零 (参考图 3-13(a))，滚球既不与内滚道接触，也不与外滚道接触，作用在滚球上的摩擦牵引力随之减小为 0。由于牵引力降低，滚球的公转角速度开始缓慢下降，对应图 3-15 中碰撞点之前的较小时间段内滚球公转角速度的下降。当滚球与损伤后壁发生碰撞后，产生幅值很高的接触载荷。此时，接触载荷的切向分量与滚球的公转角速度方向相反 (图 3-14)，从而使滚球的公转角速度在与损伤后壁发生碰撞后急剧下降。当滚球离开局部损伤后，滚球和内滚道、外滚道之间的摩擦牵引力对滚球起到了加速作用，使得滚球的公转角速度在滚球离开损伤后逐渐升高。

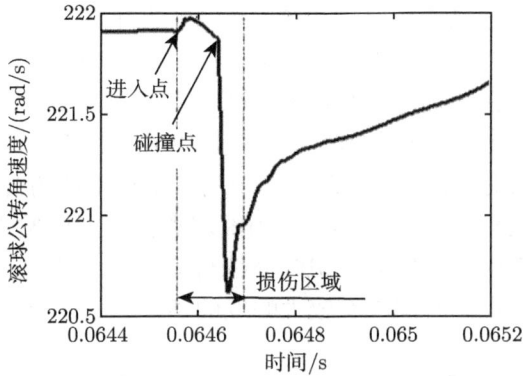

图 3-15　滚球通过外滚道局部损伤时公转角速度的变化

　　滚球通过外滚道局部损伤时轴承在 z_i 方向的振动响应如图 3-16 所示。图中轴承承受的轴向力和径向力均为 500N，转速为 5000r/min，损伤宽度为 1.0mm。深度为 0.3mm，损伤的轨道位置为 $100°$。由图 3-16(a) 可见，每当一个滚动体通过局部损伤时就会在轴承外圈的加速度响应上产生一个冲击，每个冲击的幅值近似相等，相邻两个冲击之间的间隔大约为 2ms，对应外圈故障特征频率 (大约 500Hz)。相应的包络谱如图 3-16(b) 所示。在包络谱中最为突出的频率成分为外圈故障特征频率 (501Hz) 及其倍频 (1002Hz、1503Hz)，其幅值呈现收敛性。

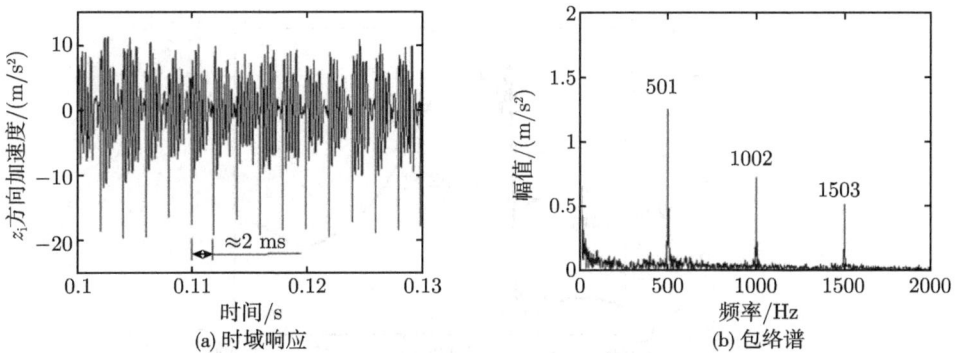

图 3-16　滚球通过外滚道局部损伤时轴承在 z_i 方向的振动响应

2) 滚球通过内滚道局部损伤时的运动特性

　　滚球通过内滚道局部损伤时，滚球和内、外滚道之间的接触载荷以及轴承外圈加速度响应如图 3-17 所示。轴承承受轴向力 1000N，径向力 0N，轴承转速为 5000r/min，损伤宽度为 1mm，损伤深度为 0.3mm。

　　从图 3-17 中可以看出，当损伤出现在内滚道时，滚球在通过局部损伤时会在接触载荷和加速度上产生两个冲击。第一个冲击发生在滚球进入损伤的时刻，如

图 3-17 中标示为 "进入点" 的时刻；第二个冲击发生在滚球和损伤后壁发生碰撞的时刻，如图 3-17 中标示为 "碰撞点" 的时刻。上述两个冲击的产生机理与外滚道损伤情况相同，仅在间隔时间和幅值方面略有区别。然而，与外滚道损伤不同的是滚球在通过内滚道时公转角速度的变化，如图 3-18 所示。当滚球进入损伤且与损伤前壁发生碰撞时，相应接触载荷的切向分量与滚球的公转角速度方向相反，从而减小了滚球的公转角速度。然而，当滚球和损伤后壁发生碰撞时 (示意图如图 3-19 所示)，所产生的碰撞力的切向分量与滚球的公转角速度方向相同，从而使滚球的公转角速度在短时间内有较大幅度的增大。

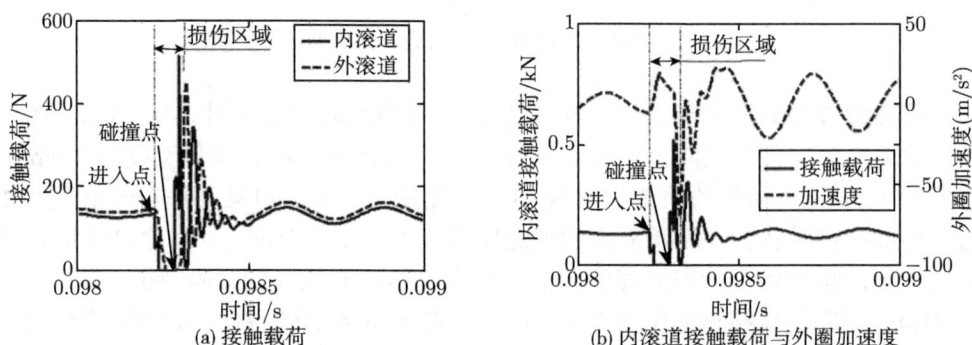

(a) 接触载荷　　　　　　　　　　(b) 内滚道接触载荷与外圈加速度

图 3-17　滚球通过内滚道局部损伤时轴承接触载荷及外圈加速度响应

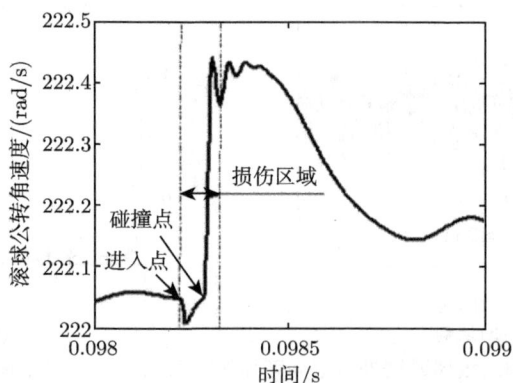

图 3-18　滚球通过内滚道局部损伤时公转角速度的变化

　　滚球通过内滚道局部损伤时轴承在 z_i 方向的振动响应如图 3-20 所示。图 3-20 中，轴承承受的轴向力和径向力均为 500N，转速为 5000r/min，损伤宽度为 1.0mm，深度为 0.3mm。由图 3-20(a) 可见，轴承损伤所产生的冲击可明显地区分为承载区和非承载区。在承载区中，由损伤而产生的冲击幅值较强，而在非承载区 (本章中，"非承载区" 并不意味着该区域的接触载荷完全为 0，而是相

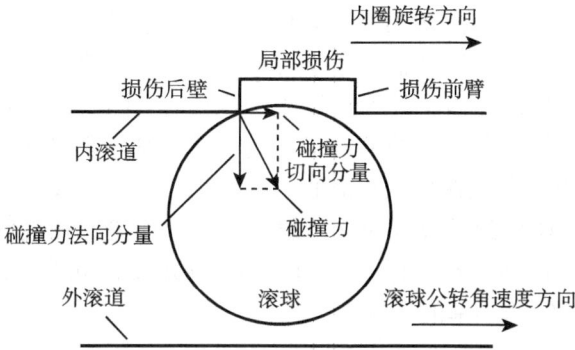

图 3-19　滚球与内滚道损伤的后壁发生碰撞所产生的碰撞力示意图

对于承载区,该区域中接触载荷相对较小) 中损伤所产生的冲击幅值较弱。两个幅值最大的冲击之间的时间间隔大约对应内圈旋转 1 圈,说明系统的振动受到内圈转频的调制。另外,两个相邻的冲击之间对应的时间间隔大约为 1.5ms (666.1Hz),对应内圈故障特征频率。相应的包络谱如图 3-20(b) 所示。如前所述,轴承的振动受到转频的调制。因此,在包络谱中可以明显地找到内圈转频 83.7Hz 及其二倍频 167.3Hz,内圈故障特征频率 666.1Hz 及其二倍频 1331Hz。另外,在内圈故障特征频率及其倍频的两边存在着以内圈转频为间隔的边频带。

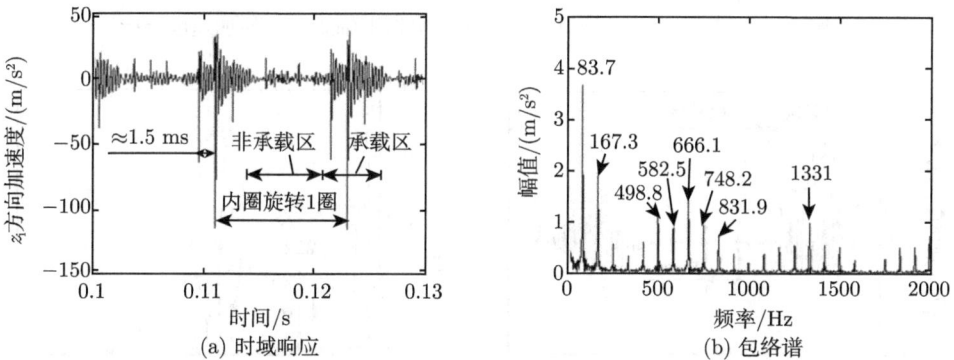

(a) 时域响应　　　　　　　　　　(b) 包络谱

图 3-20　滚球通过内滚道局部损伤时轴承在 z_i 方向的振动响应

3) 滚球损伤通过滚道时的运动特性

本小节中,轴承初始接触角为 0°,径向载荷为 500N,轴向载荷为 0N。其余参数与表 3-1 相同。由于初始接触角为 0°,滚球的自转轴线近似平行于轴承的旋转轴线。

滚球自转受到接触面牵引力的影响,而牵引力受到滑动速度的影响。如第 2 章所述,在轴承动力学中,有两种方法对表面滑动速度进行计算,而这两种方法的主要差别体现在滚动体自转角速度的计算上。采用这两种方法计算得到的轴承外圈的加速度响应分别如图 3-21 和图 3-22 所示。由图 3-21(a) 和图 3-22(a) 可以看出，轴承的振动响应可明显地区分为承载区和非承载区。在承载区，滚球旋转一周的过程中会分别和内、外滚道发生一次碰撞 (图 3-21(a) 和图 3-22(a) 中，损伤和内滚道发生作用而产生的冲击标示为 "I"，和外滚道发生作用而产生的冲击标示为 "O")。在非承载区中，在离心力的作用下，损伤仅和外滚道发生相互作用。由于轴承的振动受到承载区和非承载的影响，而滚球在绕轴承轴线旋转一周的过程中 (也即保持架旋转一周) 会分别经历一次承载区和非承载区，因此轴承的振动会受到保持架转动频率的调制。

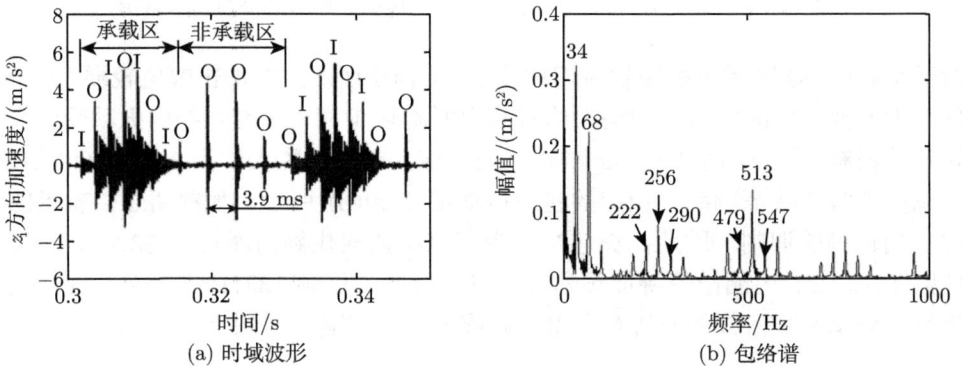

图 3-21　采用方法 1 计算得到的滚球损伤下轴承外圈的加速度响应

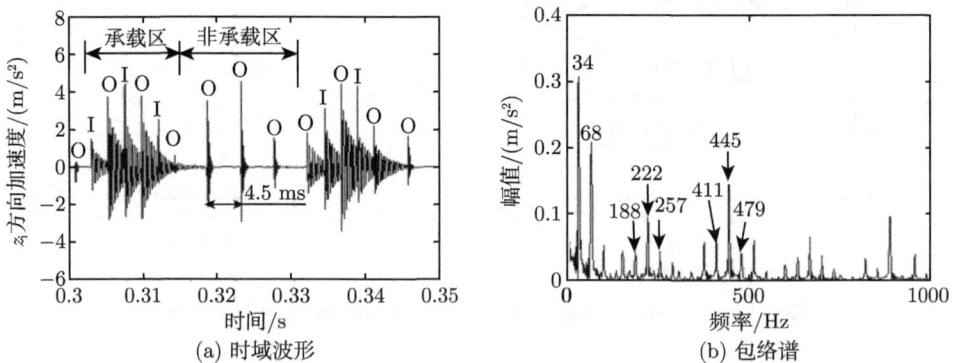

图 3-22　采用方法 2 计算得到的滚球损伤下轴承外圈的加速度响应

在图 3-21(a) 和图 3-22(a) 中，滚球损伤和同一个滚道发生作用产生的冲击之间对应的时间间隔分别为 3.9ms 和 4.5 ms。也就是说，采用第 1 种方法 (方法 1) 计算得到的滚球故障特征频率为 256Hz，而采用第 2 种方法 (方法 2) 计算得到的滚球故障特征频率为 222Hz。在两种方法得到的包络谱中 (图 3-21(b) 和图 3-22(b)) 均可得到保持架旋转频率 34Hz 及其二倍频 68Hz，滚球故障特征频

率 (第 1 种方法的结果为 256Hz, 第 2 种方法的结果为 222Hz) 及其二倍频 (第 1 种方法的结果为 513Hz, 第 2 种方法的结果为 445Hz)。在滚球故障特征频率及其二倍频的两侧存在着以保持架旋转频率为间隔的边频带。另外, 由于滚球损伤在承载区中会和内、外滚道发生碰撞, 因此包络谱中滚球故障特征频率二倍频的幅值要高于故障特征频率自身的幅值。

由上述分析可知, 两种方法的差别主要在于滚动体故障特征频率的计算上, 而滚动体故障特征频率又受到滚动体自转角速度的影响。为分析方便, 下面基于纯滚动假设对两种方法计算滚动体自转角速度的过程进行说明, 如图 3-23 所示。图 3-23 中, 轴承的接触角为 0°, 外圈固定, 内圈旋转。轴承内圈的旋转角速度为 ω_i, 滚动体以 ω_b 绕自身轴线旋转, 并以 ω_c 绕轴承轴线公转。惯性坐标系 $O_i x_i y_i z_i$ 原点 O_i 固结于外圈中心。

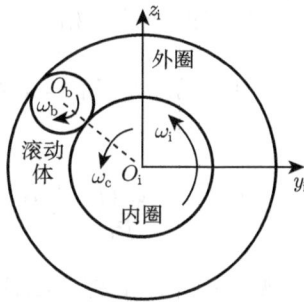

图 3-23 轴承元件的旋转角速度

(1) 方法 1。

假设滚动体质心以角速度 ω_c 绕轴承轴线旋转 (即公转角速度, 也即保持架旋转角速度), 轴承内圈以 ω_i 绕轴承轴线进行旋转, 则内圈相对于保持架的角速度为 $\omega_i - \omega_c$。假设滚动体和套圈接触点处为纯滚动, 可得到如下的等式 [8,9,18]:

$$(\omega_i - \omega_c) R_r = \omega_b R_b \tag{3-29}$$

式中, R_r、R_b 分别为内圈和滚动体的半径; ω_b 为滚动体自转角速度。

通过对式 (3-29) 进行整理, 即可得滚动体自转角速度:

$$\omega_b = \frac{(\omega_i - \omega_c) R_r}{R_b} \tag{3-30}$$

上述推导过程与经典的滚动体故障特征频率公式的推导过程一致。经典的滚动体故障特征频率的计算公式为 [8,19]

$$f_{\mathrm{bdf}} = \frac{f_{\mathrm{s}} d_{\mathrm{m}}}{2D} \left[1 - \left(\frac{D}{d_{\mathrm{m}}} \cos\alpha \right)^2 \right] \tag{3-31}$$

式中，f_{s} 为内圈旋转频率。

在 Harris 等的经典著作[8]中，式 (3-30) 也被称为滚动体绕自身轴线的旋转角速度。另外，在一些滚动轴承故障诊断的经典文献[19]中，式 (3-31) 被称为滚动体旋转频率 (roller spin frequency)。

(2) 方法 2。

当滚动体质心以角速度 ω_{c} 绕轴承轴线旋转时，滚动体质心的平移速度为 $\omega_{\mathrm{c}}(R_{\mathrm{r}} + R_{\mathrm{b}})$。根据平面图形点速度的合成定理 (平面图形内任意一点的速度等于基点速度与该点随图形绕基点转动速度的矢量和)[20]，当滚动体以 ω_{b} 进行自转时，滚动体在接触点的线速度为 $\omega_{\mathrm{c}}(R_{\mathrm{r}} + R_{\mathrm{b}}) + \omega_{\mathrm{b}} R_{\mathrm{b}}$。假设滚动体和套圈接触点处为纯滚动，滚动体和套圈在接触点的线速度相等，即有如下的等式成立[21~23]：

$$\omega_{\mathrm{c}}(R_{\mathrm{r}} + R_{\mathrm{b}}) + \omega_{\mathrm{b}} R_{\mathrm{b}} = \omega_{\mathrm{i}} R_{\mathrm{r}} \tag{3-32}$$

整理后，有

$$\omega_{\mathrm{b}} = \frac{\omega_{\mathrm{i}} R_{\mathrm{r}} - \omega_{\mathrm{c}}(R_{\mathrm{r}} + R_{\mathrm{b}})}{R_{\mathrm{b}}} \tag{3-33}$$

对比上述两种方法可以发现，采用第 1 种方法计算得到的滚动体自转角速度比采用第 2 种方法的计算值大，二者之差为保持架旋转角速度。图 3-24 给出了采用两种方法计算得到的滚球自转角速度 (图 3-24 中滚球的自转角速度是相对于 x_{i} 轴给出的，所以为负值)。可以看出，第 2 种方法的计算值比第 1 种方法的计算值小约 215rad/s，对应保持架旋转角速度。

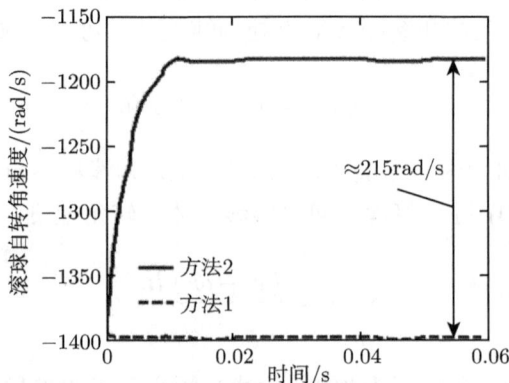

图 3-24　滚球自转角速度

事实上，式 (3-29) 在计算滚动体在接触点处的线速度时没有考虑滚动体质心的平移速度。根据平面图形点速度的合成定理，滚动体在接触点的线速度除了自身自转产生的线速度 $\omega_b R_b$，还应包括质心的平移速度 $\omega_c(R_b + R_r)$。很明显，式 (3-29) 的左边并没有计入质心平移的影响，而方法 2 通过计入滚动体的质心平移可以得到正确的滚动体自转角速度。

仍以图 3-23 对该问题进行讨论。以内圈为例，当滚球上的故障通过滚球中心和轴承中心的连线 $(O_b O_i)$ 时就会在轴承的振动响应上产生一个冲击。当滚球质心固定于空间时，滚球故障通过内圈的速度即为 ω_b。然而，当轴承旋转时，滚动体和轴承中心的连线以滚动体的公转角速度 (即保持架旋转角速度 ω_c) 进行旋转，因此，滚动体上的故障通过连线 $O_b O_i$ 的速度应该为 ω_b 和 ω_c 的合成速度，即 $|\omega_b| + |\omega_c|$。如前面讨论的那样，式 (3-30) 在计算滚动体自转角速度时多计入了一个 ω_c。因此，式 (3-30) 的结果即为滚动体上一点通过单个套圈时的频率，而非自转频率。从上述的讨论中可以看出，方法 2 可以正确且合理地计算出滚动体的自转角速度，而方法 1 可以计算出滚动体的故障特征频率 (与单个滚道发生相互作用的频率)。

由于方法 2 能够得到合理的滚球自转角速度，下面的分析中采用方法 2 计算滚球的自转角速度。滚球损伤通过内、外滚道时轴承的接触载荷与外圈的加速度响应如图 3-25 所示。由图 3-25 可见，当滚球损伤通过内滚道或者外滚道时，轴承外圈的加速度响应上会产生相应的冲击。这些冲击均会激励起系统的某一固有振动。这与滚球通过内滚道损伤和外滚道损伤时的振动特性基本一致。

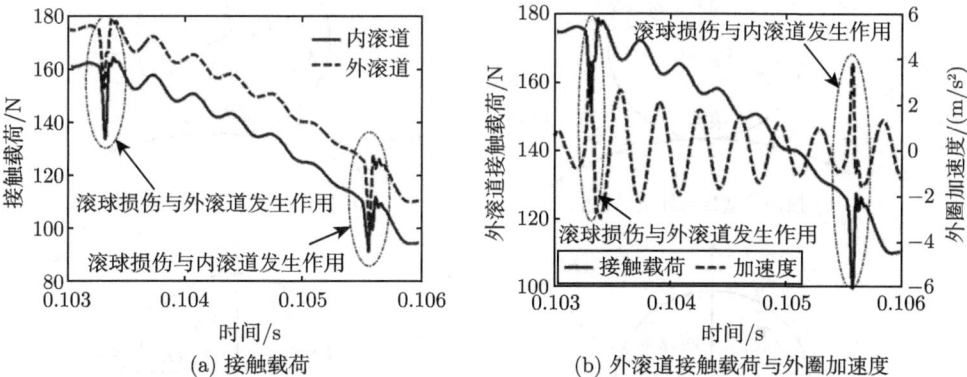

(a) 接触载荷　　　　　　　　　　　　(b) 外滚道接触载荷与外圈加速度

图 3-25　滚球损伤通过滚道时轴承的接触载荷以及外圈的加速度响应

本章在构建滚球损伤模型时考虑了损伤与套圈接触时接触载荷方向的改变，这种接触载荷方向的改变会对滚球的自转角速度产生一定的影响。滚球损伤通过内、外滚道时，滚球所承受的切向载荷如图 3-26 所示。图 3-26 给出的切向载荷沿着滚球方位坐标系 $O_a x_a y_a z_a$ 的 y_a 轴。

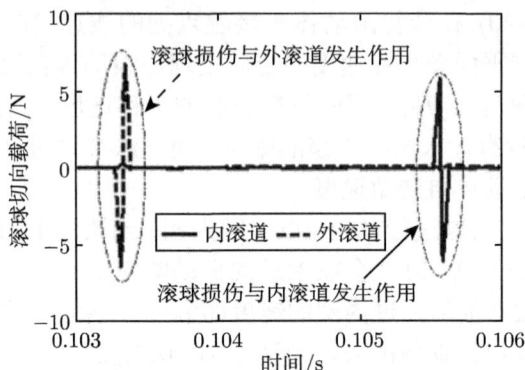

图 3-26　滚球损伤通过滚道时切向载荷的变化

　　滚球损伤和套圈之间碰撞力的示意图如图 3-27 所示 (为分析方便, 图 3-27 中损伤的尺寸进行了放大)。当滚球损伤通过内、外滚道时, 损伤前壁 B 首先与滚道发生相互作用。当损伤前壁与外滚道发生相互作用时, 碰撞力的切向分量沿着 y_a 轴的负方向, 其所产生的力矩与滚球的自转角速度方向相反, 从而引起滚球自转角速度的减小, 如图 3-28 所示 (图 3-28 中, 滚球自转角速度是相对于 x_i 轴给出的, 所以为负值)。当损伤后壁 A 与外滚道发生相互作用时, 碰撞力的切向

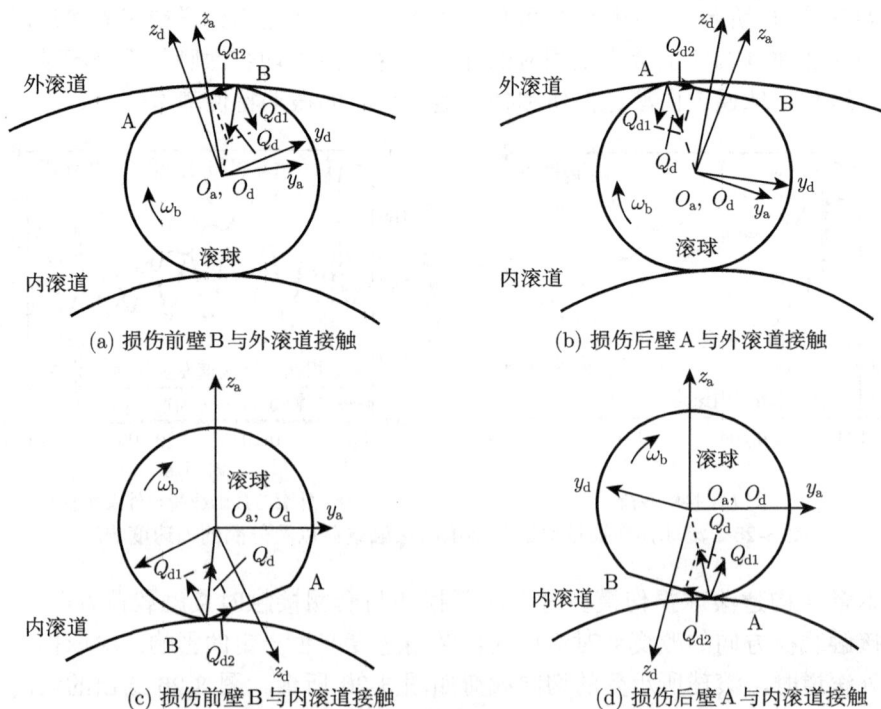

(a) 损伤前壁B与外滚道接触

(b) 损伤后壁A与外滚道接触

(c) 损伤前壁B与内滚道接触

(d) 损伤后壁A与内滚道接触

图 3-27　滚球损伤通过滚道时的碰撞力示意图

分量沿着 y_a 轴的正方向，其所产生的力矩与滚球的自转角速度方向相同，从而引起滚球自转角速度的增大。同理，损伤前壁 B 与内滚道发生相互作用时，滚球的自转角速度受碰撞力切向分量的影响减小，而损伤后壁 A 与内滚道发生相互作用时，滚球自转角速度受碰撞力切向分量的影响增大。另外，虽然碰撞力的法向分量产生的力矩有增大滚球自转角速度的趋势，但是，由于碰撞力的法向分量的力臂较短，所产生的力矩较小，从而碰撞力的法向分量所产生的力矩对滚球自转角速度的影响并不明显。

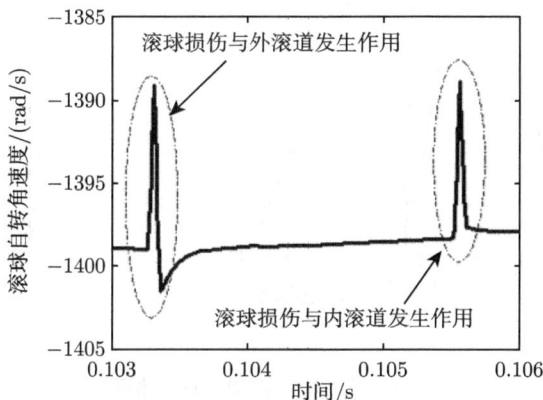

图 3-28　滚球损伤通过滚道时滚球自转角速度的变化

3.2.2　滚子轴承单点损伤动力学建模与仿真

滚子轴承局部损伤动力学建模也包括两个步骤：首先根据滚子轴承的结构特点对外滚道损伤、内滚道损伤以及滚动体损伤进行数学表达，建立局部损伤模型；然后将局部损伤模型与第 2 章建立的正常滚子轴承的动力学模型进行融合，得到滚子轴承的局部损伤动力学模型。

1. 滚子轴承局部损伤的数学描述

与球轴承类似，在对滚子轴承的滚道损伤和滚动体损伤进行分析时同样考虑了几何趋近量、滚动体大小的影响以及接触载荷作用方向的改变三个因素。

1) 滚道损伤

滚动体与滚道之间的相互作用如图 3-29 所示。图 3-29 中，坐标系 $O_i x_i y_i z_i$、$O_r x_r y_r z_r$、$O_b x_b y_b z_b$、$O_k x_k y_k z_k$、$O_d x_d y_d z_d$ 依然分别为惯性坐标系、套圈定体坐标系、滚动体定体坐标系、接触坐标系和局部损伤坐标系。图 3-29 中，一个长度为 l_d (在 $x_k z_k$ 平面内描述)、宽度为 w_d (在 $y_k z_k$ 平面内描述)、深度为 h_d (在 $y_k z_k$ 平面内描述) 的损伤位于外滚道表面。

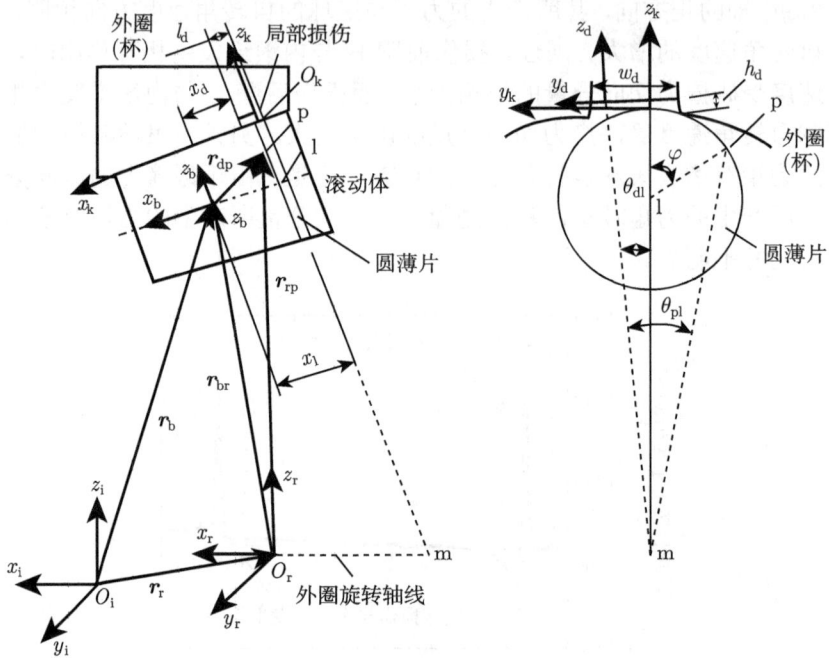

图 3-29　滚动体与滚道之间的相互作用

与第 2 章中处理滚子轴承滚动体和滚道之间的相互作用类似，本节同样采用切片法对滚动体和滚道损伤之间的相互作用进行分析。圆薄切片上任意一点 p 相对于切片中心 1 的位置矢量在接触坐标系中可以表示为

$$r_{\mathrm{pl}}^{\mathrm{k}} = \{0, -R_{\mathrm{bl}} \sin\varphi, R_{\mathrm{bl}} \cos\varphi\}^{\mathrm{T}} \tag{3-34}$$

式中，R_{bl} 为圆薄片的半径；φ 为点 p 在接触坐标系中的方位角。

点 p 相对于套圈中心 O_{r} 的位置矢量在接触坐标系中可以表示为

$$r_{\mathrm{pr}}^{\mathrm{k}} = r_{\mathrm{pl}}^{\mathrm{k}} + r_{\mathrm{lr}}^{\mathrm{k}} \tag{3-35}$$

其中，$r_{\mathrm{lr}}^{\mathrm{k}}$ 为在接触坐标系中描述的切片中心相对于套圈中心的位置矢量，可表示为

$$r_{\mathrm{lr}}^{\mathrm{k}} = r_{\mathrm{br}}^{\mathrm{k}} + r_{\mathrm{lb}}^{\mathrm{k}} \tag{3-36}$$

其中，$r_{\mathrm{br}}^{\mathrm{k}}$ 为在接触坐标系中描述的滚动体中心相对于套圈中心的位置矢量；$r_{\mathrm{lb}}^{\mathrm{k}}$ 为在接触坐标系中描述的圆薄片中心相对于滚动体中心的位置矢量。下面讨论这两个矢量的确定方法。

在调用故障模型时，滚动体中心和套圈中心在惯性系中的位置矢量 r_b^i 和 r_r^i 为已知条件，则矢量 r_{br} 在惯性坐标系中可以表示为 [18]

$$r_{br}^i = r_b^i - r_r^i \tag{3-37}$$

利用惯性坐标系到接触坐标系的变换矩阵 $T_{ik} = T(\ 0 \quad \alpha \quad 0\ )$ (α 为套圈接触角) 可将矢量 r_{br}^i 变换到接触坐标系中进行描述：

$$r_{br}^k = T_{ik} r_{br}^i \tag{3-38}$$

在滚动体定体坐标系中，矢量 r_{lb}^b 可以写为

$$r_{lb}^b = \left\{\ x_1, \quad 0, \quad 0\ \right\}^T \tag{3-39}$$

通过式 (3-40) 可将矢量 r_{lb}^b 变换到接触坐标系中进行描述：

$$r_{lb}^k = T_{ik}\,(T_{ib})^{-1}\,r_{lb}^b \tag{3-40}$$

式中，$T_{ib} = T(\ \eta_b \quad \xi_b \quad \gamma_b\ )$ 为惯性坐标系到滚动体定体坐标系的变换矩阵 (η_b、ξ_b、γ_b 为滚动体坐标系相对于惯性坐标系的三个方位角，在调用故障模型时为已知条件)；上标 "−1" 表示对矩阵 T_{ib} 求逆。至此，式 (3-36) 中的矢量都得到了定义。

进而，接触坐标系的 z_k 轴与套圈的旋转轴线相交于点 m，如图 3-29 所示。切片中心相对于点 m 的位置矢量为

$$r_{lm}^k = \left\{0,0,\left|r_{lr3}^k\right| + \left|r_{lr1}^k\right| \tan\alpha\right\}^T \tag{3-41}$$

式中，下标 1 和 3 表示矢量 r_{lr}^k 的第 1 个和第 3 个分量；α 为套圈接触角。

点 p 相对于点 m 的位置矢量为

$$r_{pm}^k = r_{pl}^k + r_{lm}^k \tag{3-42}$$

对于外滚道和内滚道，矢量 r_{pm}^k 与 z_k 轴之间的夹角 θ_R 分别为

$$\theta_{Ro} = |\theta_{bd}| + \arcsin\left(\frac{0.5D\sin\left(\pi - |\varphi|\right)}{|r_{pm}|}\right) \tag{3-43}$$

和

$$\theta_{Ri} = |\theta_{bd}| + \arcsin\left(\frac{0.5D\sin\left(|\varphi|\right)}{|r_{pm}|}\right) \tag{3-44}$$

假设局部损伤在滚道上的包容角的一半为 θ_e，根据轴承的基本几何学特征，滚道在位置 θ_R 处的半径 $R(\theta_R)$ 可表示为

$$R(\theta_R) = \begin{cases} R_r(r_{pr1}), & \theta_R \geqslant \theta_e \\ R_r(r_{pr1}) + h_d, & \theta_R < \theta_e \end{cases} \tag{3-45}$$

式中，$R_r(r_{pr1})$ 为横坐标 r_{pr1} 处滚道的半径。

进而，滚动体和局部损伤之间的几何趋近量为

$$\delta_{bd} = \left| \boldsymbol{r}_{pm}^k \right| - R(\theta_R) \sin\alpha \tag{3-46}$$

计算出几何趋近量后即可按照接触算法对接触载荷进行计算。当计算出每个圆薄片与滚道之间的相互作用时，对每个圆薄片的载荷进行叠加即可得到整个滚动体与滚道之间的相互作用关系。

为了同时考虑滚动体的大小，需要在圆薄片上根据角度 φ 逐点按照式 (3-46) 计算 δ_{bd}，并将其中最大的正值作为滚动体和滚道之间的几何趋近量。

与球轴承类似，当滚动体与滚道局部损伤发生接触时，接触载荷 Q_d 相对于正常接触坐标系会分解为两个分量：切向分量 Q_{d2} 和法向分量 Q_{d1}。接触载荷的切向分量会对滚球的公转角速度产生影响。在动力学分析中，为了考虑接触载荷作用方向的改变，需要将接触载荷矢量变换到接触坐标系以进行后续的数值积分。滚子轴承的计算方法与球轴承类似，此处不再赘述。

2) 滚动体损伤

对于单个圆薄片上的损伤，需要借助滚球损伤故障模型，只在 $y_k z_k$ 平面内考虑滚动体的损伤即可。当计算出每个圆薄片与滚道之间的相互作用时，对每个圆薄片的载荷进行叠加即可得到整个滚动体与滚道之间的相互作用关系。建模方法与滚球损伤故障的建模方法类似，此处亦不再赘述。

2. 滚子轴承局部损伤动力学模型

在对局部损伤进行建模后，即可与第 2 章构建的正常滚子轴承的动力学模型进行融合，建立滚子轴承的局部损伤动力学模型。滚子轴承局部损伤模型和正常轴承的动力学模型的融合方法与球轴承类似，此处不再赘述。另外，滚子轴承局部损伤动力学模型同样考虑了轴承外圈的动力学特性。轴承外圈的动力学方程参见式 (3-27)。

3. 仿真分析

与球轴承故障动力学分析类似，滚子轴承动力学仿真采用变步长 4/5 阶龙格–库塔法对动力学方程进行数值积分。在每一个时间步都需要对各轴承元件的

方位和局部损伤的方位进行分析，以判断轴承元件是否进入局部损伤区域，仿真过程如图 3-11 所示。计算机程序在 FORTRAN 90 环境中进行编写。频域分析时首先对变步长积分得到的振动响应进行重采样。本节以圆锥滚子轴承为例，对滚子轴承在具有局部损伤时的动力学响应特性进行分析，轴承参数参见表 3-2。本节除特别说明外，仿真时轴承均承受 3000N 的径向力和 1000N 的轴向力，轴承转速为 500r/min。为了更清晰地观察滚动体通过局部损伤时的运动特性，损伤长度贯穿整个套圈，宽度为 5mm，深度为 1mm。

表 3-2　双列圆锥滚子轴承参数 (单列)

参数	数值
滚动体个数 z	19.0
滚动体大端直径 d_w/mm	28.0
滚动体长度 l_w/mm	49.0
外圈接触角 α_o/(°)	10.0
内圈接触角 α_i/(°)	7.0
滚动体球面大端半径 R_{sph}/mm	300.0
挡边角 θ/(°)	83.0
保持架兜孔间隙/mm	0.5
保持架引导间隙/mm	0.5
保持架引导长度/mm	5.0
内圈质量 (含轴)/kg	4.0

1) 滚动体通过外滚道局部损伤时的运动特性

滚动体通过外滚道局部损伤的示意图如图 3-30 所示。如 3.2.1 小节所讨论，对于球轴承，滚球在进入局部损伤时会造成接触载荷的突然降低。然而，与球轴承不同的是，滚子在进入局部损伤时，由于滚子歪斜角 ζ 的影响 (滚子歪斜问题同时存在于圆锥滚子轴承和圆柱滚子轴承中 [24])，滚子在进入局部损伤时接触载

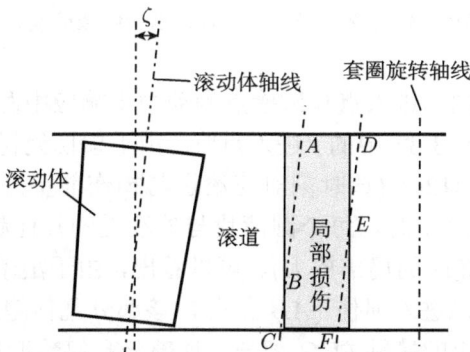

图 3-30　滚动体通过外滚道局部损伤示意图

荷会连续降低。在仿真时，需要考虑接触载荷沿滚子轴线方向的变化，将整个滚子分成 60 个圆薄片，最右端圆薄片中心的横坐标为 -23.94mm，最左端圆薄片中心的横坐标为 24.73mm，如图 3-31 所示。

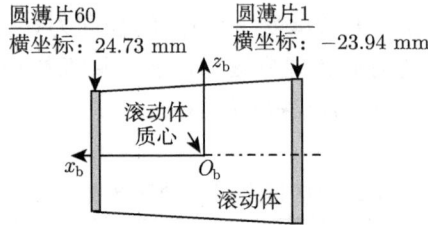

图 3-31　滚动体切片

如图 3-32 所示，对滚动体通过外滚道局部损伤时的接触载荷以及轴承外圈加速度响应进行分析。与球轴承相似，当滚动体通过外滚道局部损伤时，在滚动体和滚道之间的接触载荷上存在着若干个冲击，且每个冲击均在轴承外圈的加速度上得到体现，如图 3-32(b) 所示。

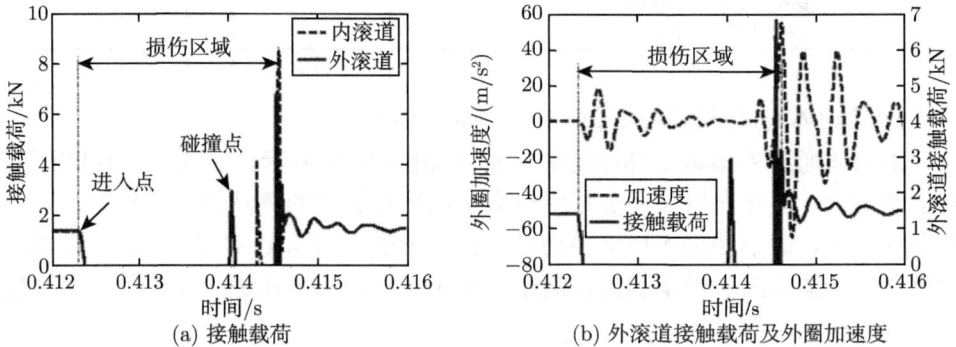

(a) 接触载荷　　　　　　　　　　(b) 外滚道接触载荷及外圈加速度

图 3-32　滚动体通过外滚道局部损伤时轴承接触载荷及外圈加速度响应

与球轴承分析相同，进入点和碰撞点为动力学响应中两个重要的冲击点。在滚动体进入损伤时 (图 3-32 中的 "进入点")，由于损伤处材料的缺失，接触载荷会逐渐降为零。在 0.4124s (该时刻对应滚子与损伤前壁发生接触，其示意图参见图 3-30 中的连线 AC) 时，每个圆薄片与外滚道的几何趋近量如图 3-33 所示 (图 3-33(b) 为图 3-33(a) 的局部放大)。可以看出，由于滚子歪斜角的影响，在该时间点，滚子一部分已进入损伤 (AB 部分，该部分几何趋近量小于 0)，而另一部分仍与滚道发生一定的接触 (BC 部分，该部分几何趋近量大于 0)。也就是说，滚子在进入损伤的过程中，滚子切片会逐渐失去与滚道的接触，从而导致接触载荷逐渐减小为 0。

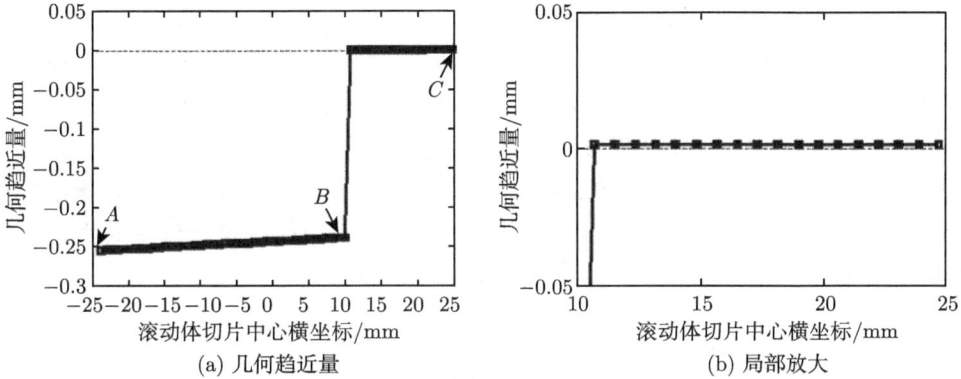

(a) 几何趋近量　　　　　　　　　　　　　　　(b) 局部放大

图 3-33　滚动体切片 (圆薄片) 在进入点与外滚道的几何趋近量

　　另一个重要的冲击发生在滚子与外滚道发生碰撞的时刻，如图 3-32(a) 中标示为 "碰撞点" 的时刻。由图 3-32(a) 可见，滚子在滚出损伤之前即与外滚道发生碰撞。这是因为在计算滚动体与损伤的接触时考虑了滚动体的实际尺寸。受到歪斜角的影响，滚子在与损伤发生碰撞时，滚子沿其轴向长度一部分与损伤接触 (如图 3-34 中的 DE 部分，该部分几何趋近量大于 0)，而另一部分则没有与损伤发生碰撞 (如图 3-34 中的 EF 部分，该部分的几何趋近量小于 0)。图 3-34 大约对应 0.414s。相应的示意图如图 3-30 所示。另外，滚动体与损伤发生碰撞后也会在内、外滚道之间进行跳跃，如图 3-32 所示碰撞点后内滚道和外滚道接触载荷交替出现的部分。然而，对于本节仿真所采用的轴承，这种交替碰撞作用非常短暂，导致碰撞点后轴承基本是在某个单一频率下进行振动。

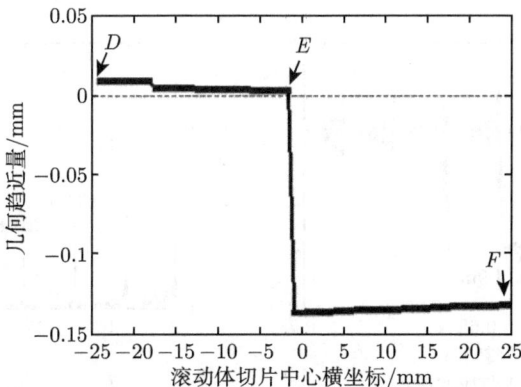

图 3-34　滚动体切片 (圆薄片) 在碰撞点与外滚道的几何趋近量

图 3-35 为滚动体通过外滚道损伤时公转角速度的变化。可以看出，当滚动体进入损伤区域后，滚动体的公转角速度持续下降，这主要是因为在损伤区域滚动体既不与内滚道接触，也不与外滚道接触，滚动体的牵引力将为 0，从而滚动体的公转角速度开始缓慢下降。进而，滚动体的公转角速度在碰撞点急剧下降。这是由于滚动体与损伤后壁发生碰撞后，碰撞力的切向分量与滚动体的公转角速度方向相反 (其示意图仍可用图 3-14 进行说明)，从而使滚动体的公转角速度急剧下降。这些与球轴承的运动特性基本一致。然而，与球轴承不同的是，滚动体的公转角速度并没有在进入点略微升高，这可能是滚子切片逐渐失去与滚道的接触，滚动体在进入点与损伤前壁的碰撞作用不明显的缘故。

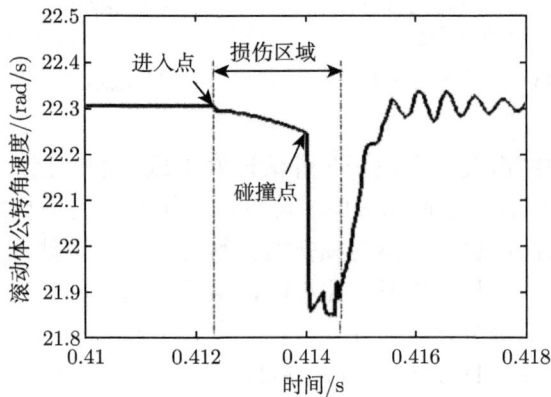

图 3-35　滚动体通过外滚道局部损伤时的公转角速度

滚动体相继通过外滚道损伤时轴承在 z_i 方向的振动响应如图 3-36 所示。轴承所承受的径向力为 2800N，轴向力为 100N，转速为 500r/min，损伤宽度为

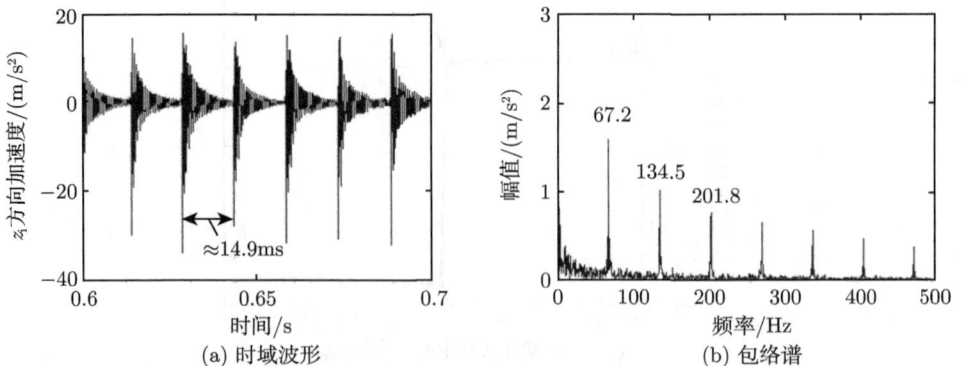

(a) 时域波形　　　　　　　(b) 包络谱

图 3-36　滚动体通过外滚道局部损伤时轴承在 z_i 方向的振动响应

1.0mm。深度为 1.0mm，损伤的轨道位置 120°。由图 3-36(a) 可见，每当一个滚动体通过表面损伤时就会在轴承外圈的加速度响应上产生一个冲击，每个冲击的幅值近似相等，相邻的两个冲击之间的间隔大约为 14.9ms，对应外圈故障特征频率 (大约 67.2Hz)。对应的包络谱如图 3-36(b) 所示，可以看出，包络谱中存在外圈故障特征频率 67.2Hz 及其倍频，且外圈故障特征频率及其倍频的幅值呈依次减小的趋势。这些特性与球轴承基本一致。

2) 滚动体通过内滚道局部损伤时的振动特性

滚动体通过内滚道局部损伤时轴承接触载荷及外圈加速度响应如图 3-37 所示。可以看出，当滚动体通过内滚道局部损伤时分别在进入点和碰撞点发生冲击，每个冲击均在加速度响应上得到体现，如图 3-37(b) 所示。

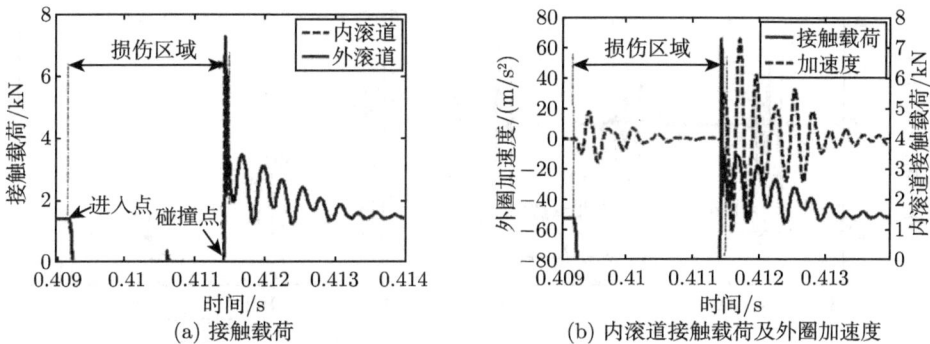

图 3-37　滚动体通过内滚道局部损伤时轴承接触载荷及外圈加速度响应

另外，碰撞力的切向分量会对滚动体的公转角速度产生影响。滚动体通过内滚道局部损伤时的公转角速度变化情况如图 3-38 所示。与球轴承类似，冲击力的切向分量 (其示意图仍可采用图 3-19 进行说明) 会增大滚动体的公转角速度。

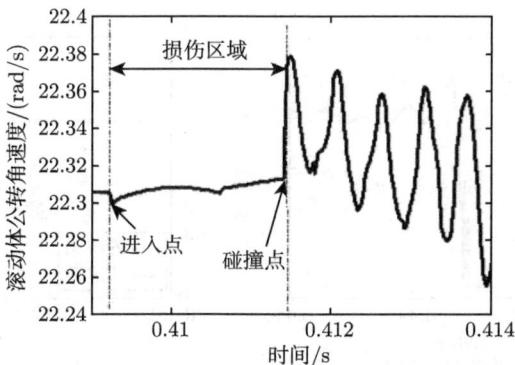

图 3-38　滚动体通过内滚道局部损伤时的公转角速度

　　滚动体通过内滚道局部损伤情况下轴承在 z_i 方向的振动响应如图 3-39 所示 (轴承所承受的径向力为 2800N，轴向力为 100N，转速为 500r/min，损伤宽度为 1.0mm，深度为 1.0mm)。由图 3-39(a) 可以发现，与球轴承类似，由滚道损伤产生的冲击可明显地分为承载区和非承载区。在承载区中，由损伤产生的冲击幅值较强，而在非承载区中由损伤产生的冲击幅值较弱。两个相邻的冲击之间对应的时间间隔大约为 11ms (对应内圈故障特征频率 90.9Hz)。相应的包络谱如图 3-39(b) 所示。另外，如前所述，轴承的振动受到内圈转频的调制。因此，在包络谱中可以明显地找到内圈转频 8.5Hz 及其倍频，内圈故障特征频率 90.9Hz 及其二倍频 181.8Hz。在内圈故障特征频率及其倍频的两边存在着以内圈转频为间隔的边频带。这些特征均与球轴承内滚道损伤的情况相似。

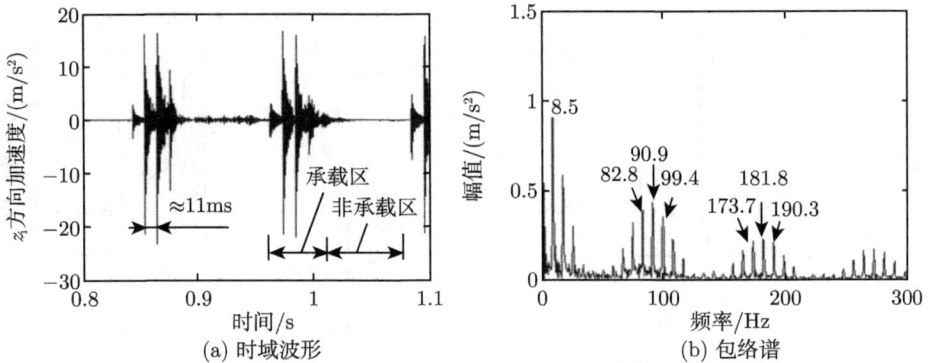

图 3-39　滚动体通过内滚道局部损伤时轴承在 z_i 方向的振动响应

3) 滚动体损伤通过滚道时的运动特性

　　滚动体损伤通过滚道时的接触载荷以及接触载荷与轴承外圈加速度响应的对应关系分别如图 3-40 和图 3-41 所示。与球轴承类似，当滚动体损伤通过滚道时

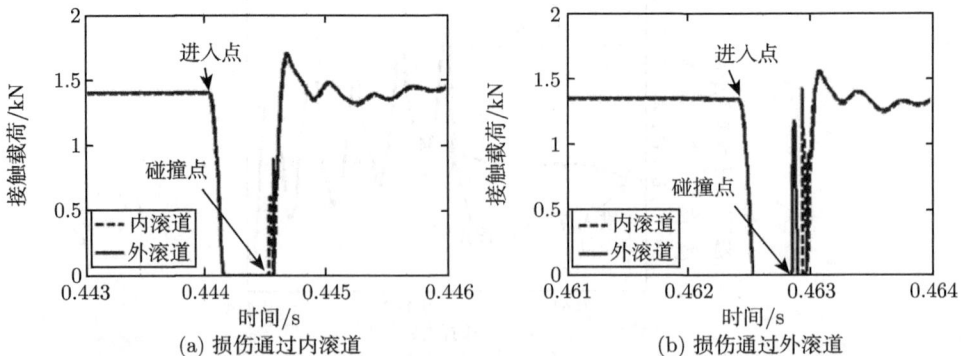

图 3-40　滚动体损伤通过滚道时的接触载荷变化

会发生两个冲击，分别发生在损伤前壁和损伤后壁与滚道发生作用的时刻 (分别如图 3-40 中标示为 "进入点" 和 "碰撞点" 的时刻)，这两个冲击在轴承外圈的加速度上也得到体现，如图 3-41 所示。

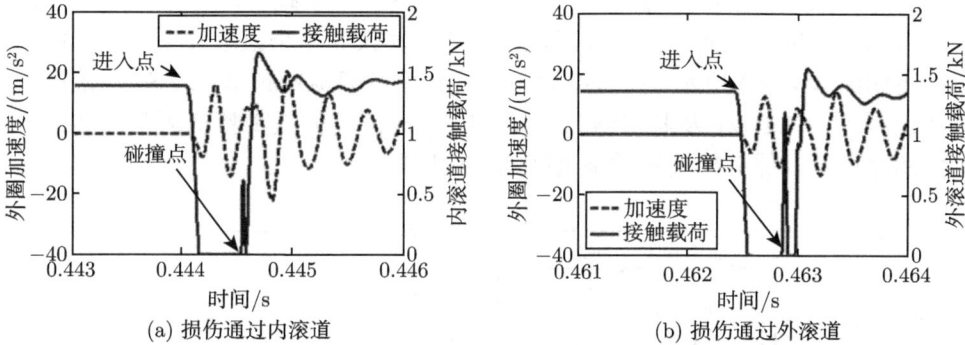

(a) 损伤通过内滚道　　　　　　　　　　　(b) 损伤通过外滚道

图 3-41　滚动体损伤通过滚道时的接触载荷和外圈加速度变化

如 3.2.1 小节所讨论的那样，计算滚动体和滚道之间的相对滑动速度时，采用方法 2 可以得到正确的滚动体自转角速度。因此，在滚子轴承动力学建模时采用方法 2 对滚子的自转角速度进行计算。滚动体损伤在通过内、外滚道时，滚动体自转角速度的变化如图 3-42 所示。可以看出，当损伤前壁与滚道发生作用时，所产生的碰撞力的切向分量会减小滚动体的自转角速度，而损伤后壁与滚道发生作用时碰撞力的切向分量则会增大滚动体的自转角速度。可以采用与滚球损伤相似的分析方法 (参见 3.2.1 小节) 对滚动体损伤通过滚道时的自转角速度进行分析和讨论，此处不再赘述。

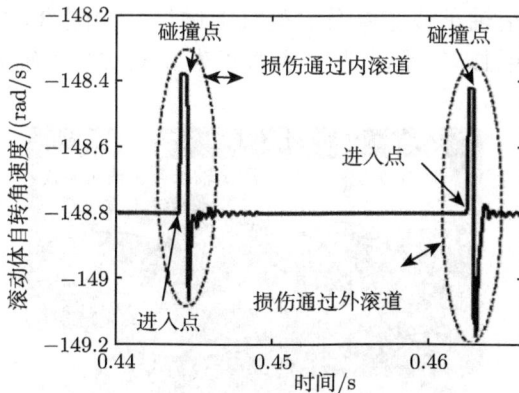

图 3-42　滚动体损伤通过内滚道和外滚道时自转角速度的变化

滚动体损伤时轴承在 z_i 方向的振动响应如图 3-43 所示 (轴承承受的径向力

为 2800N,轴向力为 100N,转速为 500r/min,损伤宽度为 1.0mm,深度为 1.0mm)。在图 3-43(a) 中，滚动体损伤和同一个滚道发生作用产生的冲击之间对应的时间间隔约为 36.8ms (约 27.1Hz)。另外，与球轴承类似，滚子轴承中滚动体损伤所产生的冲击也可明显地区分为承载区和非承载区。在承载区，滚动体损伤会和内、外滚道均发生碰撞，而在非承载区，滚动体损伤仅和单个滚道发生碰撞。相应的包络谱如图 3-43(b) 所示。在包络谱中可得到保持架旋转频率 (3.5Hz)、滚动体故障特征频率 (27.1Hz) 及其二倍频 (54.2Hz)。在滚动体故障特征频率及其二倍频的两侧存在着以保持架旋转频率为间隔的边频带。

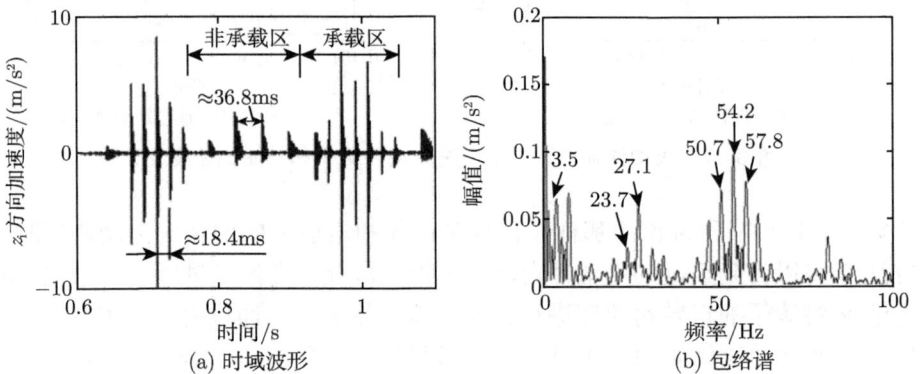

图 3-43　滚动体损伤时轴承在 z_i 方向的振动响应

3.2.3　实验验证

1. 实验一：球轴承内滚道局部损伤

该实验在某航空轴承疲劳寿命实验机上进行，如图 3-44 所示。测试轴承为 H7018C 型高速角接触球轴承,其基本参数见表 3-3。实验中轴承转速为 6000r/min,

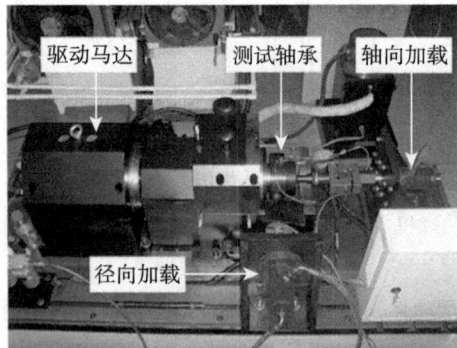

图 3-44　航空轴承疲劳寿命实验机 [25,26]

并在轴向和径向分别施加 2kN 和 11kN 的载荷进行加速疲劳实验[25,26]。加速疲劳试验按照标准 JB/T 50013—2000[27] 进行。振动信号采用加速度传感器 LC0401 采集，数据采集仪为 YE6267 型动态数字采集仪，采样频率为 20kHz。大约 150h 后，内滚道出现了一个宽度大约为 1.5mm 的疲劳剥落，如图 3-45 所示。

表 3-3　H7018C 型高速角接触球轴承参数

参数	数值
滚动体个数 z	27
初始接触角 $\alpha_0/(°)$	15
滚球直径/mm	11.113
轴承节径/mm	115
内滚道沟曲率系数	0.56
外滚道沟曲率系数	0.54

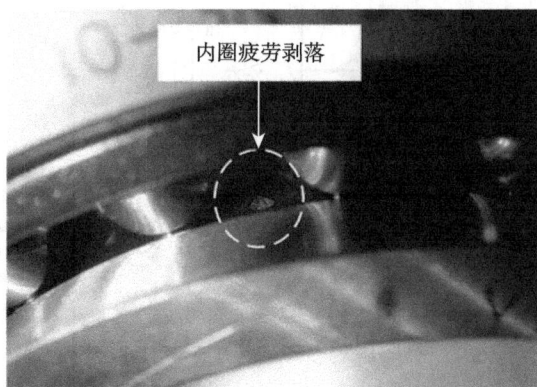

图 3-45　内滚道疲劳剥落[25,26]

实验结果如图 3-46 所示。在时域波形中，可以找到内滚道损伤在通过承载区时的冲击 (图 3-46(a) 标示为圆圈的冲击)，在包络谱 (图 3-46(b)) 中可以找到内圈转频 (99.8Hz)、内圈故障特征频率 (1474.7Hz)，在内圈故障特征频率的两边存在着以内圈转频为间隔的边频 (如 1374.9Hz、1574.5Hz)。仿真结果如图 3-47 所示。在时域信号 (图 3-47(a)) 中可以找到内滚道损伤在承载区所产生的冲击。在包络谱 (图 3-47(b)) 中可以找到内圈转频 (100.2Hz)、内圈故障特征频率 (1475.9Hz)，在内圈故障特征频率两侧存在着以内圈转频为间隔的边频。对比仿真和实验结果验证了动力学模型的有效性。

2. 实验二：圆柱滚子轴承滚动体局部损伤

该实验在某齿轮转子轴承故障模拟实验台上进行，如图 3-48 所示[28]。采用两个 8763B50AB 型加速度传感器采集故障轴承在承受纯径向载荷下的垂向和纵

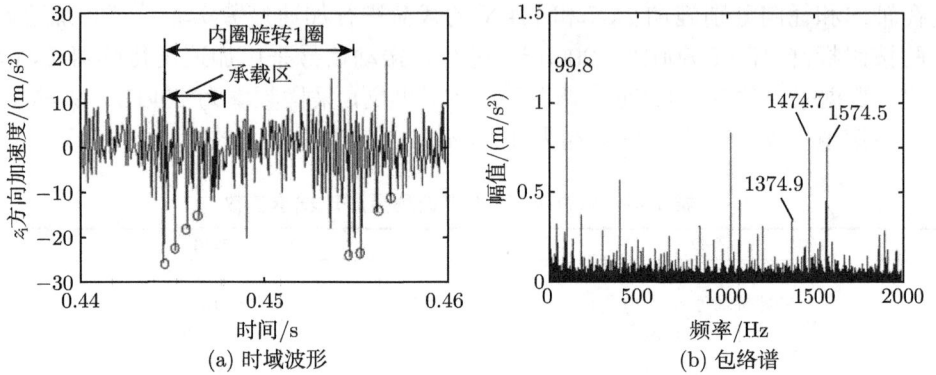

(a) 时域波形

(b) 包络谱

图 3-46　H7018C 型高速角接触球轴承实验结果

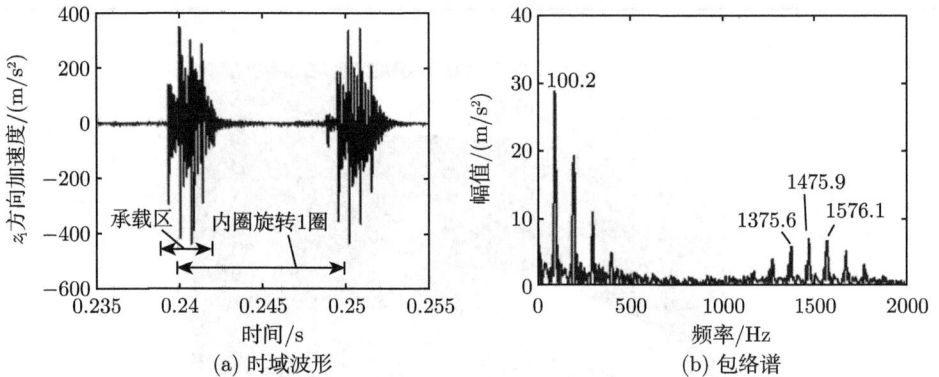

(a) 时域波形

(b) 包络谱

图 3-47　H7018C 型高速角接触球轴承仿真结果

向振动，数据采集仪的采样频率为 25.6kHz。测试轴承为 2205 型圆柱滚子轴承，其参数见表 3-4。采用线切割方法在某个滚动体上加工 1.5mm 宽、1.0mm 深的局部损伤，如图 3-49 所示。实验时，外圈固定，内圈旋转，内圈转速为 600r/min。

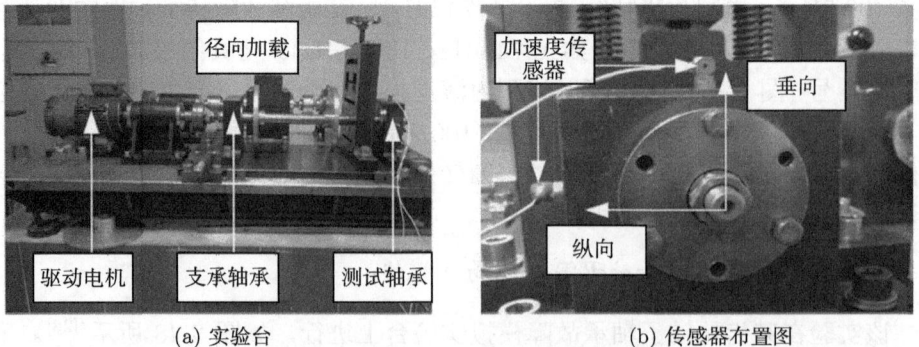

(a) 实验台

(b) 传感器布置图

图 3-48　齿轮转子轴承故障模拟实验台

表 3-4 2205 型圆柱滚子轴承参数

参数	数值
滚子个数 z	13
滚子直径/mm	6.9
滚子长度/mm	6.45
轴承节径/mm	38.33

图 3-49 2205 型圆柱滚子轴承滚动体局部损伤

实验结果如图 3-50 所示 (对应动力学模型中外圈 z_i 方向加速度)。在时域波形中可以明显地区分为承载区和非承载区。在承载区，由滚动体损伤所产生的冲击较为密集，而在非承载区冲击较为稀疏。在承载区，滚动体损伤会随着滚动体的旋转而与内滚道和外滚道均发生碰撞。因此，在承载区相邻的两个冲击之间对应的时间间隔为滚动体故障特征频率二倍频的倒数 $1/(2f_{bdf})$。包络谱中可以找到保持架旋转频率 (4.2Hz)、f_{bdf} (26.9Hz) 以及 $2f_{bdf}$(54.1Hz)。另外，在 f_{bdf} 以及 $2f_{bdf}$ 的两侧存在着近似以保持架旋转频率为间隔的边频带 (如 f_{bdf} 两侧的 22.8Hz、31.2Hz，$2f_{bdf}$ 两侧的 49.9Hz、58.3Hz)。

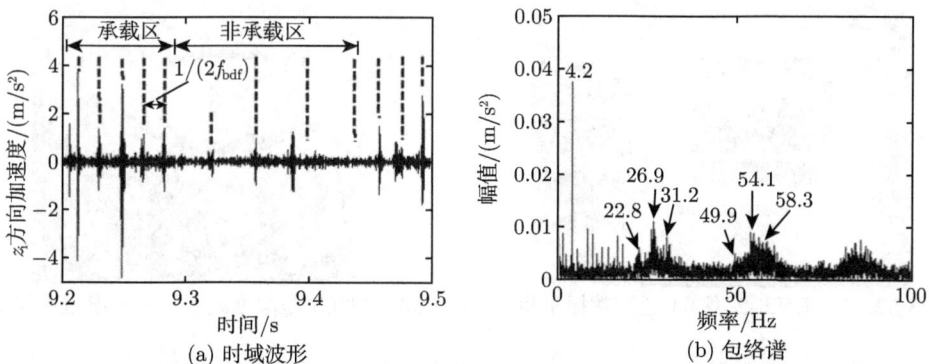

(a) 时域波形 (b) 包络谱

图 3-50 2205 型圆柱滚子轴承滚动体局部损伤实验结果

仿真结果如图 3-51 所示。仿真时采用方法 2 计算滚动体的自转角速度。在时域波形中也可找到滚动体损伤在轴承承载区和非承载区的冲击特性。在包络谱中可以找到保持架旋转频率 (4.1Hz) 及其二倍频 (8.2Hz)、f_{bdf} (26.9Hz) 以及 $2f_{bdf}$ (53.8Hz)。另外，在 f_{bdf} 以及 $2f_{bdf}$ 的两侧存在着以保持架旋转频率为间隔的边频带。对比仿真和实验结果验证了动力学模型的有效性。

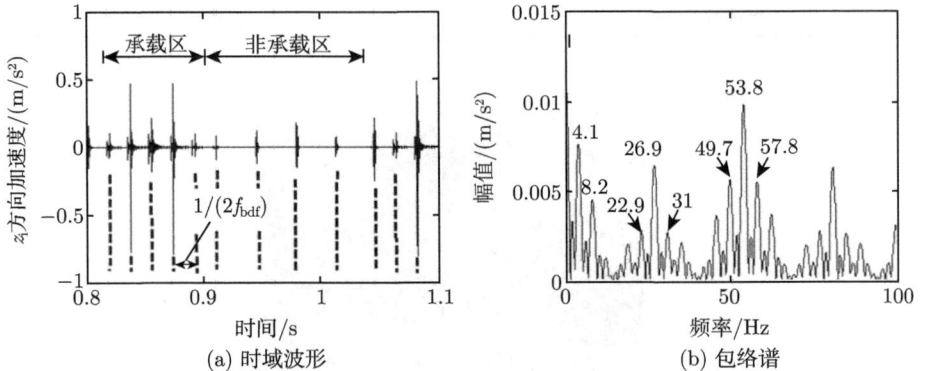

(a) 时域波形　　　　　　　　　　　(b) 包络谱

图 3-51　2205 型圆柱滚子轴承滚动体局部损伤仿真结果

3. 实验三：圆锥滚子轴承外滚道局部损伤

该实验依然在图 3-48 所示的齿轮转子轴承模拟实验台上进行。采用两个 8702B50M1 型加速度传感器 (灵敏度为 100mV/g) 对故障轴承在承受纯径向载荷时的垂向和纵向振动进行采集，使用 1-GEN2i-2 型 64 通道数据采集仪 (图 3-52)，采样频率 51.2kHz。测试轴承为 32205 型圆锥滚子轴承，其基本参数参见表 3-5。采用线切割方法在外滚道上加工宽 1.5mm、深 1.0mm 的局部损伤，如图 3-53 所示。实验时，外圈固定，内圈旋转，内圈转速为 1200r/min。

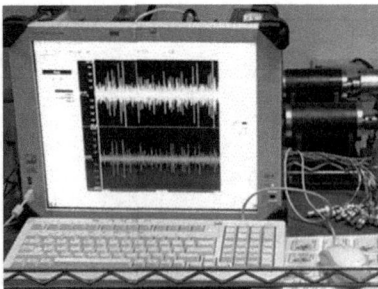

图 3-52　1-GEN2i-2 型 64 通道数据采集仪　图 3-53　32205 型圆锥滚子轴承外滚道局部损伤

取基座的垂向加速度 (对应动力学模型中外圈 z_i 方向加速度) 进行分析。实验结果如图 3-54 所示。从时域波形 (图 3-54(a)) 中可以明显地看到由外滚道损伤产生的冲击。相邻的两个冲击之间的时间间隔为外圈故障特征频率 f_{bpfo} 的倒数 $1/f_{bpfo}$。在包络谱 (图 3-54(b)) 中外圈故障特征频率 f_{bpfo} (144.3Hz) 最为突出，

表 3-5　32205 型圆锥滚子轴承参数

参数	数值
滚动体个数 z	17.0
滚动体大端直径 d_w/mm	6.78
滚动体长度 l_w/mm	10.70
轴承节径 d_m/mm	41.2
外圈接触角 α_o/(°)	12.7
内圈接触角 α_i/(°)	11.2

另外还可发现 f_{bpfo} 的倍频 (如二倍频 288.7Hz 和三倍频 432.9Hz)，f_{bpfo} 及其倍频的幅值呈依次减小的趋势。

仿真结果如图 3-55 所示。从时域波形 (图 3-55(a)) 中可以明显地看到由外滚道损伤产生的冲击。包络谱如图 3-55(b) 所示。在包络谱中，外圈故障特征频率 f_{bpfo} (143.9Hz) 最为突出，另外还可发现 f_{bpfo} 的倍频，f_{bpfo} 及其倍频的幅值呈依次减小的趋势。对比仿真和实验结果验证了动力学模型的有效性。

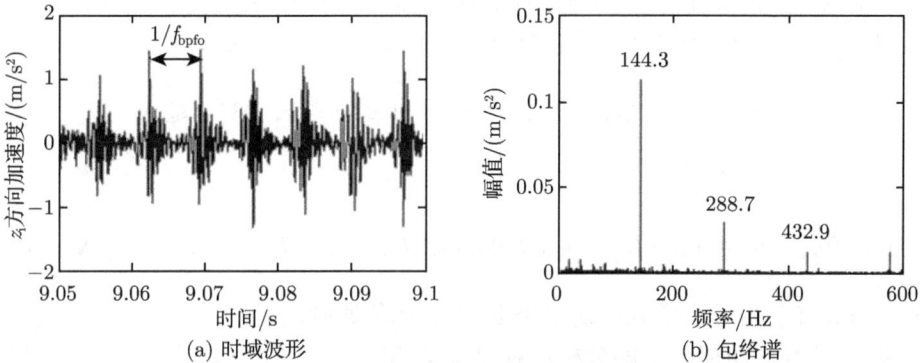

(a) 时域波形　　　　　　　　　(b) 包络谱

图 3-54　32205 型圆锥滚子轴承外滚道损伤实验结果

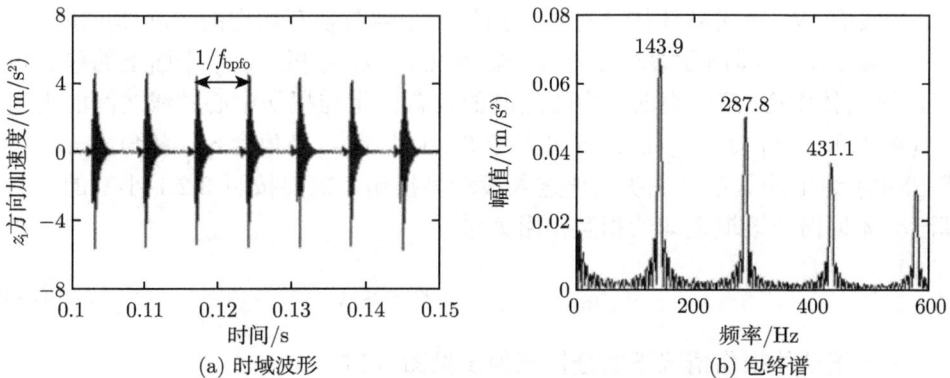

(a) 时域波形　　　　　　　　　(b) 包络谱

图 3-55　32205 型圆锥滚子轴承外滚道损伤仿真结果

3.3　滚动轴承多点及复合损伤故障动力学分析

3.3.1　滚动轴承多点及复合损伤的数学描述

3.2 节建立的滚动轴承局部损伤故障动力学模型是针对单个轴承元件出现单个损伤的情况。当单个轴承元件出现多个损伤或者多个轴承元件同时出现损伤时,动力学分析的难点在于实时判断每个损伤是否与相应的轴承元件发生相互作用。下面以球轴承为例将 3.2 节中介绍的损伤与轴承元件发生相互作用的判断条件扩展到多点以及复合损伤的情况。分析时,假设轴承为外圈固定、内圈旋转。

1. 外滚道多点局部损伤

假设外滚道具有 N 个局部损伤。第 s $(1 \leqslant s \leqslant N)$ 个损伤所处的轨道位置为 θ_{dr},其在滚道上包容角的一半为 θ_e。当第 k $(1 \leqslant k \leqslant z,\ z$ 为轴承滚动体的个数$)$ 个滚动体的轨道位置 θ_{b_k} 满足判别式所给出的条件时,说明该滚动体进入第 s 个损伤,需要采用 3.2.1 小节的方法计算滚动体和内滚道局部损伤之间的相互作用。滚动体是否进入外滚道和内滚道损伤区域判别式分别可表示为

$$|\mathrm{mod}\,(\theta_{b_k}, 2\pi) - \theta_{drs}| < \theta_{es}, \quad 1 \leqslant k \leqslant z,\, 1 \leqslant s \leqslant N \tag{3-47}$$

和

$$|\mathrm{mod}\,(\theta_{b_k}, 2\pi) - \mathrm{mod}\,(\theta_{drp} + \omega_i t, 2\pi)| < \theta_{ep}, \quad 1 \leqslant k \leqslant z,\, 1 \leqslant p \leqslant N \tag{3-48}$$

式中,$\mathrm{mod}\,(\cdot)$ 为求余函数;ω_i 为内圈的旋转角速度。

滚道多点损伤情况下的分析流程见图 3-56。

2. 多个滚动体含有局部损伤

假设有 N_b 个滚动体均含有单一损伤。令当前含有损伤的滚动体的编号为 q $(1 \leqslant q \leqslant z)$,该损伤在滚动体定体坐标系 $O_b x_b y_b z_b$ 的 $x_b z_b$ 平面上的包容角为 γ_{d_q},滚动体中心/滚道沟曲率中心之间的位置矢量与损伤中心轴线之间的夹角为 γ_{b_q} (对于角度 γ_{d_q} 和 γ_{b_q} 的计算可参考 3.2.1 小节)。当角度 γ_{d_q} 和角度 γ_{b_q} 满足式 (3-49) 给出的关系时说明滚道进入滚动体损伤,需要按照 3.2.1 小节的方法计算滚动体损伤与滚道之间的相互作用关系。

$$\gamma_{b_q} < \gamma_{d_q}, \quad 1 \leqslant q \leqslant z \tag{3-49}$$

多个滚动体损伤情况下的分析流程参见图 3-57。

```mermaid
flowchart TD
```

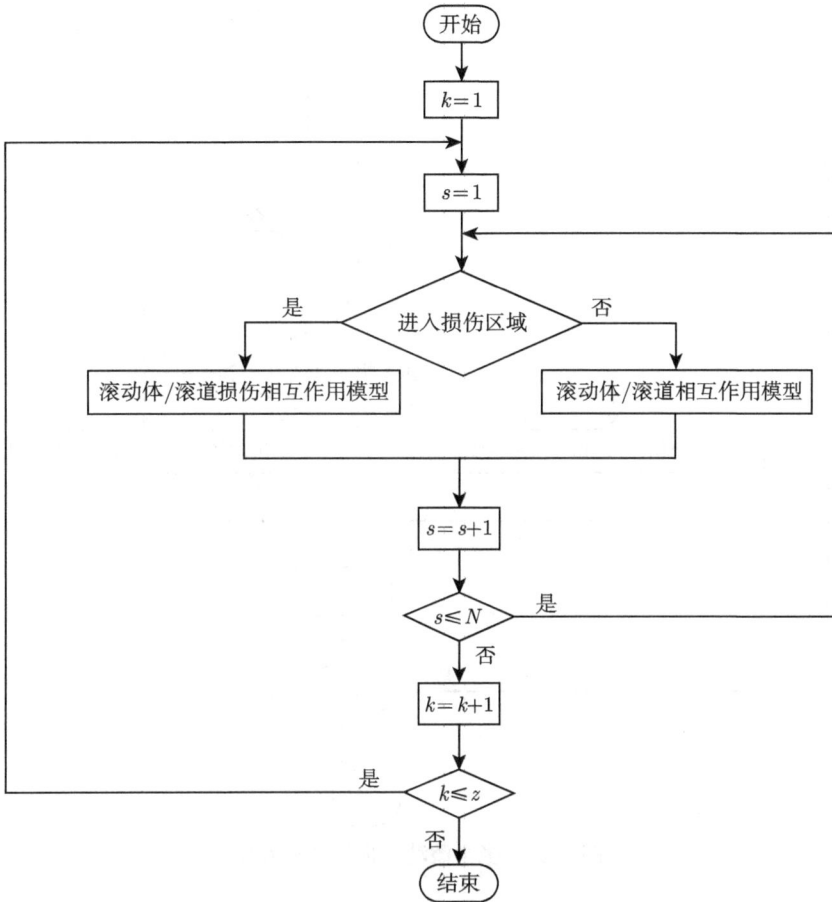

图 3-56　滚道多点损伤分析流程

3. 复合损伤故障

分析复合故障时,只需要根据故障类型,在某时间积分步中,同时采用式 (3-47) 和式 (3-48)(对应图 3-56)、式 (3-49)(对应图 3-57) 中的两个或三个来判断轴承元件是否进入特定的损伤区域。当轴承元件进入损伤区域后则按照 3.2.1 小节的方法计算二者之间的相互作用, 否则按照第 2 章的方法进行计算。

3.3.2　滚动轴承多点及复合损伤动力学仿真与实验

实际中, 圆柱滚子轴承故障也常以多点损伤的形式出现, 也就是轴承元件上出现多个损伤。相比于单点损伤, 多点损伤带来的危害更大, 对轴承振动特性和动力学行为的影响也更加复杂。为了更好地理解多点损伤故障下轴承的振动特性同时更好地验证模型, 本节针对内、外滚道及滚动体多点损伤故障与复合损伤故

```
                    开始
                     │
                    k=1
                     │
         ┌───────────┤
         │           │
         │        ┌──◇──┐  否
         │        │ k=q ├──────┐
         │        └──┬──┘      │
         │           │是       │
         │     ┌─────◇─────┐   │
         │  是 │ 进入损伤区域 │ 否 │
         │ ┌───┴───────────┴──┐│
  ┌──────┴─┴──────┐    ┌───────┴┴────────┐
  │滚动体损伤/滚道相互作用模型│    │滚动体/滚道相互作用模型│
  └──────┬────────┘    └───────┬────────┘
         │                      │
         │        ┌─────────────┘
         │      k=k+1
         │        │
    是 ┌──◇──┐
  └────┤ k≤z │
       └──┬──┘
          │否
        结束
```

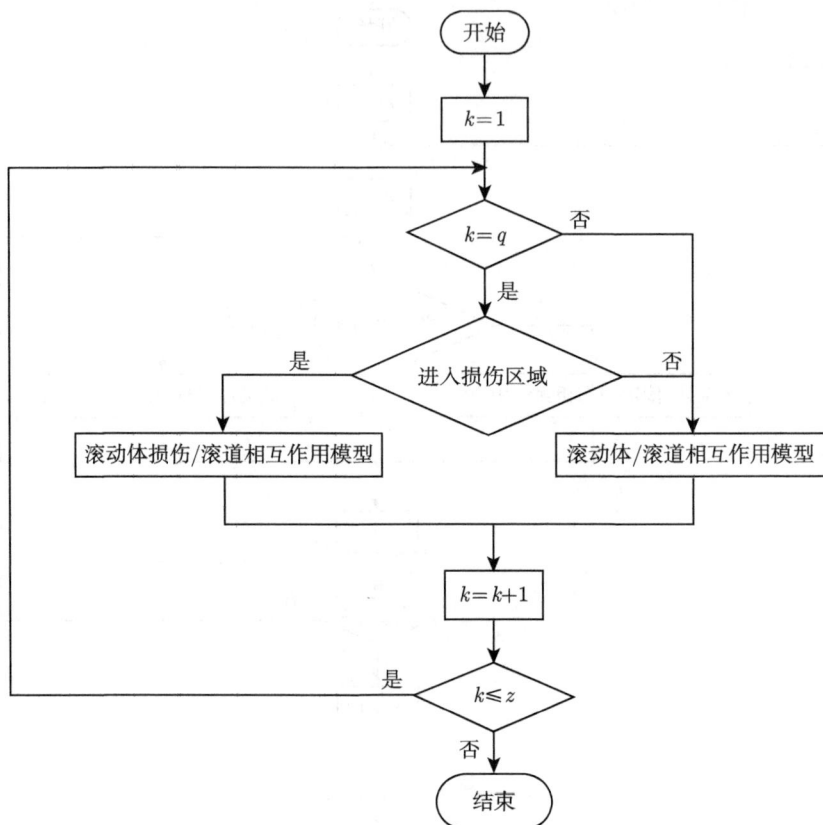

图 3-57　多个滚动体损伤分析流程

障，从实验和仿真角度进行分析。

1. 外滚道多点局部损伤

轴承故障模拟实验台如图 3-58 所示[29]，将故障轴承安装在轴承座 1 内，并在轴承座竖直方向安装一个型号为 8702B50M1、灵敏度为 0.1026V/g 的加速度传感器。实验时，安装好轴承，用转速调节器调节至设定转速，当电机旋转达到设定转速后，利用数据采集仪对加速度信号进行采集。

实验轴承为 N202EM 圆柱滚子轴承，参数如表 3-6 所示。外滚道表面用线切割加工了三个宽度为 0.5mm，深度为 0.5mm 的贯穿式损伤，如图 3-59 所示。将外圈固定在轴承座内，损伤在外滚道上的分布如图 3-60 所示，损伤 2 与承载区载荷最大位置也就是 z 轴所在方向夹角为 5°，相邻两个损伤之间夹角为 45°。转速设定为 2100r/min 进行实验，得到轴承外圈 z 方向加速度响应 (时域波形和包络谱)，如图 3-61 和图 3-62 所示。

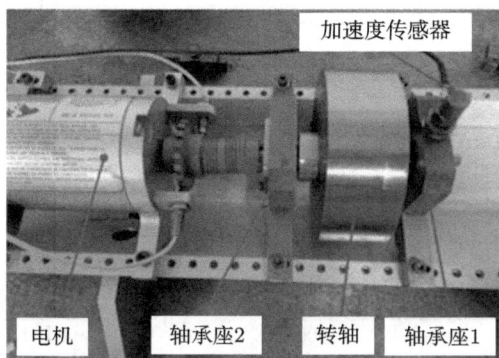

图 3-58　轴承故障模拟实验台

表 3-6　N202EM 圆柱滚子轴承参数

参数	数值
保持架内径/mm	22.24
保持架外径/mm	27.06
滚子个数	11
滚子直径/mm	5.0
轴承节径/mm	24.5

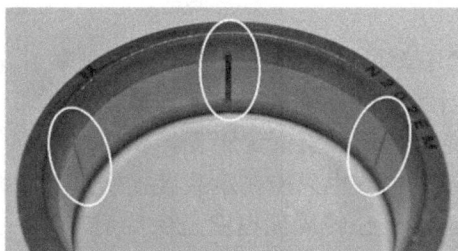

图 3-59　外滚道三点损伤示意图

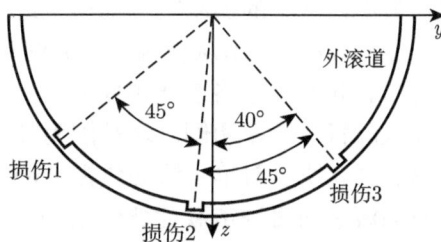

图 3-60　外滚道三点损伤分布示意图

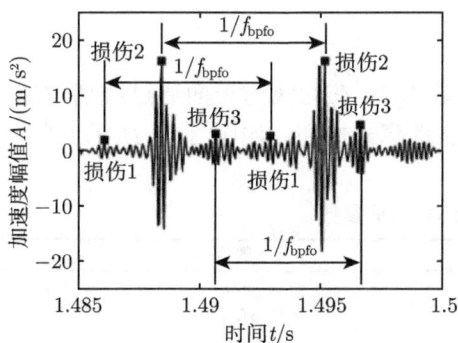

(a) 实验结果

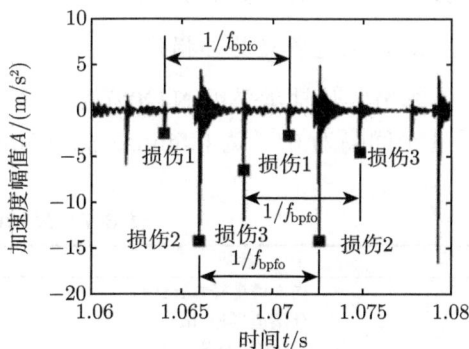

(b) 仿真结果

图 3-61　外圈三点损伤加速度响应 (时域波形)

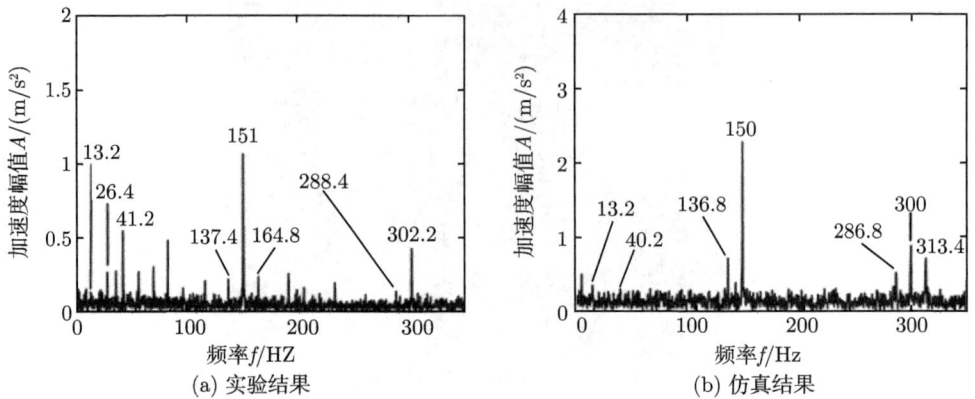

(a) 实验结果 (b) 仿真结果

图 3-62　外圈三点损伤加速度响应 (包络谱)

　　如图 3-61 所示，从仿真和实验的时域波形中都可以找到 3 个损伤所对应的振动冲击，并且各个冲击幅值大小不一，损伤 2 对应产生的振动幅值最大，损伤 3 次之，损伤 1 幅值最小。这是因为损伤 2 位于承载区且距离承载区最大载荷位置 z 轴所在方向最近，滚动体在损伤 2 位置处与滚道接触载荷较大，损伤 3 与 z 轴夹角为 $40°$，相比于损伤 1，与滚子的作用力更大，所以损伤 1 与滚动体接触载荷最小，产生的振动响应幅值也最小。

　　如图 3-62 所示，从仿真和实验的包络谱中都可以看到外圈故障特征频率 f_{bpfo}，并且仿真和实验包络谱低频处都有保持架转频 13.2Hz，同时该频率作为边频带出现在故障特征频率两侧。这是因为外圈固定，损伤位置固定不变，损伤 2 始终位于承载区，所以对单个滚动体振动冲击的最大位置也只能在承载区损伤 2 处，那么对该滚子而言冲击载荷变化周期刚好对应滚子公转周期也就是保持架转频。另外，仿真得到的故障特征频率值 150Hz 也与实验得到的故障特征频率 151 Hz 非常接近，整体上证明了模型的正确性。

2. 内滚道多点局部损伤

　　本节实验轴承采用 NJ202EM，参数见表 3-7，在内滚道表面通过线切割加工了 6 个间隔为 $6°$、宽 0.5mm、深 0.5mm 的贯穿式损伤，如图 3-63 所示[30]。同

表 3-7　NJ202EM 轴承参数

参数	数值
内滚道半径/mm	9.63
外滚道半径/mm	15.13
滚子个数	10
滚子直径/mm	5.5
轴承节径/mm	24.76

样用图 3-58 轴承故障模拟实验台进行实验，转速设定为 600r/min，得到轴承外圈竖直方向加速度响应 (时域波形和包络谱)，如图 3-64 和图 3-65 所示。

图 3-63　内圈六点损伤分布示意图

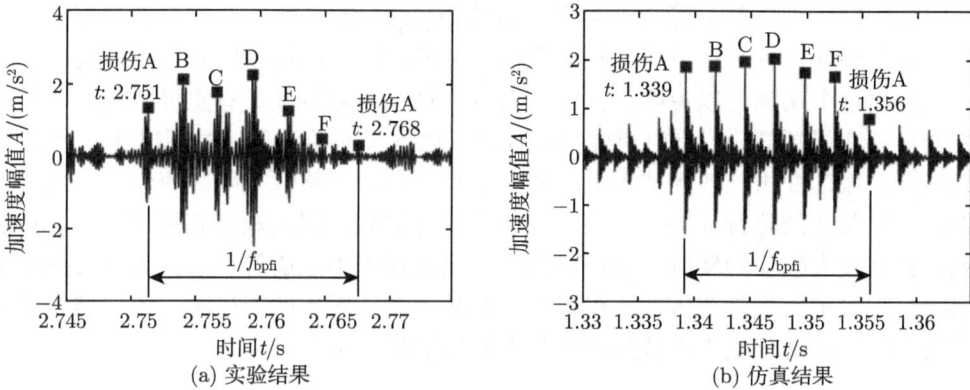

图 3-64　内圈六点损伤加速度响应 (时域波形)

如图 3-64 所示，从实验和仿真时域波形中可以找到一个滚动体依次通过 A、B、C、D、E 和 F 六个损伤所产生的冲击，由于六个损伤间隔相等，从时域波形中看到相邻两个损伤和滚动体碰撞产生的冲击所对应时间间隔也基本一致。图 3-65 为加速度响应的包络谱，从图中可以看到转频 f_{ir} (10Hz) 很明显，内圈故障特征频率一倍频消失，只能找到边频带 52Hz 和 72Hz，并且其他倍频也不明显，只有故障特征频率六倍频非常明显，这个现象是由特殊的损伤分布造成的。

结合内圈单点损伤时域波形可知，单个损伤与相邻两个滚动体产生的损伤冲击时间间隔与内圈故障特征频率 f_{bpfi} 相对应，也就是说故障特征频率与相邻两个滚动体所处轨道位置夹角相对应。NJ202EM 轴承相邻两个滚动体夹角为 36°，刚

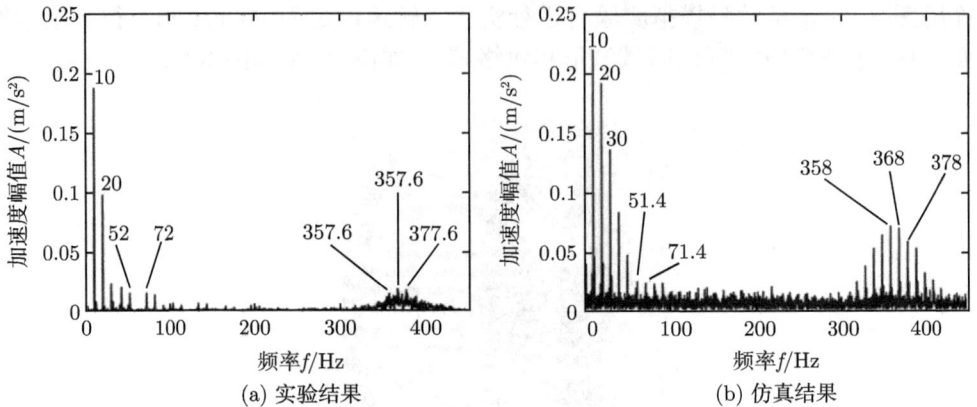

图 3-65   内圈六点损伤加速度响应 (包络谱)

好为相邻两个损伤夹角的 6 倍，由图 3-64 可以看到，相邻两个滚动体通过损伤 A 所对应的时间间隔为内圈故障特征频率 f_{bpfi} 的倒数，相邻两个损伤 (如 A 和 B) 之间时间间隔为内圈故障特征频率六倍频 ($6f_{bpfi}$) 的倒数，并且周期性更强，因此进行包络解调时，故障特征频率六倍频突出，而其他倍频成分近乎消失。

通过这个现象可以说明，损伤分布对于轴承故障特征具有重要影响，而实际中若只关注低频部分，有时可能出现误诊。以本节实验为例，内圈出现六个损伤，时域上有振动冲击，但幅值不大，并且工程中噪声严重时可能被淹没，而包络谱中，若只关注故障特征频率一倍频，或者前三倍频，则很难找到故障特征，只能观察到有较大幅值的转频，会误以为只是出现转子不平衡等故障。因此实际故障诊断时，要扩大频带范围，不仅仅要寻找故障特征频率的低倍频，也要结合故障特征观察高频部分是否有故障特征频率的高倍频。

3. 两个滚动体分别具有一个损伤

实验在齿轮转子轴承故障模拟实验台上进行 [31]，如图 3-48 所示。实验中，采用两个 8702B50M1 型加速度传感器 (灵敏度为 100mV/g) 采集故障轴承在承受纯径向载荷作用下垂向和纵向振动信号。实验轴承为 2205 型圆柱滚子轴承，其主要参数见表 3-4。

如图 3-66 所示，在相邻的两个滚动体上采用线切割的方法加工宽 1.5mm，深 1.0mm 的局部损伤，损伤分布如图 3-67 所示。内圈转频为 10Hz。

仿真结果如图 3-68 所示。滚动体在轴承承载区中振动响应的时域波形如图 3-68(a) 所示。从图 3-68(a) 中可以明显找到由两个损伤所产生的冲击 (两个损伤在通过轴承承载区时产生的冲击分别以实线和点线进行标示)。在承载区中，由同一损伤所产生的冲击之间的时间间隔为 $1/(2f_{bdf})$。在包络谱 (图 3-68(b)) 可

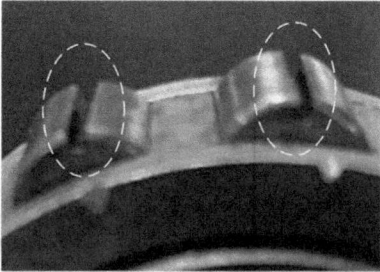

图 3-66　人工加工的滚动体损伤

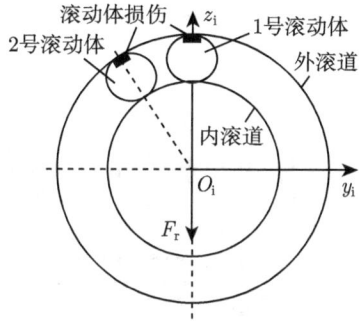

图 3-67　两个滚动体分别有一个局部损伤

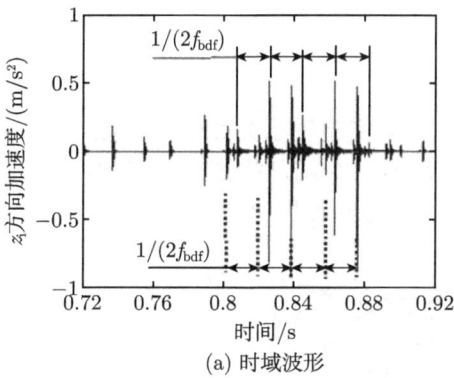

(a) 时域波形

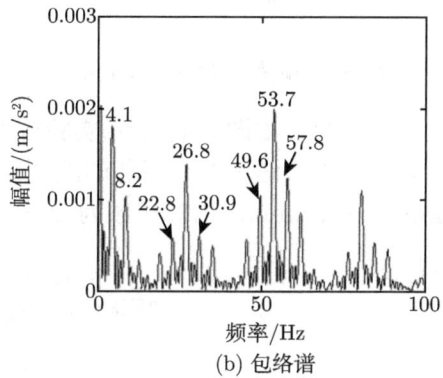

(b) 包络谱

图 3-68　两个滚动体各有一个损伤时的振动响应仿真结果

以明显地找到保持架旋转频率 4.1Hz 及其二倍频 8.2 Hz，滚动体故障特征频率 f_{bdf} (26.8Hz) 及其二倍频 $2f_{bdf}$ (53.7Hz)，且 $2f_{bdf}$ 的幅值高于 f_{bdf} 的幅值。f_{bdf} 以及 $2f_{bdf}$ 的两侧存在着近似以保持架旋转频率为间隔的边频带 (26.8Hz 两侧的 22.8Hz 和 30.9Hz、53.7Hz 两侧的 49.4Hz 和 57.8Hz)。

　　实验结果如图 3-69 所示。在时域波形 (图 3-69(a)) 中可以找到两个损伤在通过轴承承载区时所产生的冲击 (两个损伤通过轴承承载区时所产生的冲击分别以实线和虚线进行标示)。在承载区中，同一损伤所产生的冲击之间的时间间隔为 $1/(2f_{bdf})$。在包络谱 (图 3-69(b)) 可以明显地找到保持架旋转频率 4.1Hz 及其二倍频 8.2 Hz，f_{bdf} (26.1 Hz) 以及 $2f_{bdf}$ (52.7Hz)，且 $2f_{bdf}$ 的幅值高于 f_{bdf}。f_{bdf} 以及 $2f_{bdf}$ 的两侧存在着近似以保持架旋转频率为间隔的边频带。通过对比实验和仿真结果，证明了动力学模型在分析多滚动体损伤时的有效性。

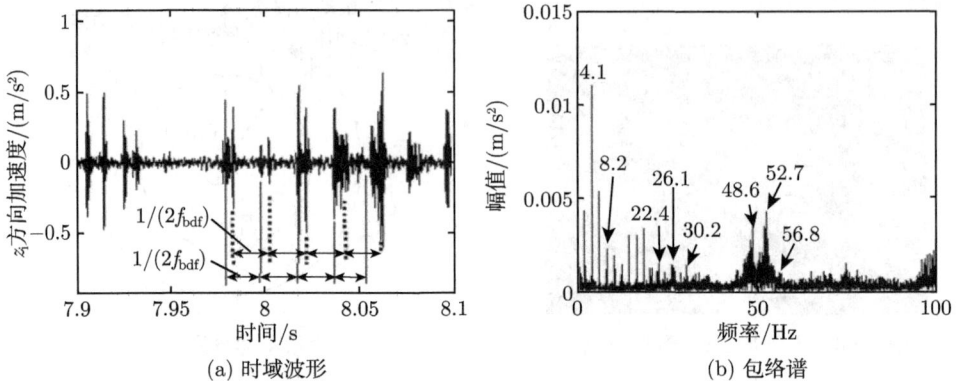

(a) 时域波形   (b) 包络谱

图 3-69   两个滚动体各有一个损伤时的振动响应实验结果

4. 外滚道和滚动体复合损伤

本次实验在如图 3-48 所示实验台上进行，实验轴承为 2205，参数与表 3-4 中相同。轴承外滚道和两个相邻的滚动体上均有一个局部损伤。损伤的尺寸均为宽 1.5mm、深 1.0mm。内圈转频为 20Hz。损伤分布如图 3-70 所示。

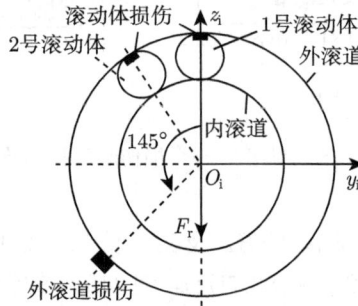

图 3-70   外滚道和两个相邻的滚动体分别有一个损伤

仿真结果如图 3-71 所示。在时域波形 (图 3-71(a)) 中可以观察到外滚道损伤所产生的时间间隔为 $1/f_{\text{bpfo}}$ 的冲击序列。另外，还可找到由滚动体损伤通过承载区时所产生的时间间隔为 $1/(2f_{\text{bdf}})$ 的冲击序列 (分别对应点划线和点线标示的冲击序列)。相对于外滚道损伤，滚动体损伤所产生的冲击并不突出。因此在包络谱 (图 3-71(b)) 中，可以找到外圈故障特征频率 f_{bpfo} (106.1 Hz) 及其倍频，而表征滚动体故障的频率 $2f_{\text{bdf}}$ (大约 107.3Hz) 无法找到，但保持架旋转频率 8.1Hz 及其二倍频 16.3Hz 能找到。

实验结果如图 3-72 所示。在时域波形 (图 3-72(a)) 中也可以明显地观察到由外滚道损伤所导致的时间间隔为 $1/f_{\text{bpfo}}$ 的冲击序列。另外也可找到由滚动体

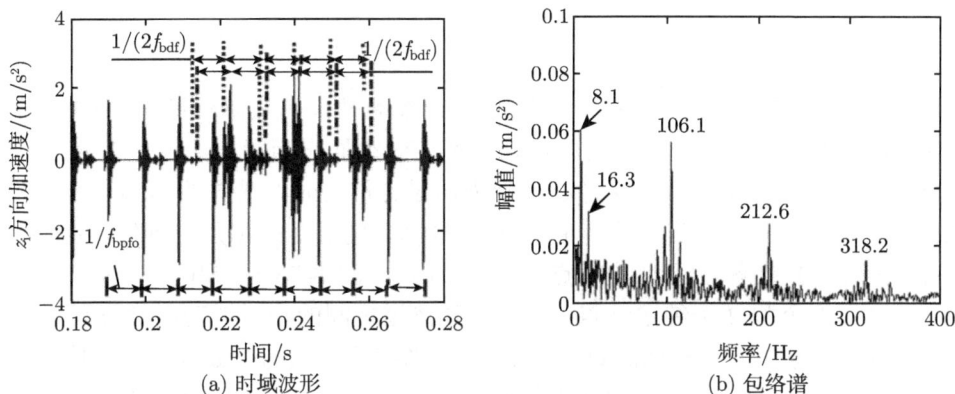

(a) 时域波形　　　　　　　　　　　　　(b) 包络谱

图 3-71　外滚道和滚动体复合损伤时的振动响应仿真结果

损伤所产生的时间间隔为 $1/(2f_{bdf})$ 的冲击序列 (分别对应点划线和虚线标示的冲击序列)。同样，相对于外滚道损伤，由滚动体损伤所产生的冲击特性并不明显和突出，在包络谱 (图 3-72(b)) 中也只能明显地找到外圈故障特征频率 f_{bpfo} (106.4 Hz) 及其倍频，以及保持架旋转频率 8.2Hz 及其二倍频 16.4Hz。通过对比实验和仿真结果，表明了动力学模型的有效性。

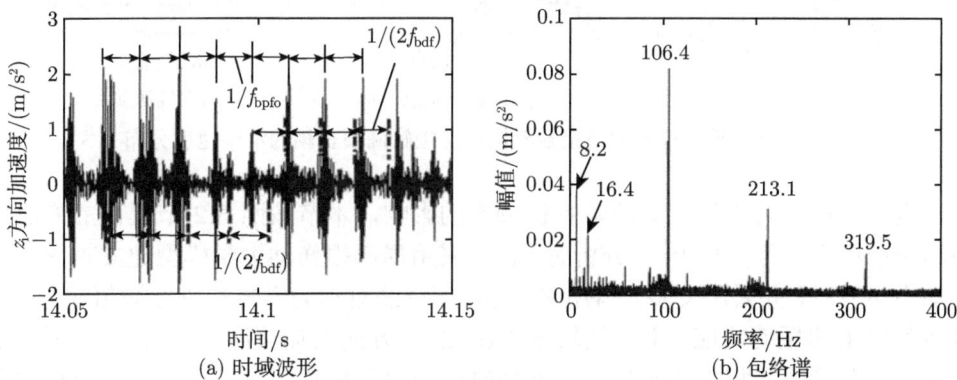

(a) 时域波形　　　　　　　　　　　　　(b) 包络谱

图 3-72　外滚道和滚动体复合损伤时的振动响应实验结果

3.4　滚道局部损伤故障特征频率分析

对于外圈固定内圈旋转的含有 z 个滚动体的轴承，当内圈转频为 f_{ir}，滚球直径为 D，轴承节径为 d_m，接触角为 α 时，滚动体的外圈通过频率和滚动体的内圈通过频率 (即套圈损伤故障特征频率) 可分别表示为式 (3-50) 和式 (3-51)[19]：

$$f_{bpfo} = \frac{z f_{ir}}{2}\left(1 - \frac{D}{d_m}\cos\alpha\right) \tag{3-50}$$

$$f_{\mathrm{bpfi}} = \frac{z f_{\mathrm{ir}}}{2} \left(1 + \frac{D}{d_{\mathrm{m}}} \cos \alpha \right) \tag{3-51}$$

式 (3-50) 和式 (3-51) 被广泛地应用到滚动轴承的故障诊断分析中。然而，式 (3-50) 和式 (3-51) 是基于简单运动学和纯滚动假设而得出的 [8]。实际上，当滚球和滚道之间发生接触，滚球在变形表面进行旋转时，滚球的运动是滚动和滑动的复合运动，而不是简单的纯滚动 [24]。根据一定的工况和几何条件，接触面内可能存在 0、1 或者 2 个纯滚动点。图 3-73(a)、图 3-73(b) 和图 3-73(c) 分别给出了 0 个、1 个和 2 个纯滚动点时，滚球和滚道之间的相对滑动速度 u 沿着接触椭圆长轴 (x_{k} 轴) 分布特性的典型情况 [24]。当纯滚动点的个数为 0 时，接触面内表现为纯滑动 (gross slip)，这种纯滑动在文献 [24] 中被称为打滑 (skidding)。由于打滑的存在，由滚道损伤产生的冲击序列并不是严格的周期序列，而是具有一定的随机性 [19]，从而对通过频率产生影响。为此，许多学者通过在相邻两个冲击之间的时间间隔上引入随机数对打滑的影响进行模拟 [15,32,33]。然而，所引入的随机数不依赖于任何动力学因素。

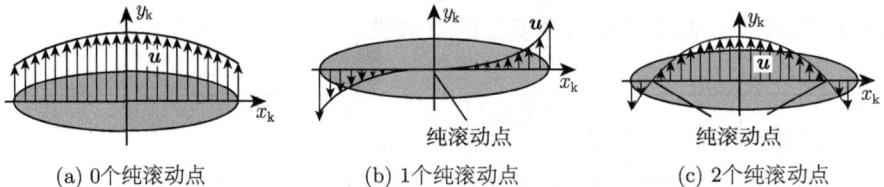

(a) 0个纯滚动点   (b) 1个纯滚动点   (c) 2个纯滚动点

图 3-73   球轴承滚球和滚道接触椭圆内沿接触椭圆长轴的滑动速度分布 [24]

为了分析动力学特性对故障特征频率的影响，本节按照 3.2 节提出的方法对故障特征频率进行分析 [10]。分析时，首先采用局部损伤动力学模型建立轴承元件的动力学方程，并采用变步长 4/5 阶龙格–库塔法对动力学方程进行数值积分，得到故障轴承的振动响应 (主要是轴承外圈在 z_{i} 方向的加速度响应)。由于采用了变步长积分策略，相邻的数据点之间的时间间隔不再相等。因此，频域分析时需要对积分得到的振动响应进行重采样。本节采用线性插值方法进行重采样。重采样后即可采用包络解调技术对振动响应进行分析和处理，得到 f_{bpfo} 和 f_{bpfi}。在包络解调分析中，频谱分辨率小于 0.1 Hz。进而，将动力学分析得到的 f_{bpfo} 和 f_{bpfi} 与基于纯滚动假设和简单运动学的计算值 (即式 (3-50) 式 (3-51) 的计算值) 进行比较，并计算二者之间相对误差 $|\Delta f|$ (取绝对值)：

$$|\Delta f| = \frac{|f_{\mathrm{d}} - f_{\mathrm{p}}|}{f_{\mathrm{p}}} \times 100\% \tag{3-52}$$

式中，f_{d} 为动力学计算值；f_{p} 为基于纯滚动和简单运动学的计算值。

$|\Delta f|$ 越大，说明相应的因素对故障特征频率的影响越大。详细的分析步骤见图 3-74。

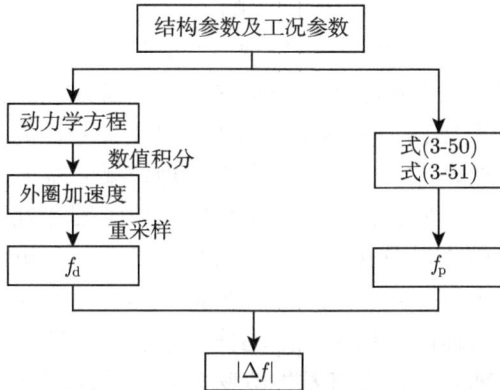

图 3-74　故障特征频率分析框图

基于所提方法，本节分析球轴承几何和工况参数对滚球的套圈故障特征频率的影响规律。分析所采用的轴承的滚球个数、滚球直径、轴承节径、滚道沟曲率系数等基本参数见表 3-1。滚球和滚道之间的牵引系数模型见图 3-75。该类型的牵引模型是式 (2-19) 所示四参数模型的简化形式。滚球和保持架兜孔，以及保持架和引导套圈之间的极限牵引系数均设置为 0.1，套圈损伤宽度均取 0.5mm。仿真轴承为内圈旋转。本节将分析轴承的结构及工况参数对故障特征频率的影响。这些参数包括初始接触角 α_0、保持架兜孔间隙 Δ_{bcp}、轴向力 F_a、径向力 F_r、转速 n_i 及极限牵引系数 μ_∞。

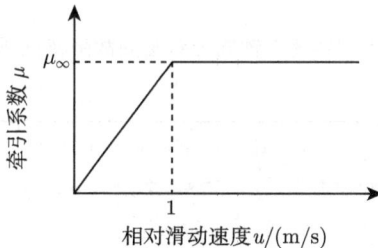

图 3-75　牵引系数模型 [22]

3.4.1　转速、载荷及牵引系数影响

套圈故障特征频率依赖于滚球的公转转速 $\dot{\theta}_b$。为实验和仿真结果描述方便，本书轴承元件的旋转运动均以转速 $n(r/min)$ 进行讨论。当轴承内圈的转速 n_i 恒定时，$\dot{\theta}_b$ 依赖于滚球和滚道之间的牵引力。当牵引力不足时会加剧打滑，从而增大 $|\Delta f|$。进而，滚球和滚道之间的牵引力受到牵引系数、接触载荷及滑动速度

的影响。因此，本小节讨论转速 n_i、轴向力 F_a、径向力 F_r 和极限牵引系数 μ_∞ (图 3-75) 对套圈故障特征频率的影响。

图 3-76 为不同转速和轴向力作用下的 $|\Delta f|$(其余参数为 $F_r = 0$ N，$\Delta_{bcp} = 0.1$mm，$\alpha_0 = 30°$，$\mu_\infty = 0.08$)。可以发现，当轴向力固定时，$|\Delta f|$ 随着转速的增大而增大。这主要是因为当轴向力恒定时，打滑随着转速的增大而加剧。另外，当转速恒定时，$|\Delta f|$ 随着轴向力的减小而增大。这主要是因为当转速恒定时，打滑随着轴向力的减小而加剧 [34-36]。为了说明这种效果，本节采用与 Harris 等 [24] 相似的分析方法对轴承打滑进行分析。图 3-77 给出了图 3-76 中两种极限工况 (即转速最大、轴向载荷最小以及转速最小、轴向载荷最大) 和纯滚动情况下滚球公转转速与内圈转速的比值。可以看出，当转速为 15000r/min、轴向力为 500N 时，滚球公转转速与内圈转速的比值和纯滚动情况下有较大的偏离，说明滑动速度的方向在接触椭圆的长轴方向上没有发生改变 [24]，从而没有纯滚动点的存在 (参考图 3-73(a))，说明接触区存在严重的打滑。

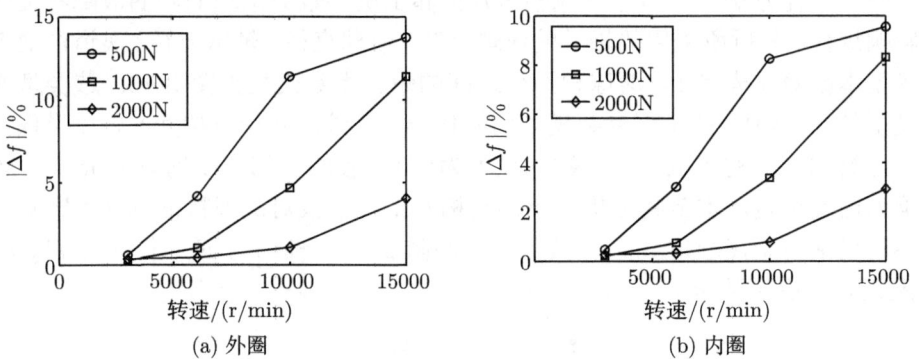

(a) 外圈　　　　　　　　　　　　　　　(b) 内圈

图 3-76　不同转速下轴向力对套圈故障特征频率的影响

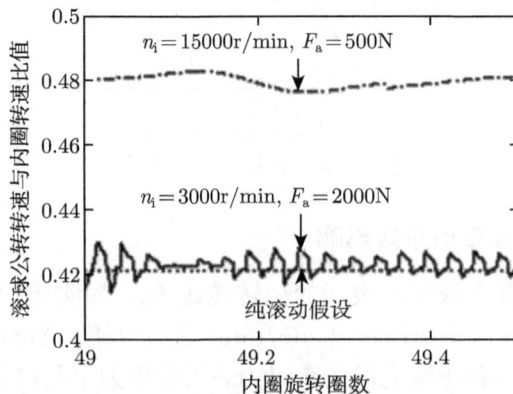

图 3-77　不同转速和轴向力下滚球公转转速与内圈转速的比值

不同转速下，径向力对套圈故障特征频率的影响如图 3-78 所示 (其余参数为 $F_a = 1000N$, $\Delta_{bcp} = 0.1mm$, $\alpha_0 = 30°$, $\mu_\infty = 0.08$)。从图 3-78 中可以看出，当径向力减小时，$|\Delta f|$ 随之增大。这是当径向力减小时，滚球打滑率增大的缘故。文献 [37] 也得到了相似的打滑率和径向力的关系。另外，由于增大转速会加剧打滑效应，从图 3-78 中也可发现，当径向力恒定时，$|\Delta f|$ 随着转速的增大而增大。径向力和转速对轴承打滑的影响见图 3-79。

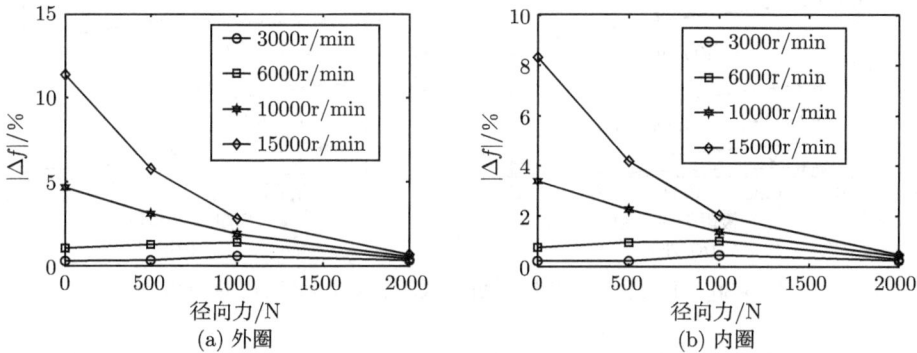

图 3-78　不同转速下径向力对套圈故障特征频率的影响

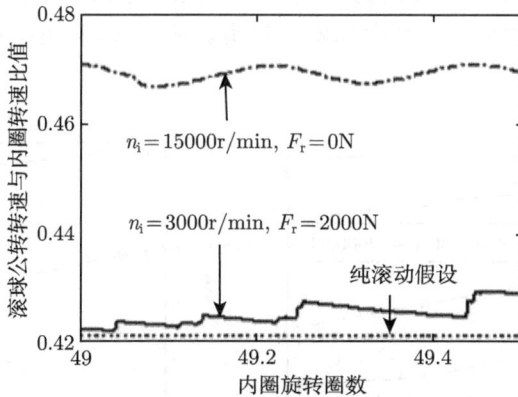

图 3-79　不同转速和径向力下滚球公转转速与内圈转速的比值

另外一个影响滚球/滚道接触面打滑的因素是接触面的极限牵引系数。本小节选取四个不同的 μ_∞ (0.005、0.01、0.05、0.08) 进行分析。不同转速下极限牵引系数对套圈故障特征频率的影响如图 3-80 所示 (其余参数为：$F_a = 1000N$, $F_r = 0N$, $\Delta_{bcp} = 0.1mm$, $\alpha_0 = 30°$)。从图 3-80(a) 可以发现，$|\Delta f|$ 随着 μ_∞ 的减小和转速的升高而增大。当极限牵引系数减小时，接触面的牵引力随之减小，从而加剧

打滑，并增大 $|\Delta f|$。另外，从图 3-80(a) 中还可发现，虽然 $|\Delta f|$ 随着 μ_∞ 的减小而增大，但转速的作用更为突出。进一步还可发现，当转速较高 (此时打滑较为剧烈) 时，$|\Delta f|$ 随极限牵引系数变化时的变动范围增大，说明此时极限牵引系数对套圈故障特征频率的影响变得突出。

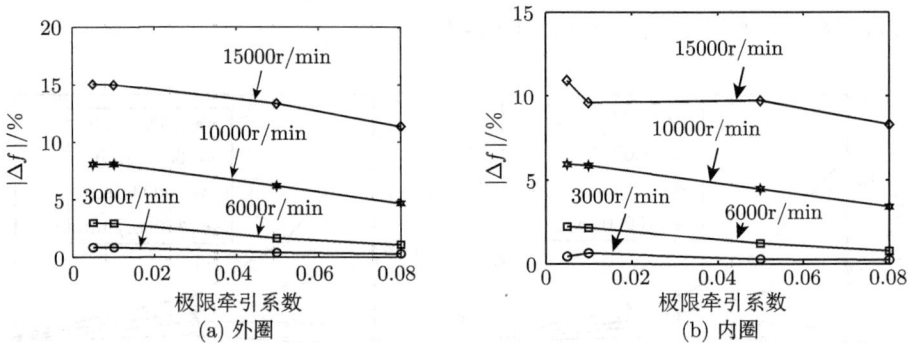

图 3-80 不同转速下极限牵引系数对套圈故障特征频率的影响

不同轴向力下极限牵引系数对套圈故障特征频率的影响如图 3-81 所示 (其余参数为：$n_i = 10000r/min$，$F_r = 0N$，$\Delta_{bcp} = 0.1mm$，$\alpha_0 = 30°$)。从图 3-81 可以发现，$|\Delta f|$ 随着 μ_∞ 和轴向力的减小而增大。这是因为当 μ_∞ 和轴向力比较小时，产生的牵引力也较小，从而加剧了打滑。从图 3-81 还可发现，轴向力的作用要比 μ_∞ 突出。

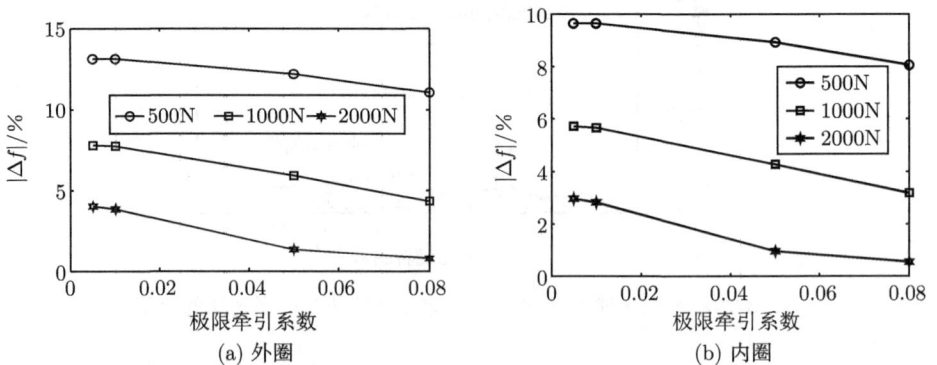

图 3-81 不同轴向力下极限牵引系数对套圈故障特征频率的影响

从以上分析可以发现，外载荷和转速均对套圈故障特征频率具有较大的影响，影响着轴承的打滑。当外部载荷较小，转速较大时，打滑剧烈，$|\Delta f|$ 增大。

3.4.2　保持架兜孔间隙与接触角影响

1. 保持架兜孔间隙

滚球的轨道位置受到保持架的限制，而滚球和保持架兜孔之间的碰撞力会对保持架的旋转和滚球的公转转速产生影响，从而影响滚球在滚道上的通过频率。另外，当轴承同时承受轴向力和径向力时，滚球的公转转速随着轴承的旋转而发生周期性的变化，从而影响保持架兜孔和滚球之间的碰撞作用，进而对滚球的公转转速产生影响。因此，本节针对同时承受轴向力和径向力的球轴承分析保持架兜孔间隙 Δ_{bcp} 对套圈故障特征频率的影响。

不同径向力下保持架兜孔间隙对套圈故障特征频率的影响如图 3-82 所示 (其余参数为：$n_i = 10000\text{r/min}$，$F_a = 500\text{N}$，$\Delta_{bcp} = 0.1\text{mm}$，$\alpha_0 = 30°$)。由图 3-82 可以看出，相对于径向力，$\Delta_{bcp}$ 对套圈故障特征频率的影响较弱。当径向力为 0N 时，套圈故障特征频率几乎不受 Δ_{bcp} 增大的影响。然而，当径向力增大至 1000N 和 2000N 时 (此时轴承内部打滑减弱)，$|\Delta f|$ 随着 Δ_{bcp} 的增大而在一定的范围内进行波动，说明此时保持架兜孔间隙对套圈故障特征频率的影响变得突出。

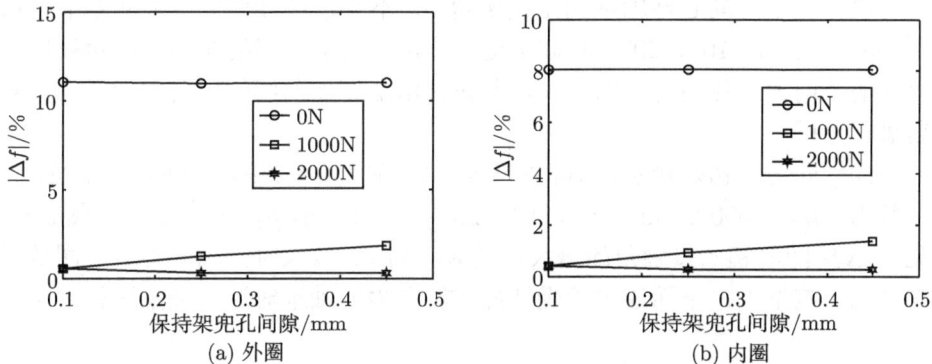

图 3-82　不同径向力下保持架兜孔间隙对套圈故障特征频率的影响

如前所述，许多学者发现故障轴承中冲击序列并不是严格周期的，相邻冲击之间的时间间隔存在 1%~2% 的变动量。本节采用两个滚球之间的轨道位置之差 (滚球间隔) 对该问题进行分析，如图 3-83 所示。图 3-83 中，θ_{b1} 和 θ_{b2} 分别为相邻的两个滚球的轨道位置，$\theta_{b2} - \theta_{b1}$ 即为这两个滚球之间的轨道位置之差。当径向力为 1000 N 时，对应三个不同取值的 Δ_{bcp}，$\theta_{b2} - \theta_{b1}$ 相对其平均值的最大变动量分别为 ±1.4%、±2.5% 和 ±3.3%。当径向力为 2000N 时，对应三个不同取值的 Δ_{bcp}，$\theta_{b2} - \theta_{b1}$ 相对其平均值的最大变动量分别为 ±1.3%、±1.9% 和 ±0.4%。这说明滚球之间的轨道位置之差依赖于工况和 Δ_{bcp}。综合本小节和 3.4.1 小节的讨论可知，对故障轴承的冲击序列进行分析时需要综合考虑轴承的打滑以及保持架兜孔间隙的影响。

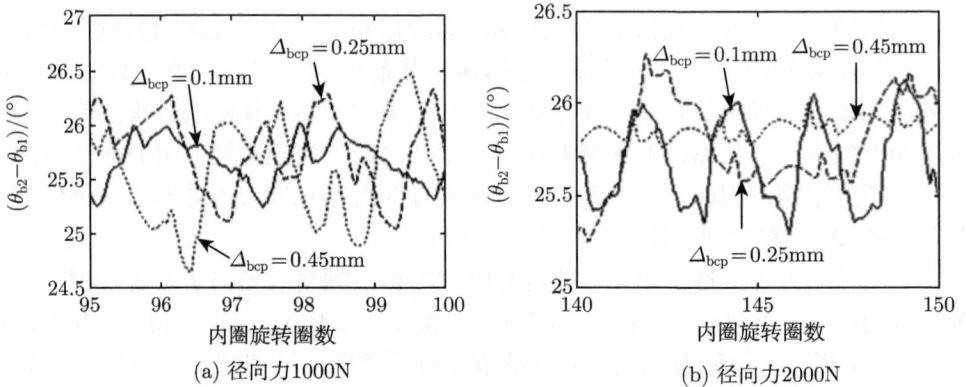

图 3-83　不同保持架兜孔间隙下相邻滚动体的轨道位置之差

2. 初始接触角

一般情况下，向心球轴承初始接触角 α_0 不会超过 $40°$[38]，因此本节采用三个不同取值的 α_0 ($10°$、$20°$ 和 $30°$) 进行分析。由于不同的初始接触角被用来承受特定的轴向力和径向力，因此，本节在轴承上施加不同的轴向力和径向力对该问题进行分析。

不同轴向力下初始接触角 α_0 对套圈故障特征频率的影响如图 3-84 所示 (其余参数为：$n_i = 10000\text{r/min}$，$F_r = 0\text{N}$，$\Delta_{bcp} = 0.1\text{mm}$，$\mu_\infty = 0.08$)。从图 3-84 中可见，$|\Delta f|$ 随着初始接触角的增大而增大。当 α_0 较大时，轴向力对套圈故障特征频率的影响增大。下面通过承受纯静态轴向力的轴承对这一现象进行讨论。当

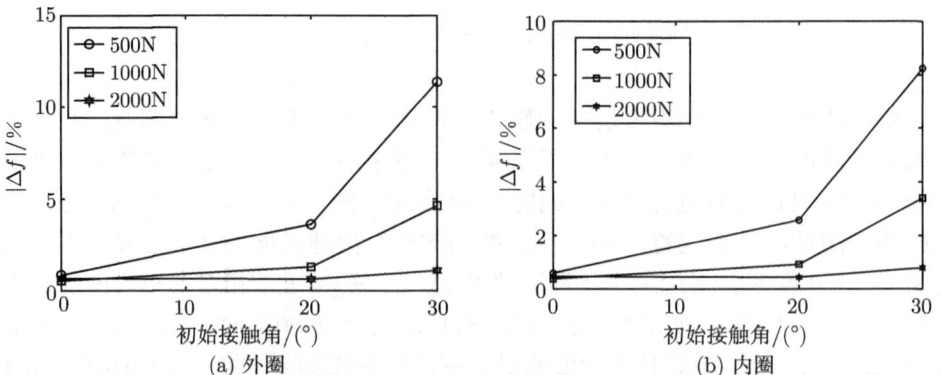

图 3-84　不同轴向力下初始接触角对套圈故障特征频率的影响

轴承仅承受静态轴向力时，单个滚球所承受的接触载荷可以表示为 $F_a/(z\sin\alpha')$（其中，α' 为轴承承载后的接触角，α_0 越大，α' 越大）。可以看出，当 α_0 增大时，相应的接触力减小。因此，当轴速恒定时，离心力和接触载荷的比值增大，打滑加剧[34]。

不同径向力作用下 α_0 对套圈故障特征频率的影响如图 3-85 所示（其余参数为：$n_i = 10000\text{r/min}$，$F_a = 500\text{N}$，$\Delta_{bcp} = 0.1\text{mm}$，$\mu_\infty = 0.08$）。可以看出，当径向力较小时 α_0 对 $|\Delta f|$ 的影响更为显著。这是因为径向力较大时，滚球与套圈间的打滑程度较小。

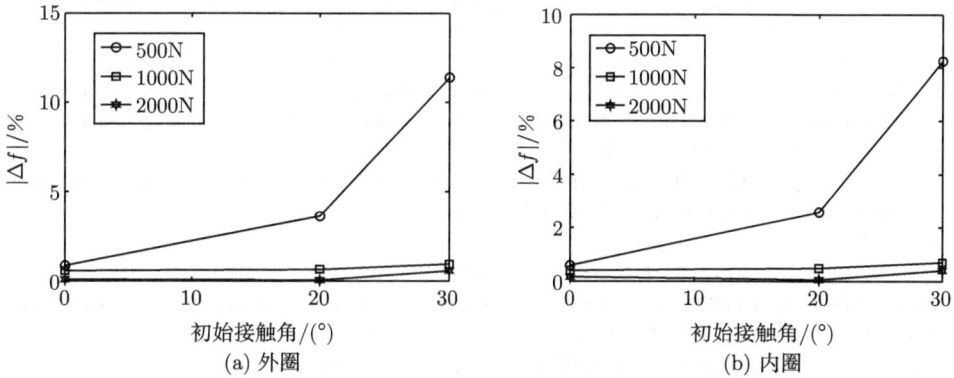

图 3-85　不同径向力下初始接触角对套圈故障特征频率的影响

参 考 文 献

[1]　牛蔺楷, 曹宏瑞, 何正嘉. 滚动轴承表面损伤建模与冲击力的定量计算 [J]. 振动、测试与诊断, 2013, 33(S1): 5-8, 214.

[2]　牛蔺楷, 曹宏瑞, 何正嘉. 具有局部表面损伤的滚动球轴承动力学建模 [J]. 振动、测试与诊断, 2014, 34(2): 356-360, 401-402.

[3]　牛蔺楷, 曹宏瑞, 何正嘉. 滚动球轴承损伤故障动力学建模与仿真 [J]. 中国科技论文, 2014, 9(8): 902-907.

[4]　牛蔺楷, 曹宏瑞, 何正嘉. 考虑三维运动和相对滑动的滚动球轴承局部表面损伤动力学建模研究 [J]. 机械工程学报, 2015, 51(19): 53-59.

[5]　NIU L, CAO H, HE Z, et al. Dynamic modeling and vibration response simulation for high speed rolling ball bearings with localized surface defects in raceways[J]. Journal of Manufacturing Science and Engineering-Transactions of the ASME, 2014, 136(4): 041015.

[6]　AHMADI A M, PETERSEN D, HOWARD C. A nonlinear dynamic vibration model of defective bearings — The importance of modelling the finite size of rolling elements[J]. Mechanical Systems and Signal Processing, 2015, 52-53: 309-326.

[7]　SINGH S, KOEPKE U G, HOWARD C Q, et al. Analyses of contact forces and vibration response for a defective rolling element bearing using an explicit dynamics finite element model[J]. Journal of Sound and Vibration, 2014, 333(21): 5356-5377.

[8]　HARRIS T A, KOTZALAS M N. Rolling Bearing Analysis: Essential Concepts of Bearing Technology[M]. Boca Raton: Taylor & Francis, 2007.

[9]　GUPTA P K. Advanced Dynamics of Rolling Elements[M]. New York: Speringer-Verlag, 1984.

[10] NIU L, CAO H, HE Z, et al. A systematic study of ball passing frequencies based on dynamic modeling of rolling ball bearings with localized surface defects[J]. Journal of Sound and Vibration, 2015, 357: 207-232.

[11] MCFADDEN P D, SMITH J D. Model for the vibration produced by a single point-defect in a rolling element bearing[J]. Journal of Sound and Vibration, 1984, 96(1): 69-82.

[12] SAWALHI N, RANDALL R B. Vibration response of spalled rolling element bearings: Observations, simulations and signal processing techniques to track the spall size[J]. Mechanical Systems and Signal Processing, 2011, 25(3): 846-870.

[13] SAUER T. Numerical Analysis[M]. Boston, USA: Person Education, 2011.

[14] GUPTA P K, WINN L W, WLLCOCK D F. Vibrational characteristic of ball bearings[J]. Journal of Tribology, 1977, 99(2): 284-289.

[15] SAWALHI N, RANDALL R B. Simulating gear and bearing interactions in the presence of faults: Part I. The combined gear bearing dynamic model and the simulation of localised bearing faults[J]. Mechanical Systems and Signal Processing, 2008, 22(8): 1924-1951.

[16] SAWALHI N, RANDALL R B. Simulating gear and bearing interactions in the presence of faults: Part II. Simulation of the vibrations produced by extended bearing faults[J]. Mechanical Systems and Signal Processing, 2008, 22(8): 1952-1966.

[17] AHMADI A M, HOWARD C Q, PETERSEN D. The path of rolling elements in defective bearings: Observations, analysis and methods to estimate spall size[J]. Journal of Sound and Vibration, 2016, 366: 277-292.

[18] 刘秀海. 高速滚动轴承动力学分析模型与保持架动态性能研究 [D]. 大连: 大连理工大学, 2011.

[19] RANDALL R B, ANTONI J. Rolling element bearing diagnostics—A tutorial[J]. Mechanical Systems and Signal Processing, 2011, 25(2): 485-520.

[20] 哈尔滨工业大学理论力学教研室. 理论力学 (I)[M]. 北京: 高等教育出版社, 2002.

[21] GUPTA P K. On the dynamics of a tapered roller bearing[J]. Journal of Tribology, 1989, 111(2): 278-287.

[22] GHAISAS N, WASSGREN C R, SADEGHI F. Cage instabilities in cylindrical roller bearings[J]. Journal of Tribology, 2004, 126(4): 681-689.

[23] GHAISAS N. Dynamics of cylindrical and tapered roller bearings using the discrete element method[D]. West Lafayette, USA: Purdue University, 2003.

[24] HARRIS T A, KOTZALAS M N. Rolling Bearing Analysis: Advanced Concepts of Bearing Technology[M]. Boca Raton: Taylor & Francis, 2007.

[25] 申中杰. 多变量支持向量机理论及其在寿命预测中的应用研究 [D]. 西安: 西安交通大学, 2012.

[26] SUN C, ZHANG Z, HE Z, et al. Novel method for bearing performance degradation assessment—A kernel locality preserving projection-based approach[J]. Proceedings of the Institution of Mechanical Engineers Part C—Journal of Mechanical Engineering Science, 2014, 228(3): 548-560.

[27] 国家机械工业局. 滚动轴承寿命及可靠性试验规程: JB/J 50013—2000[S]. 北京: 机械科学研究院, 2000.

[28] NIU L, CAO H, HOU H, et al. Experimental observations and dynamic modeling of vibration, characteristics of a cylindrical roller bearing with roller defects[J]. Mechanical Systems and Signal Processing, 2020, 138: 106553.

[29] 景新. 圆柱滚子轴承故障动力学建模与试验研究 [D]. 西安: 西安交通大学, 2019.

[30] CAO H, SU S, JING X, et al. Vibration mechanism analysis for cylindrical roller bearings with single/multi defects and compound faults[J]. Mechanical Systems and Signal Processing, 2020, 144: 106903.

[31] 牛蔺楷. 高速滚动轴承局部损伤动力学建模及振动响应机理研究 [D]. 西安: 西安交通大学, 2016.

[32] ANTONI J, RANDALL R B. A stochastic model for simulation and diagnostics of rolling element bearings with localized faults[J]. Journal of Vibration and Acoustics, 2003, 125(3): 282-289.

[33]　HO D, RANDALL R B. Optimisation of bearing diagnostic techniques using simulated and actual bearing fault signals[J]. Mechanical Systems and Signal Processing, 2000, 14(5): 763-788.

[34]　LIAO N T, LIN J F. Ball bearing skidding under radial and axial loads[J]. Mechanism and Machine Theory, 2002, 37(1): 91-113.

[35]　HAN Q, CHU F. Nonlinear dynamic model for skidding behavior of angular contact ball bearings[J]. Journal of Sound and Vibration, 2015, 354: 219-235.

[36]　WANG Y, WANG W, ZHANG S, et al. Investigation of skidding in angular contact ball bearings under high speed[J]. Tribology International, 2015, 92: 404-417.

[37]　TU W, SHAO Y, MECHEFSKE C K. An analytical model to investigate skidding in rolling element bearings during acceleration[J]. Journal of Mechanical Science and Technology, 2012, 26(8): 2451-2458.

[38]　邓四二, 贾群义, 薛进学. 滚动轴承设计原理 [M]. 2 版. 北京: 中国标准出版社, 2014.

第 4 章 考虑滚道表面形貌的滚动轴承动力学分析

4.1 引 言

滚动轴承内外滚道磨损，会引起滚道表面形貌的改变，导致噪声和振动增加，运行精度下降[1]。随着磨损程度的加剧，滚道表面粗糙度、波纹度等几何量发生改变，从而增大局部接触应力，加速疲劳剥落的发生。同时，表面粗糙度还会对轴承的润滑特性、生热量、磨损率、能量损失以及动力学特性产生影响[2-4]。另外，由加工误差产生的滚道表面波纹度，也会使轴承在运行过程中的振动响应发生改变[5-7]，进而对转子的振动产生影响[8]。

本章基于第 2 章中建立的圆柱滚子轴承的动力学模型，分别利用正态分布生成随机数表示轴承滚道表面粗糙度、利用若干正弦函数叠加表示滚道表面波纹度[9]。将理想表面圆柱滚子轴承动力学模型与表面形貌的表征方法进行融合，得到考虑滚道表面形貌的圆柱滚子轴承动力学模型。在模型建立后，通过仿真与实验对模型进行验证，并分析外圈波纹度波数与轴承振动特性之间的关系。最后，利用所建模型系统地研究表面波纹度、粗糙度对轴承振动响应的影响。

4.2 考虑表面形貌的圆柱滚子轴承动力学建模

4.2.1 滚道表面形貌特征

1. 表面粗糙度的表征

轴承滚道表面微观形貌受到磨削精度及磨损等因素影响，表面粗糙度数值是在一定范围内的随机数，因此利用正态分布来对其进行表征：

$$f(\theta) = \frac{1}{\sqrt{2\pi}\delta} \exp\left[-\frac{(\theta-\mu)^2}{2\delta^2}\right] \tag{4-1}$$

式中，θ 为轴承的不同角度位置；μ 和 δ 分别为正态分布的均值和标准差。

在仿真计算时，通过选择不同的均值和标准差数值，即可利用正态分布生成多组随机数，对轴承不同角度位置处的轮廓变化进行表征，从而对不同大小的表面粗糙度进行描述。

2. 表面波纹度的表征

相比于表面粗糙度，表面波纹度与振动响应之间关系的研究相对较少，但表面波纹度也是表面形貌的重要组成部分，由表面波纹度引起的轴承表面形貌的变化甚至大于由表面粗糙度引起的，对轴承的振动响应有较大的影响。

文献 [3]、[5]、[6] 利用正弦或余弦函数对轴承表面波纹度进行表征，并开展了相关研究。本节选用多个正弦函数的叠加来对轴承表面的波纹度进行描述，可表示为

$$A = \sum_{s=1}^{N_{\mathrm{w}}} A_s \sin\left(\omega_s \theta + \beta_s\right) \tag{4-2}$$

式中，A 为在角度 θ 处的表面波纹度数值；N_{w} 为表征表面波纹度的函数数量；A_s 为第 s 个表面波纹度函数的幅值；ω_s 为第 s 个表面波纹度函数的波数；β_s 为第 s 个表面波纹度函数的初始相位。

4.2.2　模型仿真分析流程

建立考虑表面形貌的圆柱滚子轴承动力学模型需要将 4.2.1 小节的内容与第 2 章的动力学模型进行融合。模型的仿真分析流程如图 4-1 所示。

首先给定理想表面轴承的几何参数、材料参数、运行参数和润滑参数，然后将 4.2.1 小节所述的表面波纹度和表面粗糙度输入模型中，对轴承内圈和外圈表面周向不同位置处的几何参数进行修正。之后计算各个轴承元件的初始位置和速度，作为动力学方程的初值。根据 2.6.1 小节所述的分析方法对各个轴承元件的相对位置和相对速度进行计算，从而确定轴承元件间相互作用的合力与合力矩。将计算得到的合力和合力矩代入 2.6.2 小节的轴承元件运动微分方程当中，可以得出各个元件的速度和加速度，之后利用变步长 4 阶龙格–库塔法进行数值积分，计算出轴承元件下一时刻的位置和速度。最后对上述步骤进行迭代循环计算，当达到设定的仿真时间时，仿真计算自动结束，从而得到分析的最终数据。

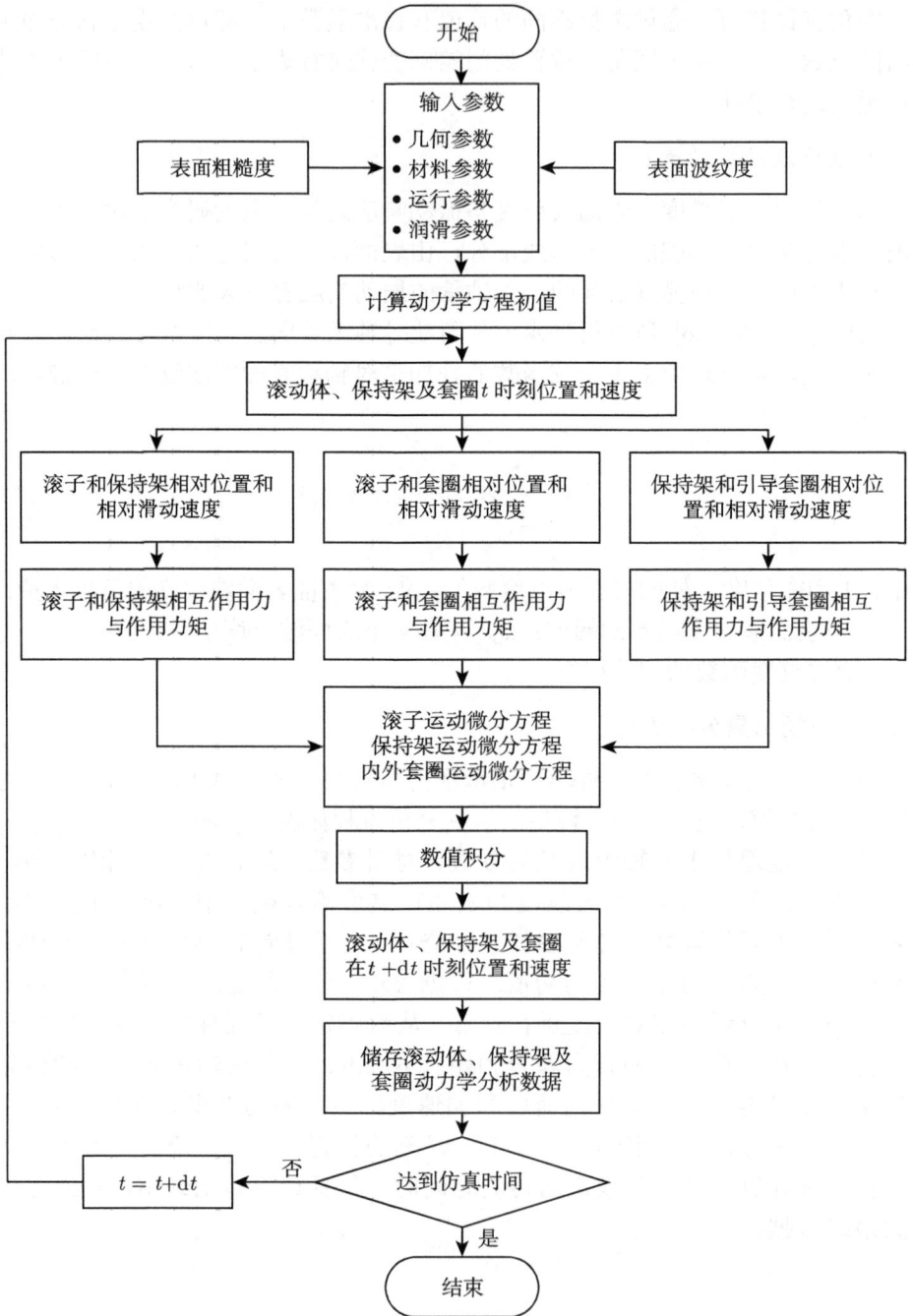

图 4-1　模型仿真分析流程

4.3　模　型　验　证

为了确保模型的正确性，本节利用仿真和实验来对模型进行验证。波数是表征表面波纹度的重要指标，本节以轴承外圈波数为例对轴承振动响应的影响进行研究。

4.3.1　仿真分析

在仿真分析中，波纹度幅值为 50μm，波数分别为 11、22 和 33，分别为滚动体个数的 1 倍、2 倍和 3 倍。轴承转速为 6000r/min。仿真和试验中用到的轴承为 TMB NJ202EM 圆柱滚子轴承，其参数如表 4-1 所示。

表 4-1　TMB NJ202EM 圆柱滚子轴承参数

参数	数值
滚动体个数	11
滚动体直径/mm	5.0
滚动体长度/mm	5.0
内圈宽度/mm	11.0
外圈宽度/mm	11.0
轴承节径/mm	24.5
内圈接触角/(°)	0
外圈接触角/(°)	0
保持架内径/mm	22.24
保持架外径/mm	27.06

此时滚动体通过外圈故障特征频率 (f_{bpfo}) 计算公式可以表示为

$$f_{\text{bpfo}} = 0.5 z f_{\text{ir}} \left(1 - \frac{D}{d_{\text{m}}} \cos \alpha \right) \tag{4-3}$$

式中，z 为滚动体数量；f_{ir} 为轴承内圈转频；D 为滚动体直径；d_{m} 为轴承节径；α 为接触角，在此可以视为 0。

通过式 (4-3)，可以计算得出轴承的 f_{bpfo} 约为 437.8Hz。在仿真分析中，轴承的材料参数和润滑参数设置如表 4-2 所示。本章后续仿真利用的材料参数和润滑参数均如表 4-2 所示。

表 4-2   轴承的材料参数和润滑参数

参数	数值
弹性模量/GPa	210
泊松比	0.3
密度/(kg/m³)	7900
ζ_1	-0.04
ζ_2	0.0479
ζ_3	0.8589
ζ_4	0.04

本节所有仿真中，所利用的表征轴承表面粗糙度参量的数值，μ 和 δ 分别取 0 和 0.1。当外圈波数分别为 11、22 和 33 时，振动响应的时域波形和包络谱分别如图 4-2 和图 4-3 所示。

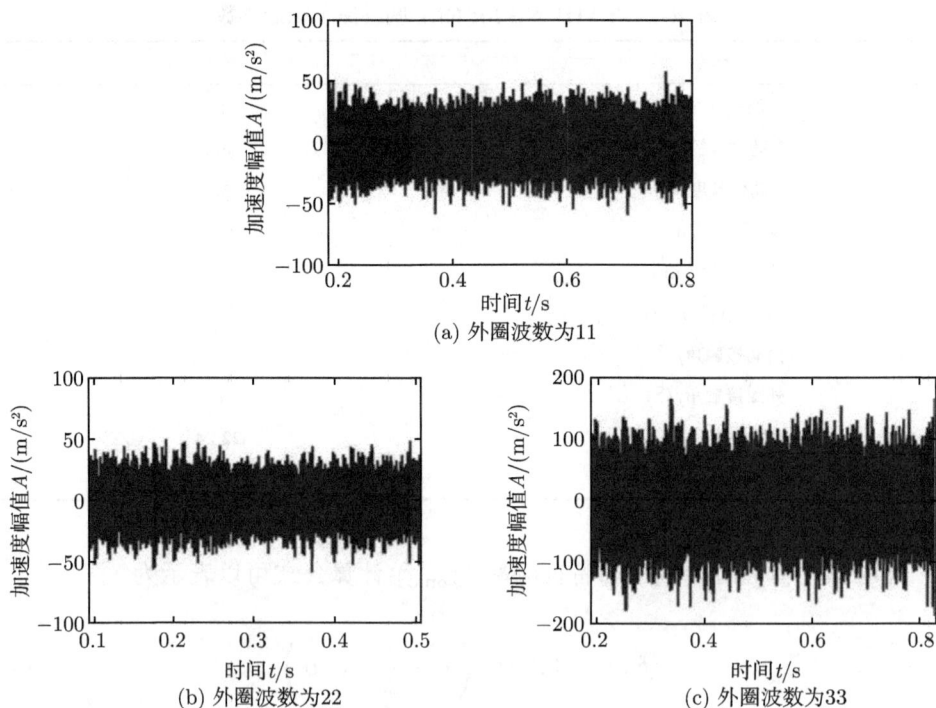

(a) 外圈波数为11

(b) 外圈波数为22

(c) 外圈波数为33

图 4-2   不同波数时的轴承振动响应 (时域波形)

从图 4-2 中可以看出，不同的外圈波数下，时域响应中均无明显的冲击成分存在。在包络谱中，当外圈波数为 11，即与滚动体个数相等时，约为 f_{bpfo} 一倍频的频率成分 437.9Hz 在振动响应包络谱中最为突出。当外圈波数为 22，即为滚动体个数的二倍时,虽然仍然存在 $f_{\rm bpfo}$ 一倍频,但此时 $f_{\rm bpfo}$ 二倍频 (875.0Hz) 最为突出。当外圈波数为 33,即为滚动体个数的 3 倍时,包络谱中频率成分 1312.6Hz 最为明显,可以认为是 $f_{\rm bpfo}$ 三倍频,同时 $f_{\rm bpfo}$ 一倍频和二倍频的幅值均较小,可以忽略不计。

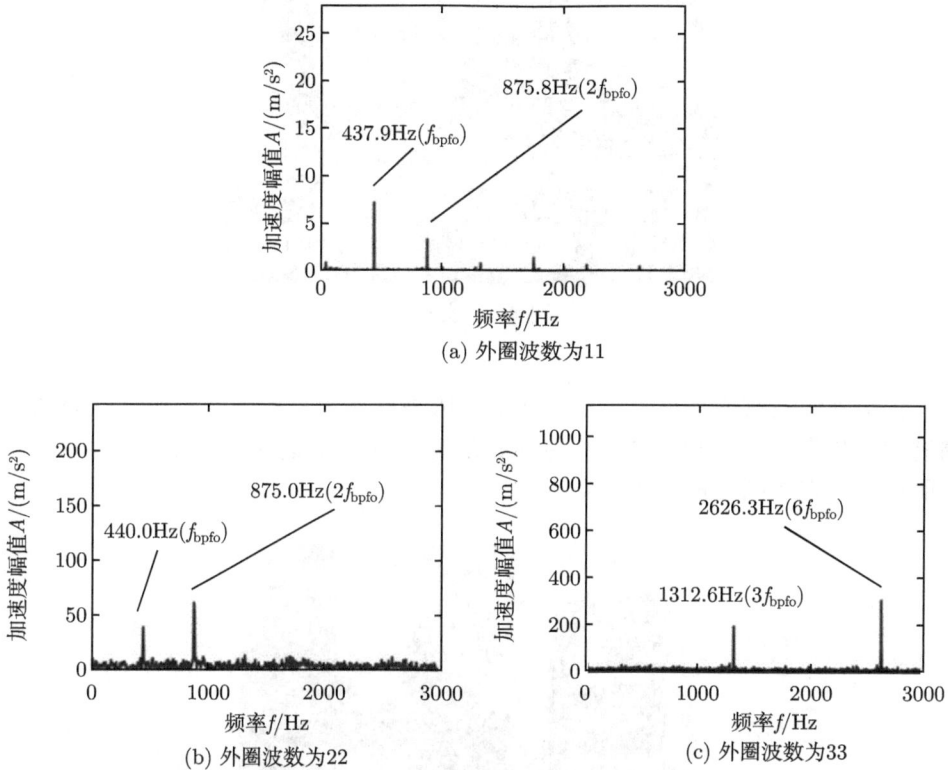

图 4-3 不同波数时的轴承振动响应 (包络谱)

分析圆柱滚子轴承外圈表面波纹度为 11、22 和 33 时的仿真结果可以得到,当波数为滚动体个数的 N 倍时,在振动响应的时域波形中没有明显的现象,不存在明显冲击,但在包络谱中可以观察到 $f_{\rm bpfo}$ 的 N 倍频最为突出,此时 N 为正整数。

4.3.2 实验分析

为验证模型和仿真中得到的现象,利用 Bently RK-4 转子平衡实验台进行实验,实验台如图 4-4 所示,主要由转轴、电机、两个轴承座、两个圆柱滚子轴承及支撑架组成。为降低噪声对试验现象的干扰,将转轴中间直径增大以增加转子系统重量。转轴的左右两面分别加工 30 个 $\phi 5$ 螺栓孔，以便通过增减螺栓对系统进行动平衡。

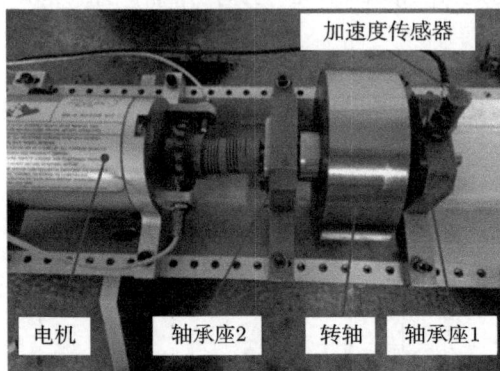

图 4-4　实验台

轴承外圈波纹度采用中走丝线切割机床进行加工，如图 4-5 所示。分别对外圈进行波数为 11 和 22，幅值均为 $50\mu m$ 的表面波纹度加工。加工后的轴承外圈表面形貌分别如图 4-6 和图 4-7 所示。

图 4-5　中走丝线切割机床

完成表面波纹度加工后，利用三坐标测量仪对轴承表面形貌进行测量，测量结果分别如图 4-8 和图 4-9 所示。

实验前，将外圈带有表面波纹的圆柱滚子轴承安装在轴承座 1 中，未进行加工的近似理想表面轴承安装在轴承座 2 中。试验设备安装好后采用 PB632 型动平衡仪对轴承–转子系统进行精度为 G1.0 的动平衡。利用万用表和信号调理模块调节转速控制传感器和相位脉冲信号传感器的位置，以便转速控制器能够准

图 4-6　外圈波数为 11 的轴承表面形貌

图 4-7　外圈波数为 12 的轴承表面形貌

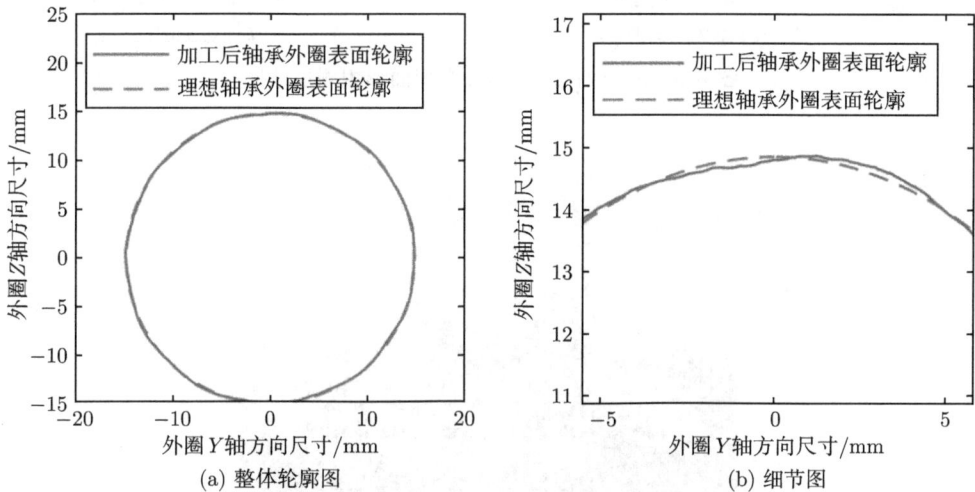

(a) 整体轮廓图　　　　　　　　　　　　　　(b) 细节图

图 4-8　波数为 11 轴承外圈表面形貌测量结果

确地捕捉转子系统的实时转速。调节转速控制传感器与联轴器齿盘齿高点的距离至 18mil (0.457mm)，此时对应的电压表示数为 (-11.7 ± 1.7)VDC。调节相位脉冲信号传感器与联轴器表面的距离大约至 2mil (0.05mm)，此时对应的电压表示数为 (-8.0 ± 0.5)VDC。

实验中采用三个加速度传感器测试轴承的振动信号，型号为 8702B50M1，加速度测量幅值为 ±50g，灵敏度为 101.5mV/g，满足试验的各项要求。其中两个传感器分别安装在加工有表面波纹度轴承的水平方向和垂直方向，另一个安装在正常表面轴承的垂直方向。

选用 8 通道数据采集仪进行振动数据采集，如图 4-10 所示，采样频率设置

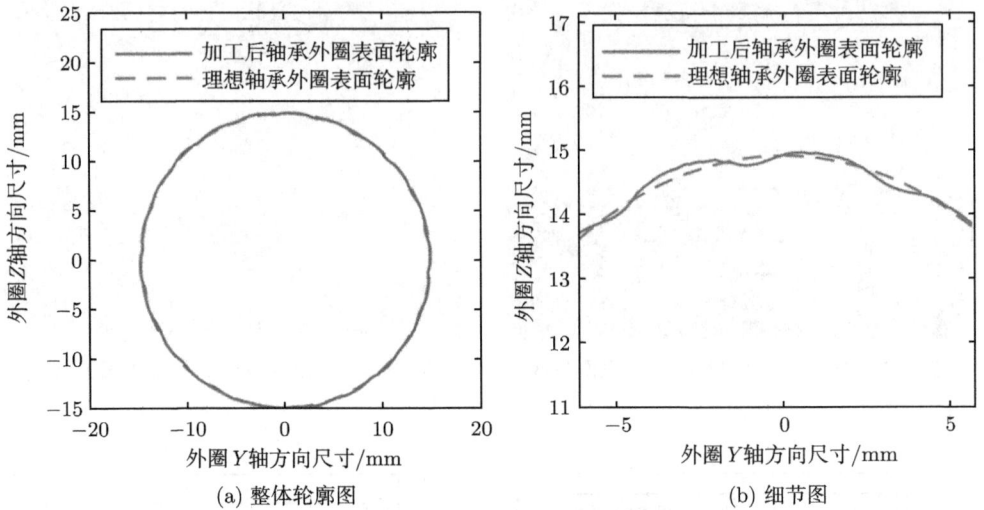

(a) 整体轮廓图　　　　　　　　　　　　　　　(b) 细节图

图 4-9　波数为 22 轴承外圈表面形貌测量结果

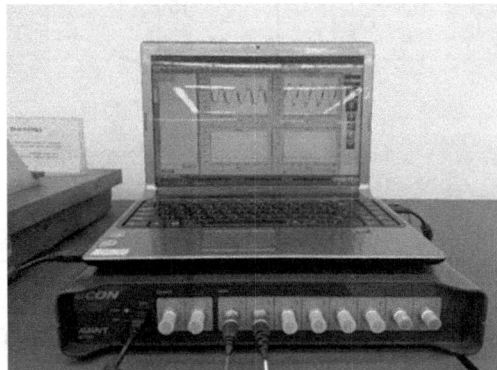

图 4-10　数据采集系统

为 20480Hz。试验转速设置为 300r/min，轴承参数如表 4-1 所示，通过计算可以得出此时 f_{bpfo} 约为 21.88Hz。

经表面波纹度加工的轴承外圈振动响应信号的时域波形和包络谱分别如图 4-11 和图 4-12 所示。

由图 4-11 和图 4-12 所示的实验结果可以发现，在时域波形中没有明显的冲击存在。在包络谱中，当外圈波数为 11，即等于滚动体个数时，f_{bpfo} 一倍频最为明显。当外圈波数为 22，即为滚动体个数的 2 倍时，包络谱中 f_{bpfo} 二倍频最为突出。

经过仿真分析和实验分析，得出的结论为：当轴承外圈波数恰好为滚动体个

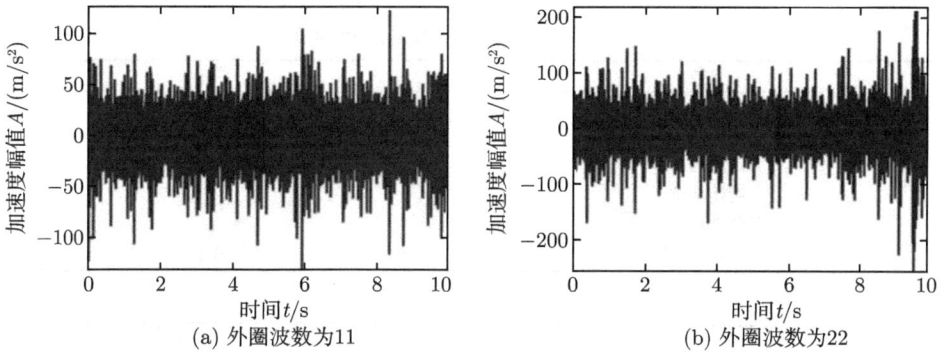

(a) 外圈波数为11　　　　　　　　　　　(b) 外圈波数为22

图 4-11　不同波数的轴承振动响应 (时域波形)

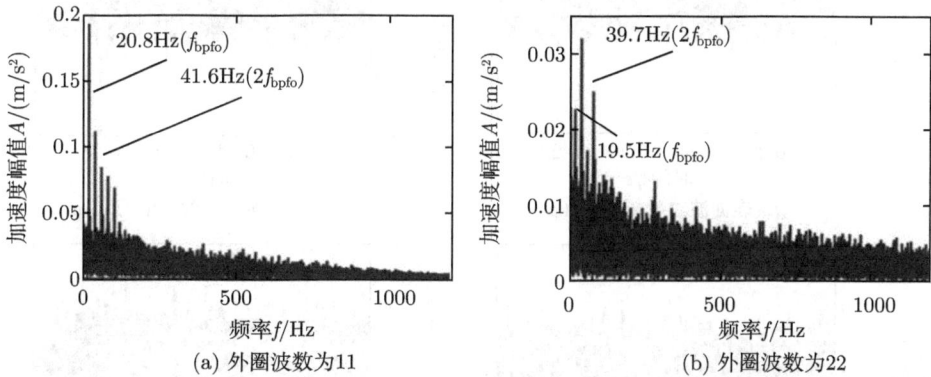

(a) 外圈波数为11　　　　　　　　　　　(b) 外圈波数为22

图 4-12　不同波数的轴承振动响应 (包络谱)

数的 N 倍 (N 为正整数) 时，滚动体通过外圈特征频率的 N 倍频在包络谱中最为明显，且表面波纹度波数的变化不会引起冲击现象。

4.4　表面形貌对轴承振动响应的影响

在 4.3 节中，通过外圈波数与轴承振动响应关系的实验与仿真，验证了模型的准确性。由于动力学建模过程几乎全部基于轴承元件间的相互作用关系，所以本节利用 4.2 节所建模型对元件的真实运转情况进行仿真研究[10]。

4.4.1　表面波纹度对轴承振动响应的影响

本节仍然采用 4.3 节中的 TMB NJ202EM 圆柱滚子轴承开展仿真研究。表征表面波纹度的物理参数如表 4-3 所示，转速设为 300r/min。轴承振动响应的时域波形和包络谱分别如图 4-13 和图 4-14 所示。

表 4-3　表征表面波纹度的物理参数

参数	数值
表征表面波纹度的函数数量	1
幅值/μm	10、20、30、40、50、70
波数	5
初始相位	0
正态分布均值/μm	0
正态分布标准差/μm	0.1

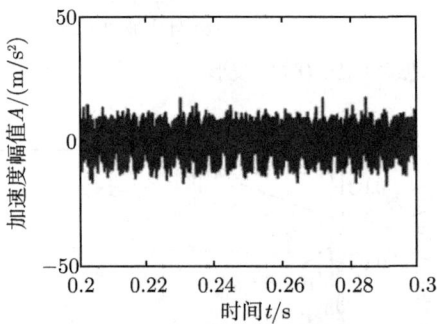

(a) 表面波纹度幅值为10μm

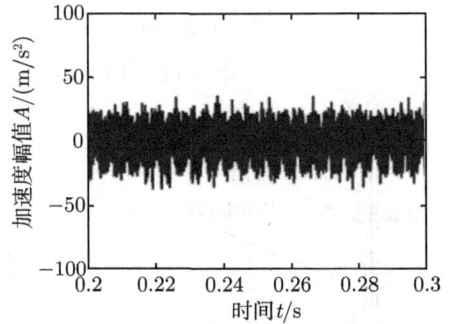

(b) 表面波纹度幅值为20μm

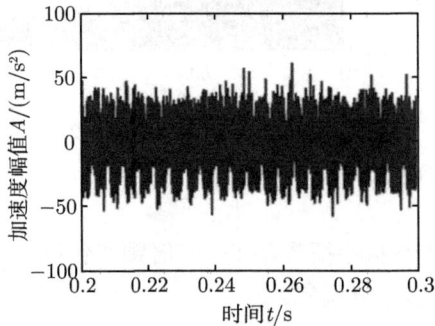

(c) 表面波纹度幅值为30μm

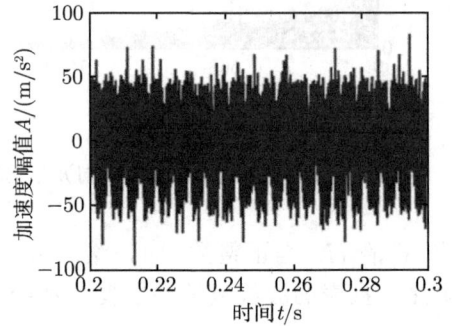

(d) 表面波纹度幅值为40μm

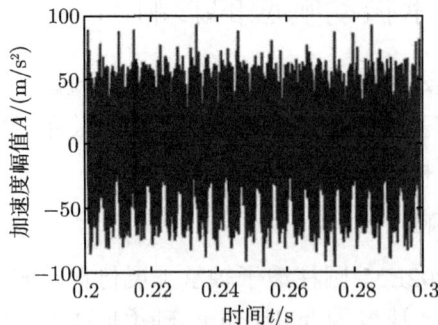

(e) 表面波纹度幅值为50μm

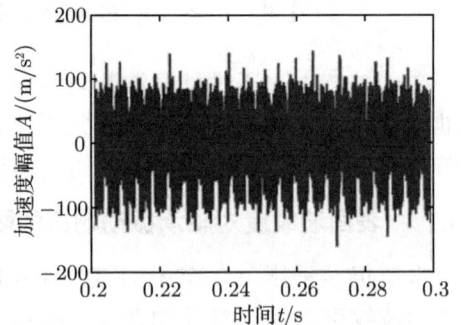

(f) 表面波纹度幅值为70μm

图 4-13　不同表面波纹度幅值下的轴承振动响应 (时域波形)

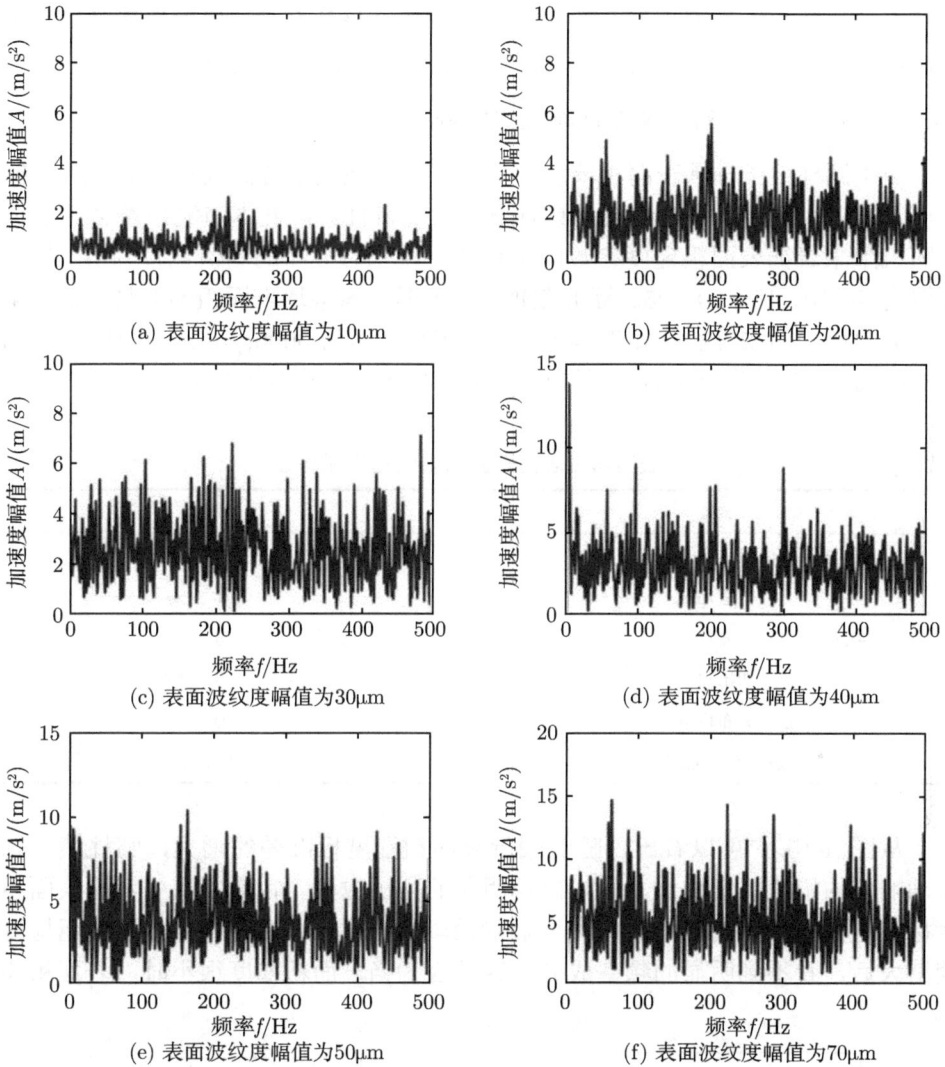

图 4-14　不同表面波纹度幅值下的轴承振动响应 (包络谱)

　　从图 4-13 中可以看出，随着表面波纹度幅值从 10μm 增加到 70μm，圆柱滚子轴承外圈振动响应的幅值也逐渐增加，但是并未出现冲击成分。由图 4-14 可知，无论表面波纹度的幅值如何变化，包络谱中各频率成分的幅值均较低，且没有明显的具有指导意义的频率成分。

　　综上所述，表面波纹度幅值几乎只造成轴承振动响应幅值的增加。对于故障诊断技术而言，当波数为滚动体个数的正整数倍时，可按照 4.3 节所得结论，观察包络谱中最为突出的频率成分，计算该频率成分与 f_{bpfo} 的关系即可。当表面波纹度的波数与轴承滚动体个数之间没有正整数倍关系时，仅仅会造成轴承振动响应幅值的增加，在包络谱中几乎观察不到有意义的频率成分。

4.4.2 表面粗糙度对轴承振动响应的影响

由于圆柱滚子轴承表面粗糙度的形成以及发展是多方面因素 (包括加工方法、使用工况等) 综合作用的结果，具有很强的随机性。因此本节利用符合正态分布的随机数来表征表面粗糙度参数。仿真时，将正态分布的均值设置为 0，标准差设置为 5、10、15、20、25。标准差越大，表明轴承滚道表面粗糙度越大。用来表征表面粗糙度的物理参数如表 4-4 所示。仿真转速为 3000r/min，此时 f_{bpfo} 约为 218.9Hz。轴承振动响应的时域波形和包络谱分别如图 4-15 和图 4-16 所示。

表 4-4 表征表面粗糙度的物理参数

参数	数值
表征表面粗糙度的函数数量	50
幅值/μm	1
波数	5
初始相位	0
正态分布均值/μm	0
正态分布标准差/μm	5、10、15、20、25

从图 4-15 中可以看出，随着轴承表面粗糙度标准差的增大，圆柱滚子轴承振动响应的幅值逐渐增大，但未出现明显的冲击成分。在包络谱中，当表面粗糙度标准差为 5 时，可以看到较为明显的故障特征频率成分，但是当表面粗糙度继续增大后，看不到明显的频率成分。这是因为当表面粗糙度很小时，表面粗糙度

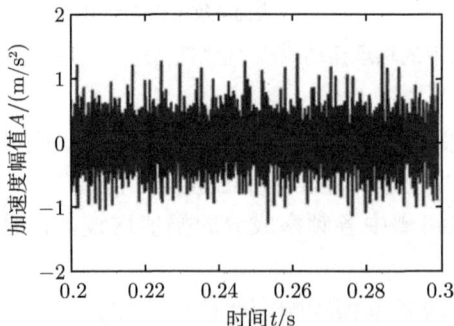

(a) 表面粗糙度标准差为5   (b) 表面粗糙度标准差为10

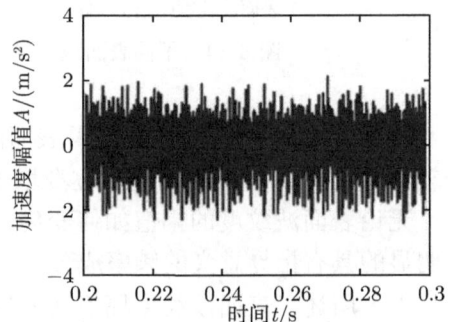

图 4-15 不同表面粗糙度标准差下的轴承振动响应 (时域波形)

图 4-16 不同表面粗糙度标准差下的轴承振动响应 (包络谱)

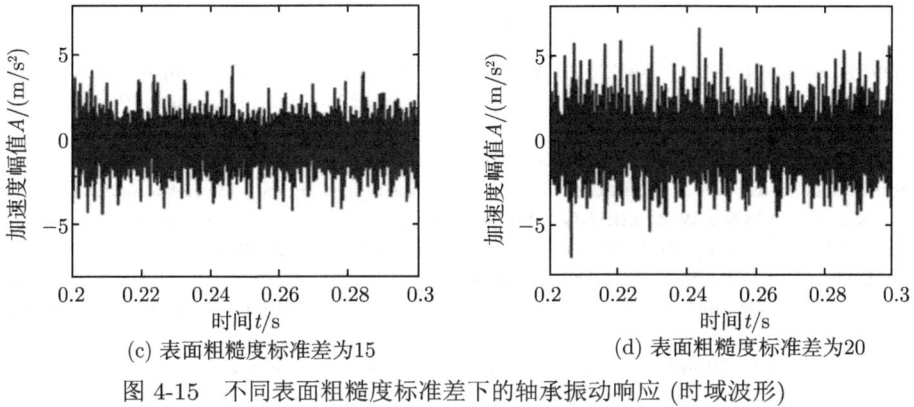

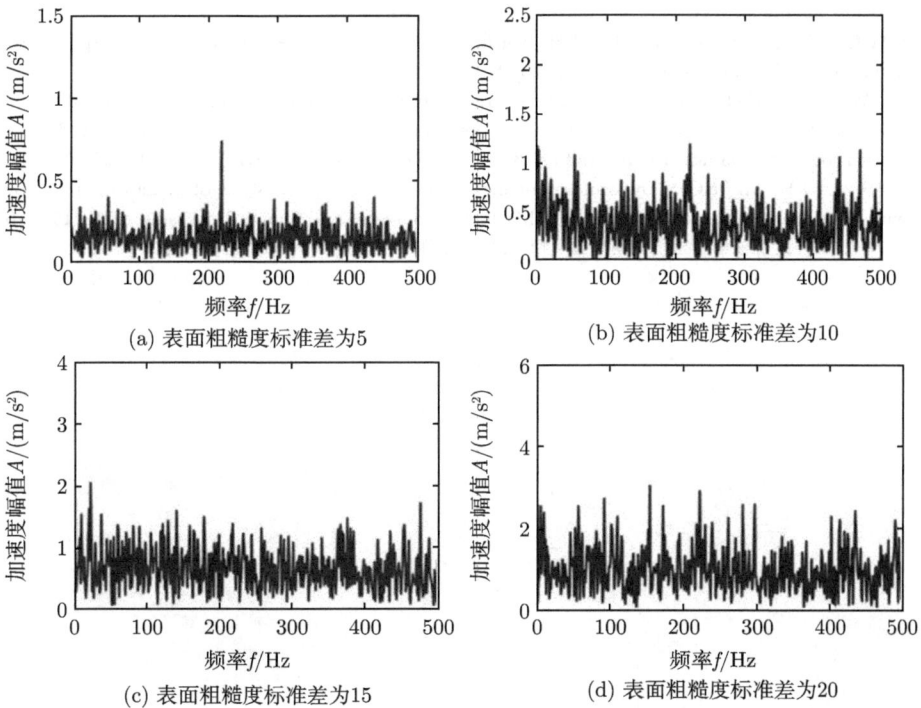

尚不足以对轴承振动响应产生太大影响，此时轴承的振动响应几乎表现为理想轴承的振动响应，即当滚动体每次通过承载区时，由于轴承自身的重力作用，滚动体与外圈发生接触，所以在包络谱中可以看到明显的故障特征频率。但是当表面粗糙度增大之后，粗糙度会对轴承的振动响应产生一定的影响，此时轴承的振动信号表现得杂乱无章，在包络谱中则观察不到较为明显的频率成分。

参 考 文 献

[1] MORALES-ESPEJEL G, BRIZMER V, PIRAS E.Roughness evolution in mixed lubrication condition due to mild wear[J]. Proceedings of the Institution of Mechanical Engineers Part J—Journal of Engineering Tribology, 2015, 229(11): 1330-1346.

[2] TAKABI J, KHONSARI M M.On the dynamic performance of roller bearings operating under low rotational speeds with consideration of surface roughness[J]. Tribology International, 2015, 86: 62-71.

[3] WANG Y L, WANG W Z, ZHANG S G, et al. Effects of raceway surface roughness in an angular contact ball bearing[J]. Mechanism and Machine Theory, 2018, 121: 198-212.

[4] HODAEI M, RABBANI V, MILANI A S.An enhanced conformal contact modeling of the cylindrical roller bearings with inclusion of roughness effect[J]. Journal of Adhesion Science and Technology, 2020, 34 (4): 369-387.

[5] LIU J, SHAO Y. Vibration modelling of nonuniform surface waviness in a lubricated roller bearing[J].Journal of Vibration and Control, 2017, 23 (7): 1115-1132.

[6] SHAH D S, PATEL V N.Theoretical and experimental vibration studies of lubricated deep groove ball bearings having surface waviness on its races[J]. Measurement, 2018, 129: 405-423.

[7] BAI C, XU Q.Dynamic model of ball bearings with internal clearance and waviness[J]. Journal of Sound and Vibration, 2006, 294 (1-2): 23-48.

[8] ALFARES M, AL-DAIHANI G, BAROON J.The impact of vibration response due to rolling bearing components waviness on the performance of grinding machine spindle system[J]. Proceedings of the Institution of Mechanical Engineers Part K—Journal of Multi-Body Dynamics, 2019, 233 (3): 747-762.

[9] SU S, CAO H, ZHANG Y.Dynamic modeling and characteristics analysis of cylindrical roller bearing with the surface texture on raceways[J]. Mechanical Systems and Signal Processing, 2021, 158: 107709.

[10] 苏帅鸣. 圆柱滚子轴承动力学建模与典型损伤振动响应特性研究 [D]. 西安: 西安交通大学, 2021.

第 5 章 滚动轴承保持架动力学分析

5.1 引　言

保持架损伤是滚动轴承常见的一种故障形式,通常从保持架局部损伤开始,最终发展到整个保持架兜孔磨损甚至断裂,从而使得轴承甚至整个机械设备发生故障。因此,保持架动力学分析对于研究滚动轴承故障机理具有重要意义。轴承在高速轻载下常发生打滑,而轴承打滑常表现为保持架旋转角速度的降低,因此也被称为保持架打滑 [1]。保持架打滑会改变滚动体通过损伤区域的时间间隔,导致实际轴承故障特征频率与基于纯滚动假设的理论计算值之间存在偏差,影响故障诊断的准确性。另外,保持架在运行过程中的稳定性对轴承的使用寿命以及噪声有直接影响。当保持架的稳定性较差时,保持架和滚动体以及引导套圈之间的碰撞力增大,轴承温度升高,工作噪声加剧,轴承力矩产生较大的波动,这些都会引起保持架在短时间内失效。一般情况下,保持架的稳定性可以通过保持架的载荷进行分析,研究主要集中在保持架离心力 [2−5] 以及保持架/滚动体摩擦力 [6−10] 两个载荷上。事实上,保持架的受力非常复杂,除了离心力以及保持架/滚动体摩擦力外,还包括保持架/滚动体法向接触力、保持架/引导套圈法向接触力和摩擦力等。

本章将从保持架打滑及其稳定性两个方面讨论其动力学问题。首先利用第 2章所建立的圆柱滚子轴承动力学模型对不同转速、不同径向载荷以及不同径向间隙保持架打滑情况进行仿真,分析保持架打滑对轴承故障特征频率的影响。然后,分析保持架上各种载荷对其稳定性的影响。

5.2　保持架打滑分析

当轴承运行在高速、轻载工况下,打滑会成为一种常见失效形式 [11]。这是因为滚动体与滚道之间的接触载荷减小,滚动体所受摩擦牵引力不足,无法保持纯滚动运动,与滚道之间发生相对滑动,引发打滑。对于保持架而言,打滑会造成保持架旋转角速度的降低。根据文献 [12] 可知,保持架打滑率可以用来描述轴承打滑情况,打滑率 η 的计算公式为

$$\eta = \frac{f_{\mathrm{c}} - f_{\mathrm{c}}'}{f_{\mathrm{c}}} \times 100\% \tag{5-1}$$

式中，f_c 为基于纯滚动假设的保持架理论转频 (计算方法见式 (5-2))；f_c' 为保持架实际转频。

$$f_c = \frac{1}{2}f_{ir}\left(1 - \frac{D}{d_m}\right) + \frac{1}{2}f_{or}\left(1 + \frac{D}{d_m}\right) \tag{5-2}$$

式中，f_{ir} 为内圈转频；f_{or} 为外圈转频；D 为滚动体直径；d_m 为轴承节径。

　　为了尽可能减少打滑故障的发生，本节基于第 2 章建立的圆柱滚子轴承动力学模型，分别针对不同转速、不同载荷以及轴承的不同径向间隙对保持架打滑故障的影响进行相应的仿真分析。所用轴承为 NJ205ECM 圆柱滚子轴承，轴承参数如表 5-1 所示 [13]。

表 5-1　NJ205ECM 圆柱滚子轴承参数

轴承参数	数值	轴承参数	数值
内滚道半径/mm	15.75	保持架内径/mm	35.7
外滚道半径/mm	23.21	保持架宽度/mm	15
滚子长度/mm	9.0	滚子个数	13
滚子直径/mm	7.46	轴承节径/mm	38.96
保持架引导间隙/mm	0.6	兜孔周向间隙/mm	0.3
保持架外径/mm	43.3	轴承宽度/mm	15

5.2.1　转速的影响

　　轴承外圈与轴承座固定，设定径向载荷为 500N，对不同内圈转速下 (内圈转速分别为 3000r/min、6000r/min、9000r/min、12000r/min、15000r/min、18000r/min 和 21000r/min) 保持架的旋转角速度变化情况进行分析，这里以内圈转速 21000r/min 仿真结果为例进行说明，保持架旋转角速度随时间变化情况如图 5-1 所示。

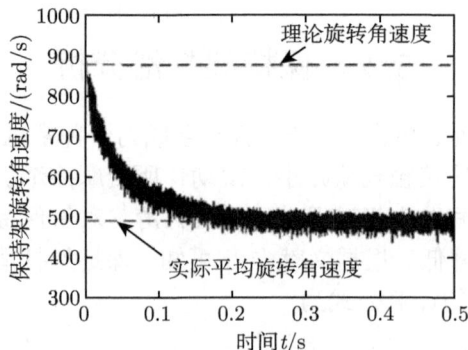

图 5-1　内圈转速 21000r/min 时保持架旋转角速度随时间变化情况

根据轴承参数，利用式 (5-3) 可得保持架理论旋转角速度：

$$\omega_c = \frac{1}{2} \times \omega_i \times \left(1 - \frac{D}{d_m}\right) \tag{5-3}$$

式中，ω_i 为内圈旋转角速度。

从图 5-1 中可以看到，稳定后的保持架旋转角速度明显低于理论旋转角速度。原因是在高速情况下，轴承滚动体无法保持纯滚动运动，与滚道发生了相对滑动，进而滚动体与保持架接触抑制了保持架的转动，最终导致保持架旋转角速度的下降。对图中稳定阶段保持架旋转角速度取平均值，该值即为保持架实际平均旋转角速度，代入式 (5-1) 计算可得保持架打滑率，其余转速下保持架打滑率计算方法与此类似，由此可得保持架打滑率随内圈转速的变化情况如图 5-2 所示。

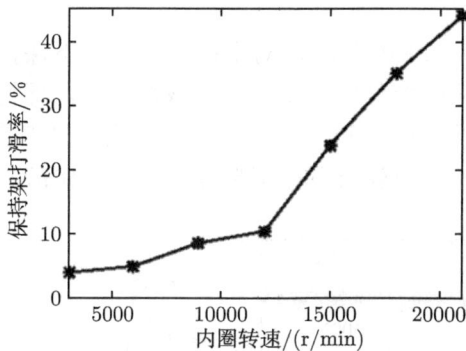

图 5-2　保持架打滑率随内圈转速变化情况

从图 5-2 中可以看到，随着内圈转速的增大，保持架打滑率逐渐增大。原因是径向载荷不变的情况下，轴承内圈转速增大，滚子所受离心力增大，使得滚子与作为驱动的轴承内圈之间法向接触载荷逐渐减小，滚子所受摩擦牵引力随之减小，与此同时，滚子和保持架兜孔之间摩擦阻力逐渐增大。滚子所受牵引力不足，摩擦阻力的增大，导致滚子打滑逐渐加重，抑制保持架的转动，最终表现为保持架打滑率增大。从图中还可以发现，转速低于 12000r/min 时，打滑相对较弱，高于该转速时，保持架打滑情况加重并且增幅较大，因此，该案例中可将转速 12000r/min 视为防止保持架严重打滑的临界转速。

对比转速分别为 3000r/min 和 21000r/min 保持架质心运动轨迹，如图 5-3 所示。从图 5-3(a) 中可以看到，在转速为 3000r/min 也就是轻微打滑情况下，保持架为稳态涡动，质心轨迹近似为圆，运动较稳定。图 5-3(b) 为转速 21000r/min 即严重打滑情况，可以看到质心轨迹较为紊乱，说明保持架受力较为严重，稳定性较差，可见保持架打滑对轴承运动稳定性有重要影响。

(a) 转速3000r/min

(b) 转速21000r/min

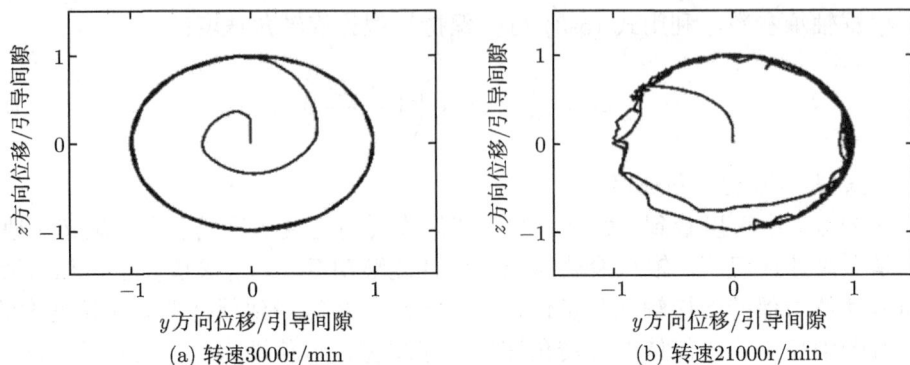

图 5-3　不同转速下保持架质心运动轨迹

5.2.2　径向载荷的影响

设定内圈转速恒为 9000r/min，对不同径向载荷下保持架旋转角速度进行分析，如图 5-4 所示。从图中可以看到，径向载荷越小，保持架旋转角速度相比于理论旋转角速度下降的程度就越大，意味着打滑也就越严重。同样利用 5.2.1 小节方法，计算得到不同径向载荷下保持架打滑率的变化情况如图 5-5 所示。

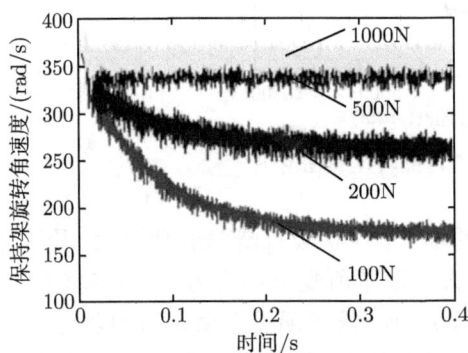

图 5-4　不同径向载荷下保持架旋转角速度　　图 5-5　不同径向载荷下保持架打滑率
　　　　随时间变化情况　　　　　　　　　　　　　　变化情况

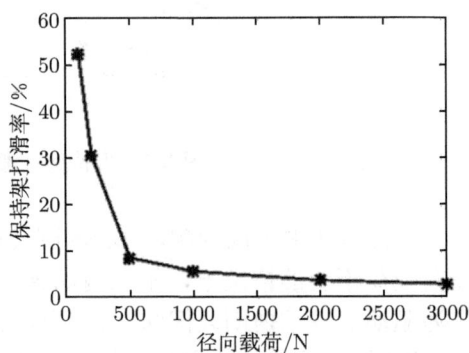

从图 5-5 中可以看到，径向载荷较小时，保持架打滑严重，随着径向载荷的逐渐增大，保持架打滑率逐渐下降。这是因为径向载荷小，滚子和内外滚道之间接触载荷也就小，进而滚子所受摩擦牵引力不足，轴承发生打滑。另外，当径向载荷低于 500N 时，载荷越小，打滑越严重；当径向载荷大于 500N 时，随着载荷的增大，打滑率变化较小，并且趋近于 0。因此 500N 在该案例中可以视为避免保持架发生严重打滑的临界值，并且该结论与文献 [14] 结论一致。

轴承打滑除了造成保持架旋转角速度的降低，还会对保持架运动稳定性产生

影响，保持架的不稳定运动也会造成轴承的过早失效。因此，本节采用 Ghaisas
提出的保持架涡动速度偏差比[15] 作为保持架运动稳定性的评价指标，其计算
公式为

$$\sigma = \frac{\sqrt{\dfrac{1}{n-1}\sum_{i=1}^{n}(v_i - v_{\mathrm{m}})^2}}{v_{\mathrm{m}}} \tag{5-4}$$

式中，v_i 为保持架质心第 i 个时刻的运动速度；v_{m} 为保持架质心的平均速度；
σ 为保持架涡动速度偏差比，其值越大，对应保持架运动稳定性越差。

　　对不同径向载荷下保持架涡动速度偏差比进行计算，得到不同径向载荷下的
保持架稳定性，如图 5-6 所示。从图中可以看到，随着径向载荷的增大，保持架
打滑率减小，涡动速度偏差比也逐渐减小，稳定性越来越好。另外，可以看到涡
动速度偏差比与打滑率变化趋势基本一致，换句话说，随着打滑情况的加重，保
持架运动稳定性也会相应下降。

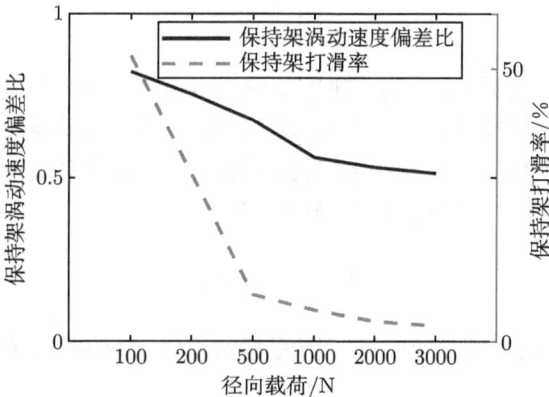

图 5-6　不同径向载荷下的保持架稳定性

5.2.3　径向间隙的影响

　　设定径向载荷 500N，内圈转速 9000r/min，对不同径向间隙下保持架打滑情
况进行分析，如图 5-7 所示。从图中可以看到，随着轴承径向间隙的增加，保持
架打滑率逐渐增大，在径向间隙为负值的情况下，打滑率很小且接近于 0，径向
间隙较大时，打滑率较大，但随着径向间隙增大，打滑率增幅较小。这是因为在
负间隙情况下，轴承承载区范围大，承受载荷的滚子数量较多，滚子所受总的牵
引力较大，打滑程度相对较弱。径向间隙增大，承载区范围减小，承载的滚子个
数减少，打滑程度加重。

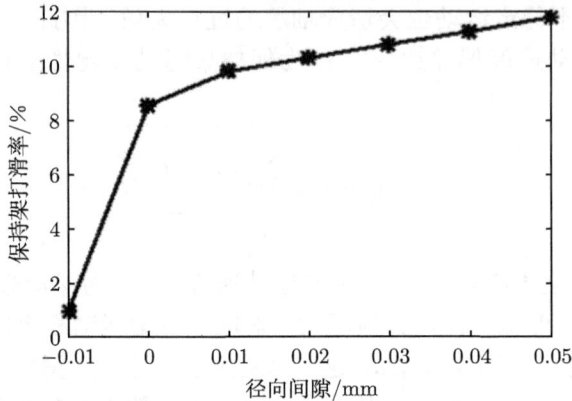

图 5-7　不同径向间隙下保持架的打滑率

5.2.4　保持架打滑对故障特征频率的影响

1. 保持架打滑对内圈故障特征频率的影响

1) 理论推导

假设已知保持架打滑率为 η，轴承节径为 d_{m}，滚动体直径为 D，滚动体个数为 z，假设轴承内圈与转轴相对固定，轴承内圈转频即转轴转频为 f_{ir}，轴承外圈转频为 f_{or}，对保持架打滑率与轴承实际外圈故障特征频率关系进行理论推导[16]。

根据式 (5-1) 可知，保持架实际转频 f_{c}' 为

$$f_{\mathrm{c}}' = (1 - \eta)f_{\mathrm{c}} \tag{5-5}$$

而不打滑情况下，结合式 (5-2) 可得内圈相对保持架转频 f_{ic} 的计算公式为

$$f_{\mathrm{ic}} = f_{\mathrm{ir}} - f_{\mathrm{c}} = \frac{1}{2}f_{\mathrm{ir}}\left(1 + \frac{D}{d_{\mathrm{m}}}\right) \tag{5-6}$$

若内圈有单个局部损伤，则内圈相对保持架旋转一周，该损伤会与 z 个滚动体分别碰撞一次，则相邻两次冲击的时间间隔所对应的频率为 zf_{ic}，也就是说，理论内圈故障特征频率 f_{bpfi} 为

$$f_{\mathrm{bpfi}} = zf_{\mathrm{ic}} \tag{5-7}$$

结合式 (5-5) 和式 (5-6) 可知，考虑保持架打滑后内圈相对保持架实际转频 f_{c}' 的相对转频 f_{ic}' 计算公式为

$$f_{\mathrm{ic}}' = f_{\mathrm{ir}} - f_{\mathrm{c}}' = \frac{1}{2}f_{\mathrm{ir}}\left(1 + \frac{D}{d_{\mathrm{m}}}\right) + \eta f_{\mathrm{c}} \tag{5-8}$$

按与式 (5-7) 同样的计算方法，可得轴承实际内圈故障特征频率 f'_{bpfi} 为

$$f'_{\text{bpfi}} = z f'_{\text{ic}} = f_{\text{bpfi}} + z \eta f_{\text{c}} \tag{5-9}$$

由此可得，轴承实际内圈故障特征频率为在纯滚动理论值的基础上增加一项 $z \eta f_{\text{c}}$。

2) 实验验证

实验在轴承故障模拟实验台上进行，但为了测量转轴的实际转速和保持架实际旋转角速度并最终求得保持架打滑率，需要在转子实验台上加装位移传感器，如图 5-8 所示。

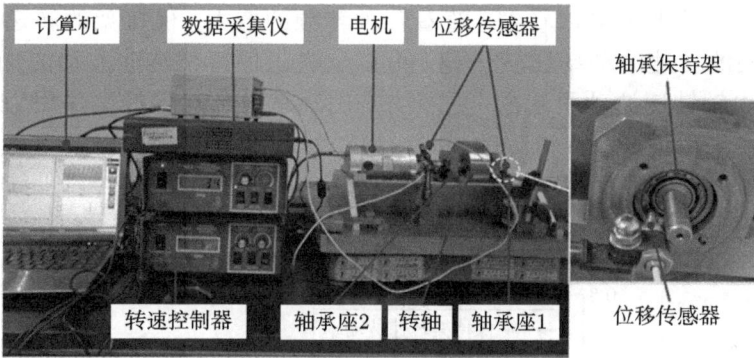

图 5-8　轴承故障模拟实验台

按图 5-8 安装好实验仪器后，利用位移传感器对保持架瞬时旋转角速度进行测量，测量流程见图 5-9。在获得保持架和转轴的瞬时转频后，对瞬时转频取平均值可得保持架的转频 f'_{c} 和转轴转频 f_{ir}。实验所用轴承为 NJ202EM 圆柱滚子轴承，其几何参数见表 3-7，将几何参数和转轴转频 f_{ir} 代入式 (5-2) 可得保持架的理论转频 f_{c}，代入式 (5-1) 进行计算可得保持架打滑率 η。在轴承座 2 的水平和垂直位置安装两个型号为 8702B100M1、灵敏度为 50.2mV/g 的加速度传感器，用于获得故障轴承的加速度振动响应。

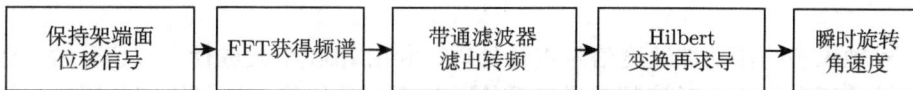

图 5-9　保持架瞬时旋转角速度测量流程

FFT-快速傅里叶变换

实验轴承内滚道利用线切割加工宽 0.5mm、深 0.5mm 的贯穿式损伤，并将故障轴承安装于轴承座 2 内。设置转轴转频从 5～60Hz 每间隔 5Hz 进行一组实

验，对保持架与转轴的位移信号以及轴承座的加速度信号进行采集，采样频率为 20480Hz，完成实验后按图 5-9 对保持架和转轴的位移信号进行处理。

为了分析不同转速下保持架和转轴的转速波动情况，本节提出转速波动率的计算公式为

$$\Delta f = \frac{\dfrac{|f_1 - M| + |f_2 - M| + \cdots + |f_n - M|}{n}}{M} \times 100\% \tag{5-10}$$

式中，f_n 表示第 n 个点对应的瞬时转频；M 为平均转频。

利用式 (5-10) 对不同转速下，保持架和转轴的转速波动率进行计算，汇总得到图 5-10。从图中可以看到，随着转轴转频的增大，保持架的转速波动率变大，而转轴的转速波动率比较平稳，可以反映出保持架转速波动的加剧，不是实验过程中轴转速波动引起的，更多的是由轴承内部对保持架作用力的变化所造成的。换句话说，随着转频的增大，滚动体和保持架碰撞以及保持架和引导套圈摩擦加重，导致保持架运动稳定性变差，反映到保持架转速上就是波动更加剧烈。

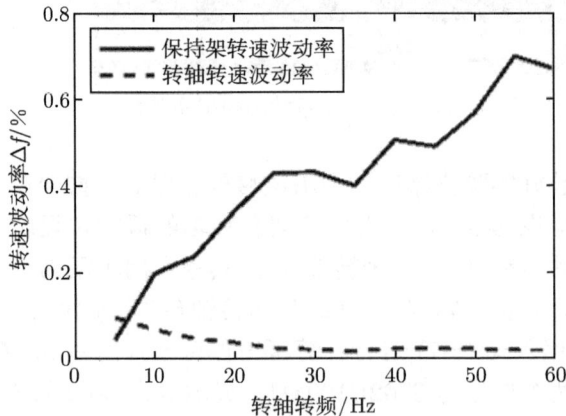

图 5-10　保持架和转轴的转速波动率变化

对轴承座的振动加速度信号进行处理，利用 db8 小波进行小波包分解，选取轴承故障所在频带，对该频带进行重构，最后对重构信号做包络谱分析。以转频 60Hz 为例，得到加速度响应包络谱如图 5-11 所示。图中可以看到转频 f_{ir} (60Hz) 及其三倍频，还可以清晰地看到内圈故障特征频率 f_{bpfi} 为 373.5Hz，两侧有明显的以转频为间隔的边频带，符合内圈故障特征，由此可以确定实际内圈故障特征频率为 373.5Hz。

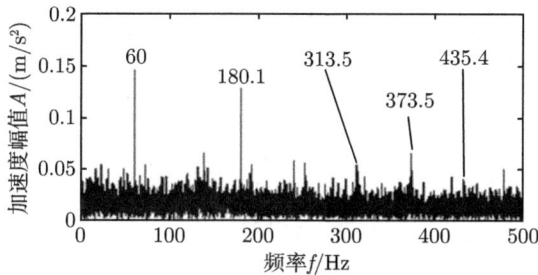

图 5-11　转频 60Hz 下内圈故障加速度响应包络谱

　　通过以上分析，可以计算出保持架平均打滑率以及实际与理论故障特征频率差，分析二者随转轴转频的变化情况，如图 5-12 所示。从图中可以看到随着转轴转频增大，保持架平均打滑率持续增大，而实际与理论故障特征频率差也是同样的趋势。由于轴承几何参数的测量误差，图中低速时的保持架打滑率不为零。

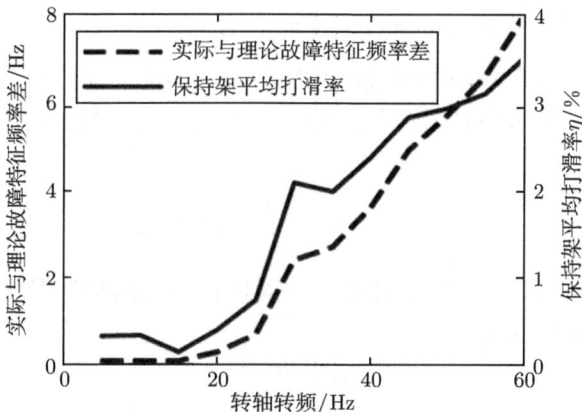

图 5-12　保持架平均打滑率以及实际与理论故障特征频率差变化

　　最后将实验得到的实际与理论故障特征频率差值与式 (5-9) 推导公式计算值列于表 5-2。从表中可以得到，推导公式计算值与实验结果基本一致，说明推导公式的正确性。结合图 5-12 可知，保持架打滑率与转轴转频存在相关关系，即打滑率随着转轴转频增大而持续增大，而保持架理论转频与转轴转频呈线性关系，因此实际与理论的故障特征频率差与转轴转频呈非线性关系，换句话说，随着转轴转速的增大，实际故障特征频率与纯滚动的理论计算值差值的增幅会越来越大，而已有学者提出的实际特征频率变动量为 1%~2% 的假设 [17] 只适用于低速保持架轻微打滑的情况。

表 5-2   内圈故障实验结果与推导公式计算值对比

转轴转频/Hz	实验结果/Hz	计算值/Hz
5	0.1	0.06
10	0.1	0.13
15	0.1	0.09
20	0.3	0.32
25	0.7	0.72
30	2.4	2.44
35	2.7	2.72
40	3.6	3.70
45	4.9	4.99
50	5.7	5.73
55	6.6	6.68
60	8.0	8.25

2. 保持架打滑对外圈故障特征频率的影响

首先对保持架打滑率与外圈故障特征频率之间的关系进行理论推导。结合前面已知条件可知，不考虑打滑，外圈静止，即 f_{or} 为 0 的情况下，保持架相对外圈转频 f_{co} 为

$$f_{co} = f_c - f_{or} = \frac{1}{2}f_{ir}\left(1 - \frac{D}{d_m}\right) \tag{5-11}$$

保持架旋转一周，z 个滚动体会对外圈位置固定的损伤产生 z 个冲击，则理论外圈故障特征频率 f_{bpfo} 为

$$f_{bpfo} = zf_{co} \tag{5-12}$$

考虑保持架打滑，则实际保持架相对外圈转频 f'_{co} 为

$$f'_{co} = f'_c - f_{or} = \frac{1}{2}f_{ir}\left(1 - \frac{D}{d_m}\right) - \eta f_c \tag{5-13}$$

因此，实际外圈故障特征频率 f'_{bpfo} 为

$$f'_{bpfo} = zf'_{co} = f_{bpfo} - z\eta f_c \tag{5-14}$$

即发生打滑后，实际外圈故障特征频率要小于理论故障特征频率，其差值为 $-z\eta f_c$。

完成理论推导后，对推导结果进行实验验证，其中，考虑到保持架引导方式和损伤宽度也会对轴承故障特征频率产生影响，因此下文对这两方面内容分别进行实验分析，并利用动力学模型对实验现象进行解释。

1) 不同引导方式对实验结果的影响

实验依旧在图 5-8 所示的实验台上进行，所用轴承分别为 N202EM 和 NJ202M 圆柱滚子轴承，二者除保持架尺寸外，其余参数均一致，参数分别见表 3-6 和表 5-3。保持架不同引导方式如图 5-13 所示。损伤均设置为宽度 0.5mm、深度 0.5mm 的贯穿式损伤，并且损伤均按图 5-14 固定在轴承座 220° 位置。

表 5-3　NJ202M 圆柱滚子轴承参数

参数	数值
保持架内径/mm	22.38
保持架外径/mm	26.86
滚子个数	11
滚子直径/mm	5.0
滚子长度/mm	5.0
轴承节径/mm	24.5

(a) 保持架内圈引导　　　　　　　　(b) 保持架外圈引导

图 5-13　保持架不同引导方式

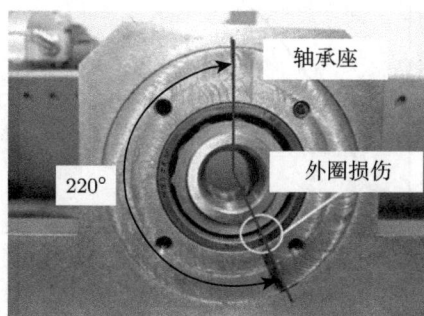

图 5-14　损伤固定位置

　　发生外圈故障时，两种轴承的保持架转速波动随转轴转速变化情况与内圈故障一致，这里不再赘述。同样用小波包加包络谱的信号处理方法对实验结果进行分析，以转频 60Hz 为例，得到加速度振动响应包络谱如图 5-15 所示。从图中可以看到，图 5-15(a) 外圈引导方式下，外圈故障特征频率 f_{bpfo} 为 251.3Hz，并且还可以看到其二倍频 502.5Hz；图 5-15(b) 内圈引导方式下，外圈故障特征频率 f_{bpfo} 为 262.4Hz，并且也可以找到其特征频率二倍频 524.8Hz，二者均符合外圈故障特征。该转速下理论故障特征频率值为 267.3Hz，由此可见，相比于内圈引导方式，外圈引导方式轴承故障特征频率与理论计算值偏差更大。

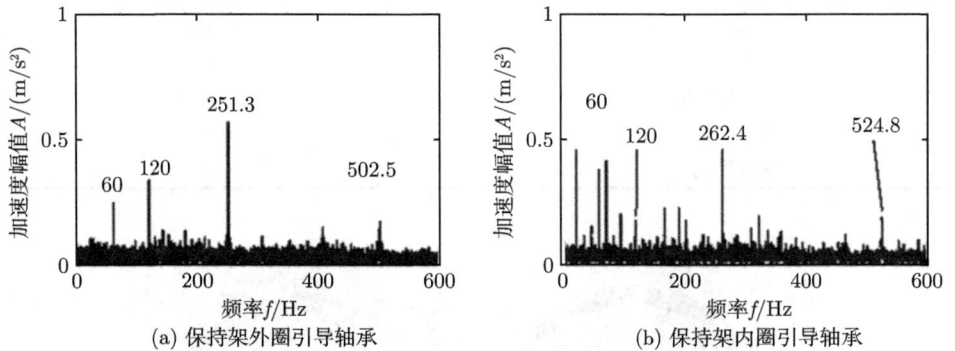

(a) 保持架外圈引导轴承　　　　　　　　　　(b) 保持架内圈引导轴承

图 5-15　转频 60Hz 下外圈故障加速度振动响应包络谱

　　同样，根据上面分析可针对两种引导方式轴承分别计算出保持架打滑率以及实际与理论故障特征频率差，不同引导方式保持架打滑率变化情况如图 5-16 所示。从图中可以看到，随着转轴转频增大，对于外圈引导方式，打滑率持续上升，且变

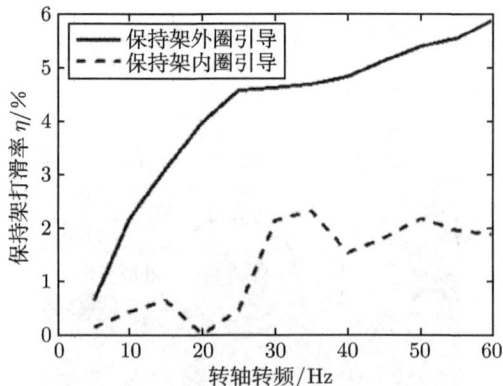

图 5-16　不同引导方式下保持架打滑率变化情况

化明显，而对于内圈引导方式，转轴转频对保持架打滑率有所影响，在转轴转频较高的情况下，保持架打滑率也较大，但相比之下，内圈引导方式打滑率变化较小，在相同转轴转频下打滑不严重。

保持架内圈引导和外圈引导方式均可以用于高速场合[18]，但相比较而言，对于常见的外圈与轴承座固定的圆柱滚子轴承，外圈引导方式润滑效果更好，并且保持架与静止外圈之间的摩擦会降低保持架旋转角速度，而对于内圈引导方式，由于内圈与轴相连通常作为主动套圈推动滚动体的转动，再加上内圈与保持架引导面之间的摩擦力矩也会推动保持架的旋转，因而可减弱打滑[14]。

图 5-17 为两种引导方式下，实际与理论故障特征频率差随转轴转频的变化情况。从图中可以看到，随着转轴转频增大，保持架外圈引导方式下实际与理论故障特征频率差近乎线性的持续增大，而保持架内圈引导方式实际与理论故障特征频率差相比之下变化很小，但依旧可以看到，转轴转频越高，实际与理论故障特征频率实际值与理论值偏差越大。

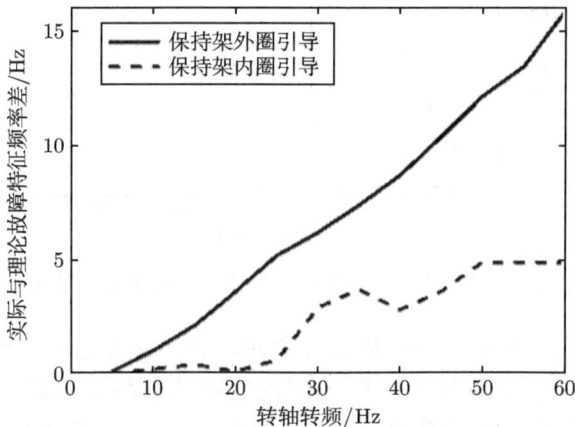

图 5-17　不同引导方式下实际与理论故障特征频率差变化情况

另外，结合图 5-16 打滑率的变化情况，可以看到，实际与理论故障特征频率差随转轴转频变化情况与打滑率变化趋势一致，特别是对于保持架内圈引导方式轴承，二者变化的一致性更加明显，说明了打滑率对实际故障特征频率的影响。另外，通过该实验可以推测，在高转速下，实际故障特征频率与理论计算值的偏差将会更大，不利于实际轴承的故障诊断。

2) 不同损伤宽度对实验结果的影响

在两个型号均为 NJ202M 的圆柱滚子轴承外滚道上加工深度均为 0.5mm、宽度分别为 0.5mm 和 0.2mm 的贯穿式损伤，损伤示意图如图 5-18 所示。

利用同样的方法，对两种损伤宽度轴承的保持架打滑率进行测量，然后进行对比分析，如图 5-19 所示。从图中可以看到，0.5mm 损伤宽度轴承在相同转轴转频下，其打滑率明显要大于损伤宽度为 0.2mm 的轴承，但二者随转轴转频变化趋势均为持续增大。

图 5-18   不同损伤宽度轴承示意图

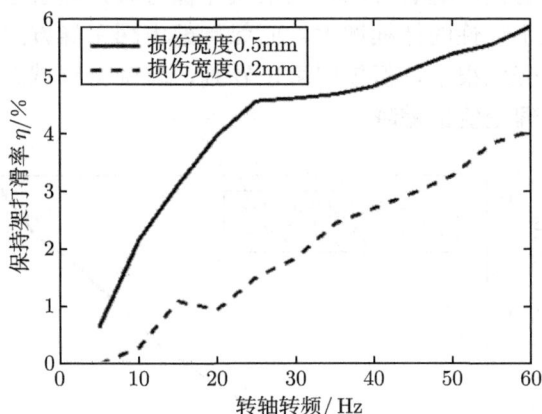

图 5-19   不同损伤宽度下保持架打滑率变化情况

用同样的方法分析轴承外圈竖直方向的振动加速度信号，得到外圈故障特征频率，对比两种损伤宽度轴承实际与理论故障特征频率差随转频变化情况，如图 5-20 所示。从图中可以看到，在同一转频下，损伤宽度为 0.5mm 轴承实际故障特征频率与理论计算值偏差明显要大于损伤宽度为 0.2mm 轴承。并且随着转频增大，与打滑率的变化情况一样，两个轴承的故障特征频率差均持续增大，并且转频越高，增幅越大。

要解释损伤宽度对打滑率及故障特征频率偏差的影响，可以利用故障动力学模型通过仿真进行对比分析。仿真所用轴承参数见表 5-3，转速设定为 3600r/min，损伤深度均为 0.5mm，分别针对 0.2mm、0.5mm 和 0.8mm 三种损伤宽度外圈损伤故障进行仿真，得到损伤区域滚动体和外滚道接触载荷变化情况如图 5-21 所示。从图中可以看到，滚动体与三个损伤碰撞时间并不一致，首先与 0.2mm 宽度损伤发生碰撞，然后是 0.5mm 损伤，最晚进入 0.8mm 宽度的损伤。另外发生碰撞时，三种损伤中滚动体与 0.8mm 宽度的损伤产生的碰撞力最大，0.5mm 损伤

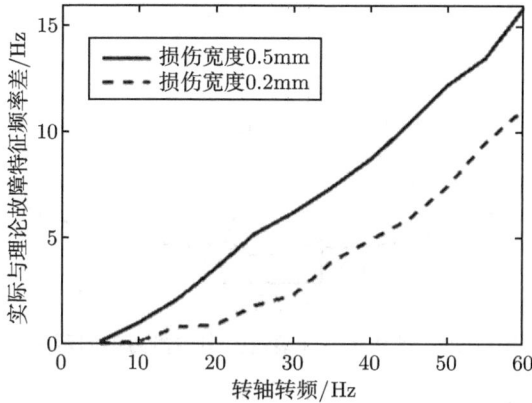

图 5-20　不同损伤宽度下实际与理论故障特征频率差变化情况

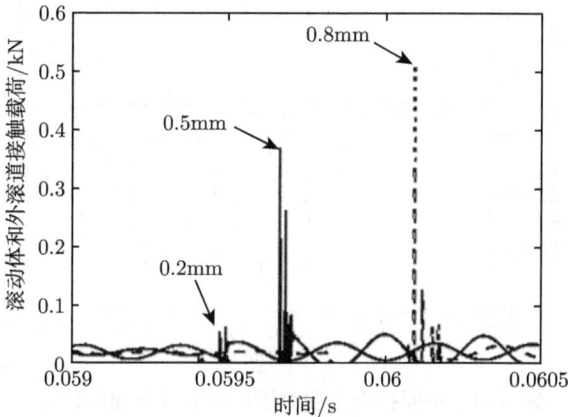

图 5-21　滚动体与不同损伤宽度的外滚道接触载荷变化情况

情况次之，与 0.2mm 宽度损伤的碰撞力最小。结合图 5-22 滚动体与外滚道损伤碰撞力方向示意图可知，碰撞力 F 的切向分力 F_y 与滚动体公转角速度 ω_b 的方向刚好相反，也就意味着碰撞力越大，对滚动体公转角速度抑制作用越大。

图 5-23 为不同损伤宽度下，滚动体公转角速度变化情况。从图中可以看到，损伤宽度越大，其公转角速度越小，刚好证实了上面的推论，也就是说，损伤宽度越大，对应滚动体与损伤碰撞力越大，碰撞力对滚动体公转起阻碍作用，所以导致滚动体公转角速度减小，进而保持架角速度也随之下降，使得保持架打滑更严重，打滑的加剧使得实际轴承故障特征频率相对纯滚动理论计算值的差值更大。

3) 对推导公式的实验验证

以外滚道损伤宽度 0.5mm、深度 0.5mm，保持架外圈引导方式故障轴承的实验结果为例，与式 (5-14) 理论推导公式计算结果进行对比，如表 5-4 所示。从表

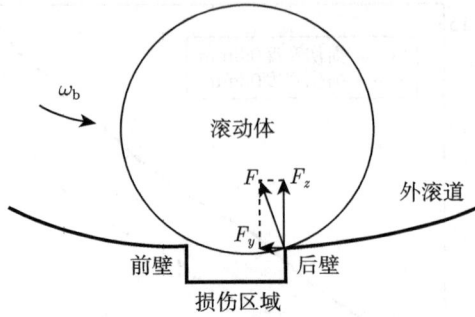

图 5-22　滚动体与外滚道损伤碰撞力方向示意图

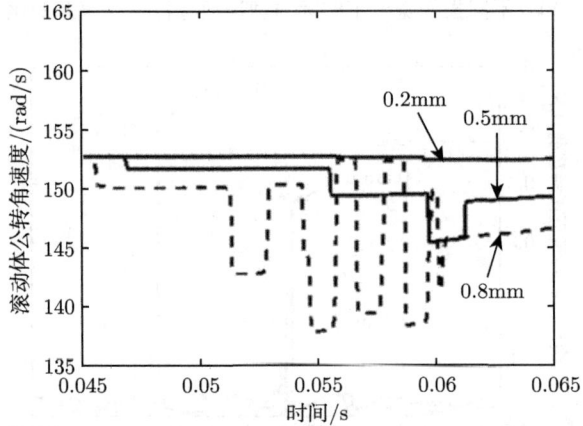

图 5-23　不同损伤宽度对滚动体公转角速度的影响

表 5-4　外圈故障实验结果与推导公式计算值

转轴转频/Hz	实验结果/Hz	计算值/Hz
5	0.1	0.14
10	1.0	0.96
15	2.1	2.07
20	3.6	3.56
25	5.2	5.10
30	6.2	6.17
35	7.4	7.31
40	8.7	8.61
45	10.4	10.27
50	12.2	12.00
55	13.5	13.59
60	15.9	15.72

中可以明显看到，实验得到的实际与理论故障特征频率差值和推导公式 znf_c 的计算值基本一致，证明了推导公式的正确性。

3. 保持架打滑对滚动体故障特征频率的影响

1) 理论推导

若单个滚动体发生损伤，则该滚动体自转一周，与轴承内圈或外圈发生一次碰撞，所以其故障特征频率为滚动体自转转频。实际可测的是保持架转频，忽略保持架兜孔和滚动体之间的间隙，则保持架转频就等于滚动体公转转频。因此，要得到滚动体故障特征频率与保持架打滑率的关系，需要先建立滚动体公转转频和自转转频之间的联系。参考文献 [19] 可知，按照外滚道控制假设，即滚子和外圈接触过程中，始终作纯滚动运动，那么打滑只发生在滚动体和内滚道之间。

轴承各元件速度和运动关系见图 5-24。图中，ω_i 为内圈旋转角速度，ω_c 为滚动体公转角速度，R_o 为外滚道半径，R_r 为滚动体半径，ω_r 为滚动体自转角速度，v_i 和 v_o 分别为滚动体和内、外圈接触点线速度。

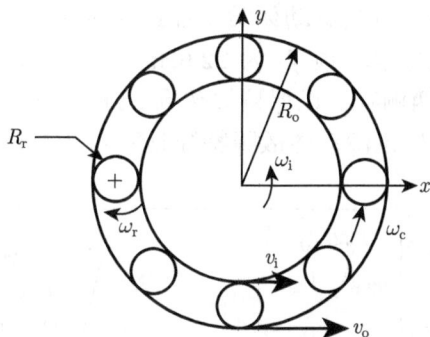

图 5-24　轴承各元件速度和运动关系

基于上面的假设，滚动体与外圈接触点处相对滑移速度为 0，而外圈静止，所以外圈接触点处速度为 0，则滚动体与外圈接触点的线速度 v_o 为

$$v_o = \omega_c R_o - \omega_r R_r \tag{5-15}$$

进而，滚动体和外圈相对滑移速度 Δu 为

$$\Delta u = v_o - 0 = \omega_c R_o - \omega_r R_r = 0 \tag{5-16}$$

所以，滚动体自转角速度与公转角速度之间关系式为

$$\omega_r = \omega_c R_o / R_r \tag{5-17}$$

换算成转频即滚动体理论自转转频 f_r 为

$$f_r = f_c R_o / R_r \tag{5-18}$$

因此，在已知滚动体公转转频即保持架转频 f_c 和保持架打滑率 η 的情况下，可得滚动体实际自转转频 f_r' 为

$$f_r' = (1 - \eta) f_c R_o / R_r \tag{5-19}$$

由此可得实际滚动体故障特征频率 f_{bdb}' 与理论值 f_{bdb} 的差值为

$$f_{bdb}' - f_{bdb} = f_r' - f_r = -\eta f_c R_o / R_r \tag{5-20}$$

即发生打滑后，滚动体实际故障特征频率要小于理论故障特征频率，并且差值为 $-\eta f_c R_o / R_r$。

2) 实验验证

以转频 60Hz 为例，得到滚动体故障加速度响应包络谱如图 5-25 所示。从图中可以清晰地看到保持架转频 f_c 为 22.6Hz，还可以看到滚动体故障特征频率 f_{bdb} 为 245.1Hz，在其两侧存在以保持架转频 22.6Hz 为间隔的边频带，符合滚动体故障特征，所以可以确定滚动体故障特征频率为 245.1Hz。

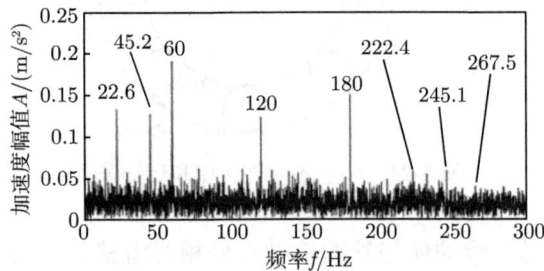

图 5-25　转频 60Hz 下滚动体故障加速度响应包络谱

保持架转速波动情况、保持架打滑率以及实际与理论故障特征频率差随转速变化趋势和内圈故障相同，不再赘述，直接对比滚动体故障实验结果和推导公式计算值，如表 5-5 所示。

从表 5-5 中可以看到，实验得到的实际与理论故障特征频率差与推导公式 $\eta f_c R_o / R_r$ 计算值在个别转速下误差较大，这是外滚道控制假设造成的，实际中滚动体和外滚道之间也可能发生打滑，此外，轴承间隙以及几何尺寸测量误差也会对实验结果产生影响。但整体上基本一致，说明了推导公式的有效性。

表 5-5　滚动体故障实验结果与推导公式计算值

转轴转频/Hz	实验结果/Hz	计算值/Hz
5	0	0.01
10	0	0.27
15	0.1	0.63
20	0.7	1.16
25	2.0	1.82
30	2.5	2.45
35	3.8	3.42
40	4.5	4.59
45	6.6	5.79
50	7.7	7.66
55	9.4	8.93
60	17.6	11.26

5.3　保持架稳定性分析

一般情况下, 保持架的稳定性可以通过保持架的涡动特性进行分析。保持架涡动是保持架质心的一种平移运动。最为著名的保持架涡动模型由 Kingsbury 提出 [20,21], 如图 5-26 所示, 来解释保持架涡动的形成机制。Kingsbury 模型可简单地描述如下: 图 5-26 给出了一个具有 4 个滚球的球轴承, 轴承外圈固定于空间, 内圈旋转, 保持架由外圈引导, 并且保持架兜孔间隙等于保持架引导间隙。惯性坐标系 $O_i x_i y_i z_i$ 的原点固结于外圈的中心 (即轴承中心)。保持架中心与引导套圈中心之间的连线和 z_i 轴的夹角为 ε。图 5-26 在 $y_i z_i$ 平面内对保持架的涡动进行分析。如图 5-26(a) 所示, 在某时刻, 滚球 2 和滚球 4 与保持架发生接触, 并且保持架与引导套圈在 D 点发生接触。此时, $\varepsilon = \pi$。由图 5-26(a) 可见, 由滚球 2 和滚球 4 施加在保持架兜孔上的摩擦力 ($F_{\text{cbt\_2}}$、$F_{\text{cbt\_4}}$) 推动保持架中心沿着 y_i 轴的正方向运动。当保持架涡动 90° 后, 保持架质心的位置如图 5-26(b) 所示。此时保持架与滚球 1 和滚球 3 发生接触, 相应的摩擦力 ($F_{\text{cbt\_1}}$、$F_{\text{cbt\_3}}$) 推动保持架质心沿着 z_i 轴的正方向进行运动。图 5-26(b) 中, $\varepsilon = -\pi/2$。在上述涡动机制下, 滚球和保持架兜孔之间的摩擦力推动保持架质心进行涡动, 涡动轨迹为一个圆, 涡动半径等于保持架引导间隙的一半。

进而, 保持架涡动可以分为稳态涡动与非稳态涡动两种情况。基于文献 [15] 的讨论, 保持架在稳态涡动下的涡动角速度 $\dot{\varepsilon}$ 是一个常数 (等于保持架旋转角速度 ω_c), 并且涡动轨迹是一个规则的圆形, 半径 r_c 也是一个常数。在非稳态涡动情况下, 保持架的涡动轨迹混乱, 涡动半径随时间无规律变化。

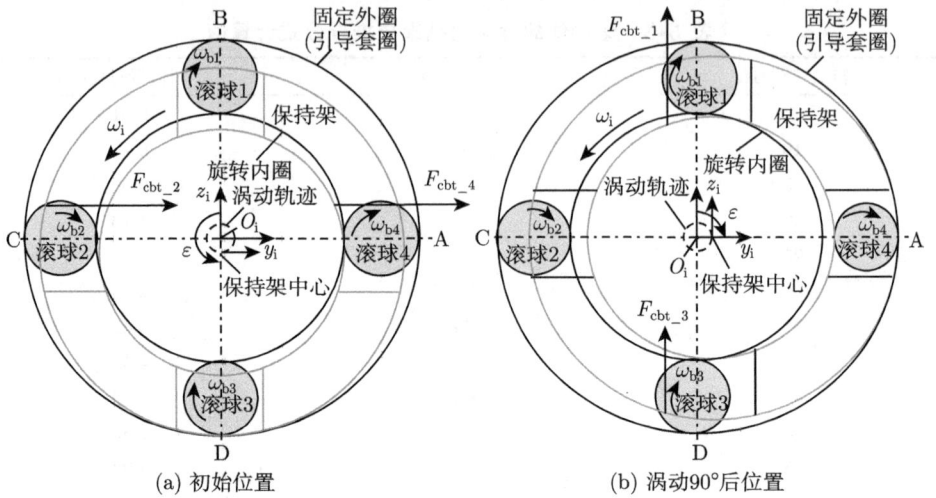

(a) 初始位置　　　　　　　　(b) 涡动90°后位置

图 5-26　Kingsbury 保持架涡动模型 [20]

目前有关保持架稳定性的研究主要集中在离心力以及滚动体/保持架兜孔摩擦力两个载荷上,而对保持架承受的其他载荷的研究相对较少。然而,正确认识这些载荷在稳态涡动中的作用对理解稳态涡动的形成机制,以在设计和使用时降低保持架的不稳定度,提高保持架的使用寿命具有一定的指导作用。因此,本节以球轴承为对象,对保持架承受的各种载荷在其稳态涡动中所起的作用进行分析。这些载荷包括:滚球/保持架兜孔摩擦力、滚球/保持架兜孔法向接触力、保持架/引导套圈摩擦力、保持架/引导套圈法向接触力以及保持架离心力 [22]。轴承参数见表 3-1。本节为了与 Kingsbury 模型一致,滚球个数设置为 4。

为研究保持架载荷在其稳态涡动中所起的作用,首先在保持架质心上建立保持架方位坐标系 $O_{ac}x_{ac}y_{ac}z_{ac}$,如图 5-27 所示 (本节主要在 yz 平面内对保持架的稳定性进行分析)。保持架方位坐标系可以将惯性坐标系 $O_ix_iy_iz_i$ 绕着 x_i 轴旋转 ε 角后得到。保持架方位坐标系的原点 O_{ac} 位于保持架的质心 (中心),z_{ac} 轴的正方向沿着保持架质心的径向方向,也即涡动半径 r_c 增大的方向。基于 Kingsbury 对保持架涡动的定义 (即保持架质心在一个圆上进行平移),y_{ac} 轴的负方向即为保持架质心的瞬时涡动方向。另外,保持架离心力 F_c 沿着 z_{ac} 轴的正方向。当保持架的质量为 m_c 时,离心力的计算方法为

$$F_c = m_c r_c \dot{\varepsilon}^2 \tag{5-21}$$

首先,本节提出一个保持架不稳定度指标以便对保持架运动的稳定程度进行评价。如 Kingsbury 所指出的那样,在稳态涡动下,保持架的涡动角速度 $\dot{\varepsilon}$ 等于

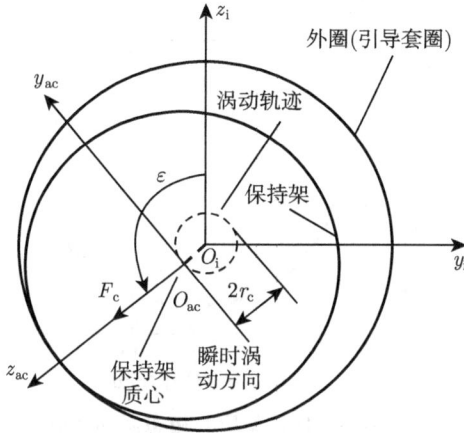

图 5-27　保持架方位坐标系 $O_{ac}x_{ac}y_{ac}z_{ac}$ 及保持架离心力 F_c

保持架旋转角速度 ω_c。另外，在非稳态涡动下，保持架的涡动半径 r_c 及涡动角速度 $\dot{\varepsilon}$ 随时间无规则变化。基于 Kingsbury 对稳态涡动的定义，本节提出如下的不稳定度指标：

$$\Delta\omega_c = \frac{||\dot{y}_{ac}|/r_c - \omega_c|}{\omega_c} \times 100\% \tag{5-22}$$

式中，$\dot{y}_{ac}$ 为保持架质心沿着 y_{ac} 轴的平移速度。在稳态涡动下，$|\dot{y}_{ac}| = \dot{\varepsilon}r_c$，并且 $\dot{\varepsilon}$ 等于 ω_c。较大的 $\Delta\omega_c$ 意味着保持架的不稳定性较为严重。

本节将从增大及维持保持架涡动半径、驱动保持架质心进行涡动以及维持恒定涡动角速度三个方面对各种载荷在稳态涡动中的作用进行分析 [23]。

5.3.1　增大及维持保持架涡动半径的载荷

图 5-28 给出了一个稳态情况下保持架的涡动轨迹 (仿真参数为：轴向力为 1000N，径向力为 0N，转速为 10000r/min，牵引系数模型如图 3-75 所示，其中 μ_∞ 为 0.075)。可以看出，在稳态情况下保持架的涡动轨迹规则，且涡动半径等于保持架引导间隙的一半。

保持架涡动角速度及旋转角速度如图 5-29(a) 所示。从图 5-29(a) 中可以发现，保持架的涡动角速度近似地等于旋转角速度。相应的不稳定度如图 5-29(b) 所示。可以看出，不稳定度 $\Delta\omega_c$ 非常小，且其最大值小于 0.4%，说明 $\dot{\varepsilon}$ 非常接近于 ω_c。这表明保持架已经达到稳态运动 (稳态涡动)。相应的涡动半径如图 5-30 所示。可以看出，在稳态涡动下保持架的涡动半径近似地可以维持为恒定值。

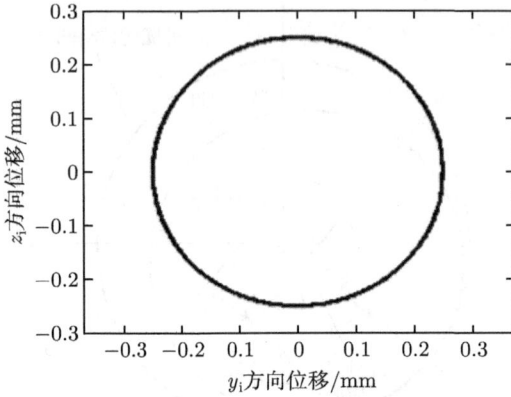

图 5-28　保持架质心稳态涡动轨迹

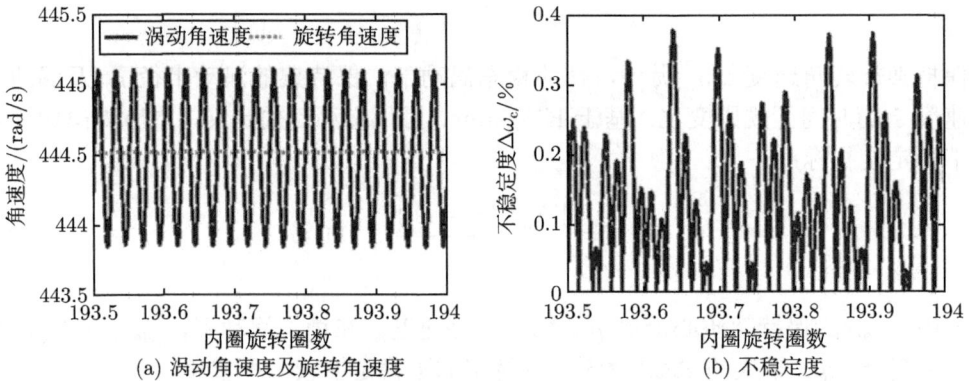

(a) 涡动角速度及旋转角速度 　　　　　　　(b) 不稳定度

图 5-29　稳态涡动下的涡动角速度、旋转角速度及不稳定度

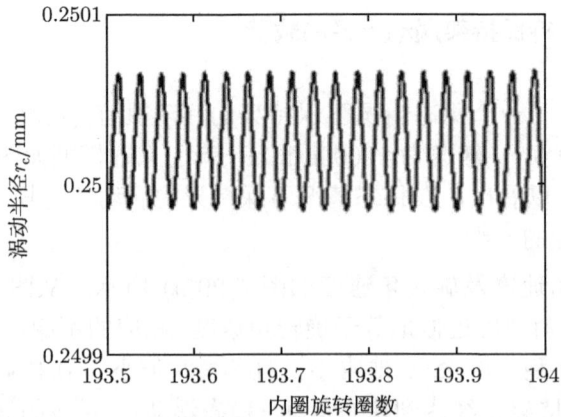

图 5-30　稳态涡动下的涡动半径

为揭示引起保持架涡动半径增大的载荷，取保持架所承受的载荷在 z_{ac} 轴上的分量进行分析。z_{ac} 轴的正方向是涡动半径增大的方向，正的平移加速度 $\ddot{z}_{ac}$ 使保持架质心的涡动半径增大，并使保持架贴紧引导套圈。因此，如果该载荷在 z_{ac} 轴上的分量是正值并在 z_{ac} 轴上产生正的 $\ddot{z}_{ac}$，说明该载荷对涡动半径的增大有一定的作用。z_{ac} 方向加速度、保持架离心力 F_c 以及各载荷的 z_{ac} 分量分别如图 5-31、图 5-32 和图 5-33 所示。从图 5-32 和图 5-33(a) 中可以看出，滚球/保持架兜孔摩擦力的 z_{ac} 分量 F_{cbt_zac} 以及离心力 F_c 均为正值，F_c 和 F_{cbt_zac} 能够产生正的 $\ddot{z}_{ac}$，并使保持架质心的涡动半径增大。另外，从图 5-33(b) 中可以看出滚球/保持架兜孔法向接触力的 z_{ac} 分量 F_{cbn_zac} 周期性地变为正值，说明 F_{cbn_zac} 是另外一个能够对保持架涡动半径的增大产生影响的载荷。

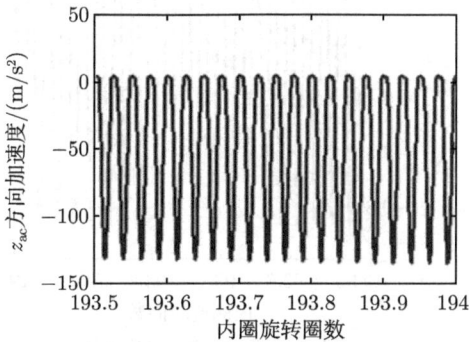

图 5-31　稳态涡动下保持架质心在 z_{ac} 方向
加速度

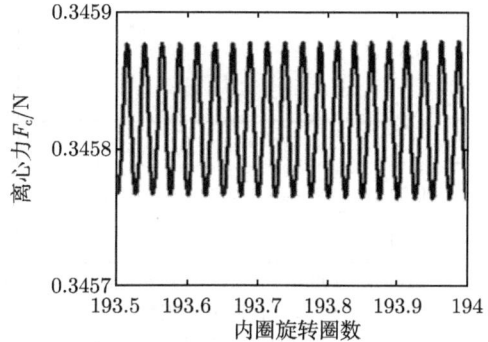

图 5-32　稳态涡动下保持架离心力

进而，为了维持恒定的涡动半径，需要在 z_{ac} 轴的负方向施加一定的载荷，以避免保持架的涡动半径在载荷 F_c、F_{cbt_zac} 以及正的 F_{cbn_zac} 的作用下而持续增大。从图 5-33(b) 和图 5-33(d) 中可以看出，滚球/保持架兜孔法向接触力的 z_{ac} 分量 F_{cbn_zac} (主要是该载荷的负值部分) 以及保持架/引导套圈法向接触力的 z_{ac} 分量 F_{crn_zac} 均在此过程中发挥了重要作用。在上述载荷的共同作用下，保持架质心的涡动半径能够近似地保持为恒值，如图 5-30 所示。

另外，对比图 5-31 和图 5-33(b) 可以发现，载荷 F_{cbn_zac} 的正负号始终与加速度 $\ddot{z}_{ac}$ 的正负号一致，这说明载荷 F_{cbn_zac} 在维持恒定涡动半径中所发挥的作用更为突出。下面将轴承的转速提高到 30000r/min 对该问题进行分析。当轴承转速为 30000r/min 时，轴承内部的打滑加剧。此时，保持架的涡动特性如图 5-34 所示。可以看出，相比图 5-28 所示的稳态涡动，保持在 30000r/min 时涡动轨迹变得杂乱，不稳定度增加。

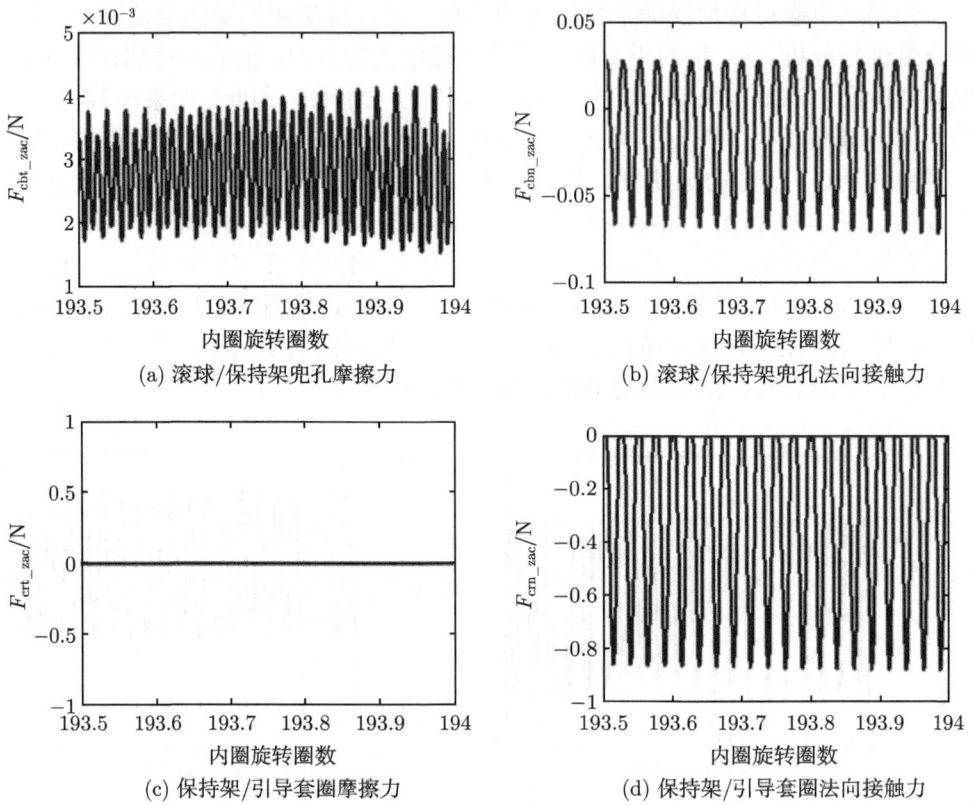

(a) 滚球/保持架兜孔摩擦力

(b) 滚球/保持架兜孔法向接触力

(c) 保持架/引导套圈摩擦力

(d) 保持架/引导套圈法向接触力

图 5-33　稳态涡动下保持架各载荷的 z_{ac} 分量

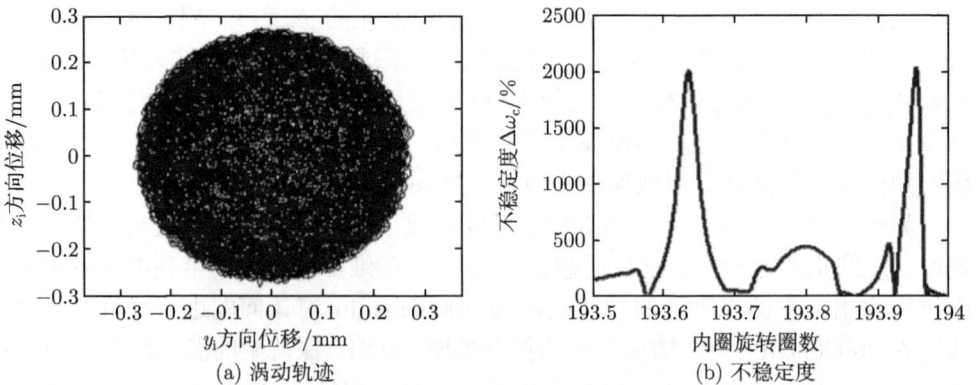

(a) 涡动轨迹

(b) 不稳定度

图 5-34　30000r/min 时保持架的涡动特性 (其他参数与图 5-31 相同)

5.3.2　驱动保持架质心进行涡动的载荷

在保持架方位坐标系 (图 5-27) 中，y_{ac} 轴的负方向是保持架质心的瞬时涡动方向。因此，本节对保持架质心在 y_{ac} 方向的加速度 $\ddot{y}_{ac}$ 以及保持架载荷的 y_{ac} 分量进行分析，分别如图 5-35 和图 5-36 所示。如果该载荷在 y_{ac} 轴上的分量是负值并在 y_{ac} 轴上产生负的平移加速度 $\ddot{y}_{ac}$，则说明该载荷是驱动保持架进行涡动的重要载荷。从图 5-36(b) 中可以发现，滚球/保持架兜孔法向接触力的 y_{ac} 分量 F_{cbn_yac} 恒为负值。因此，载荷 F_{cbn_yac} 能够产生负的加速度 $\ddot{y}_{ac}$，是驱动保持架质心向前涡动的主要载荷。

为了进一步分析滚球/保持架兜孔接触力在驱动保持架质心向前涡动中所起的作用，图 5-37 给出轴向力和径向力同时作用下保持架的涡动轨迹 (图 5-37 中，径向力为 1000N，其余参数与图 5-31 相同)。从图 5-37 中可以看出，此时保持架质心主要在第三象限进行涡动。相比承受纯轴向力的情况 (图 5-31)，此时保持架的不稳定性加剧。

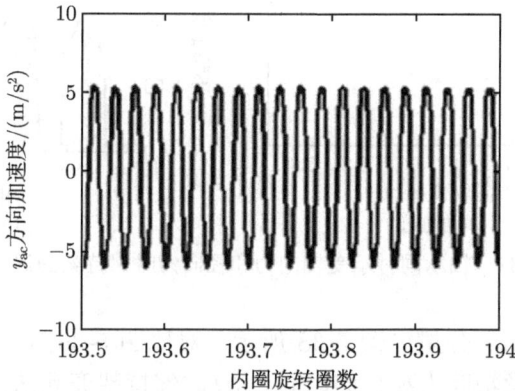

图 5-35　稳态涡动下保持架质心在 y_{ac} 方向的加速度

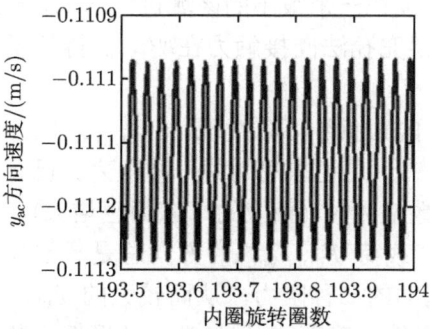

(a) y_{ac} 方向速度

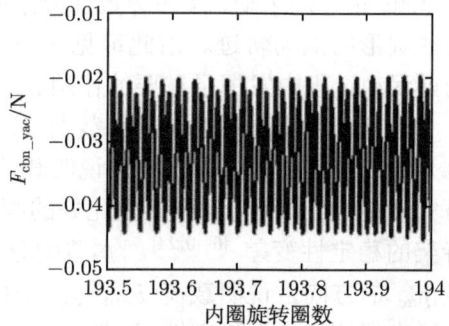

(b) 滚球/保持架兜孔法向接触力

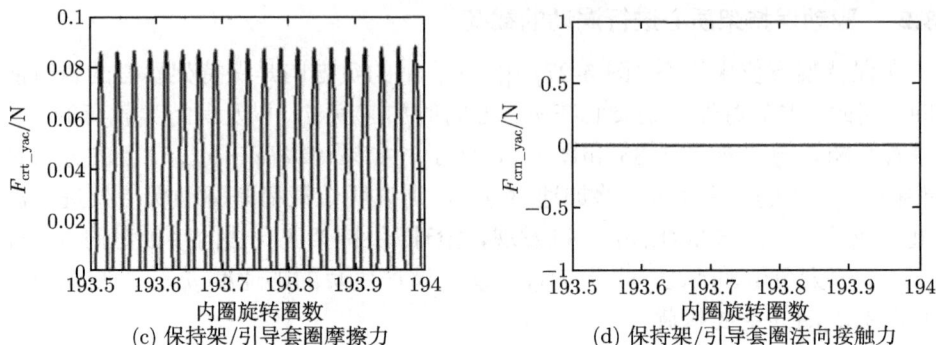

图 5-36　稳态涡动下保持架各载荷的 y_{ac} 分量

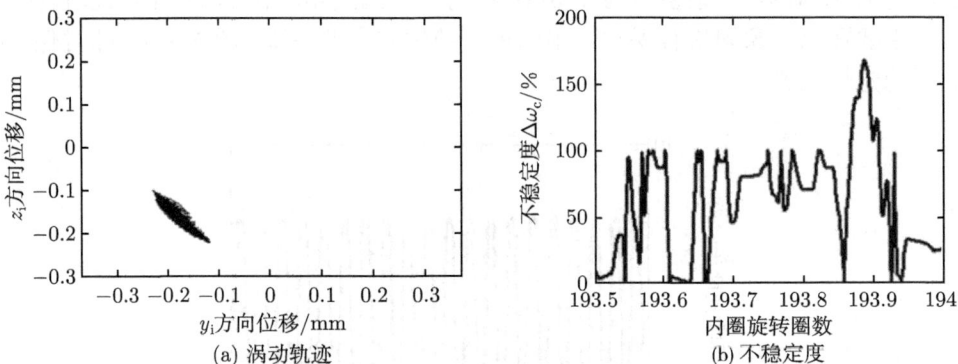

图 5-37　轴承同时承受轴向力和径向力时保持架的涡动特性

　　保持架载荷的 y_{ac} 分量如图 5-38 所示。对比图 5-36(b) 与图 5-38(b) 可以发现，当轴承同时承受轴向力和径向力时，滚球/保持架兜孔法向接触力的 y_{ac} 分量 F_{cbn_yac} 的正负号随着轴承的旋转而发生周期性的变化。负的 F_{cbn_yac} 能够驱动保持架质心沿着 y_{ac} 轴的负方向向前涡动，而正的 F_{cbn_yac} 会使保持架质心沿着 y_{ac} 轴的正方向运动，从而导致保持架质心只能在一个很小的区域进行运动，无法形成圆形的涡动轨迹。由此可见滚球/保持架兜孔法向接触力在驱动保持架质心向前涡动过程中发挥了重要的作用。

　　另外，对比加速度 $\ddot{y}_{ac}$ 和载荷 F_{cbt_yac} 的正负号可以发现，F_{cbt_yac} 的方向总是异于加速度 $\ddot{y}_{ac}$ 的方向，说明载荷 F_{cbt_yac} 是稳态涡动的一种阻力。已有的研究发现，当滚球/保持架兜孔处的摩擦系数增大时 (相应的摩擦力也增大)，保持架的稳定性变差 [6-9,24]。本节的分析发现载荷 F_{cbt_yac} 的方向总是异于加速度 $\ddot{y}_{ac}$ 的方向，说明载荷 F_{cbt_yac} 是稳态涡动的一种阻力，从而较大的 F_{cbt_yac} 会增大保持架的不稳定性，这是保持架不稳定性随着滚球/保持架兜孔摩擦系数的

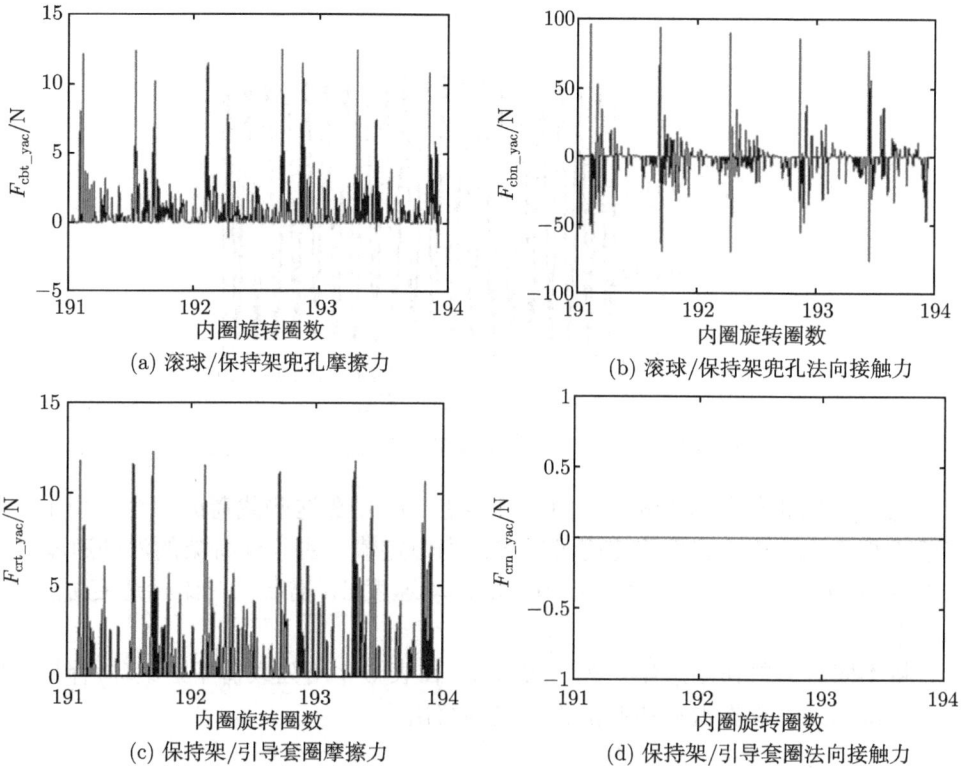

(a) 滚球/保持架兜孔摩擦力

(b) 滚球/保持架兜孔法向接触力

(c) 保持架/引导套圈摩擦力

(d) 保持架/引导套圈法向接触力

图 5-38　轴承同时承受轴向力和径向力时保持架各载荷的 y_{ac} 分量

增大而增大的一种可能原因。

5.3.3　维持恒定涡动速度的载荷

从图 5-35 中可以看出，加速度 $\ddot{y}_{ac}$ 周期性地变为正值或负值，且在 y_{ac} 轴的正方向和负方向绝对值 $|\ddot{y}_{ac}|$ 的最大值近似相等。加速度 $\ddot{y}_{ac}$ 的这种特性保证保持架质心在 y_{ac} 轴上的速度分量 $\dot{y}_{ac}$ 能够近似地维持为恒定值，如图 5-39 所示。否则，速度 $\dot{y}_{ac}$ 将在载荷 F_{cbt_yac} 的负值部分以及载荷 F_{cbt_yac} 的作用下在 y_{ac} 轴的负方向上持续增大。也就是说，需要在 y_{ac} 轴的正方向施加一定的载荷以维持恒定的加速度 $\ddot{y}_{ac}$ 及速度 $\dot{y}_{ac}$。从图 5-36(a) 中可以看出，尽管载荷 F_{cbt_yac} 主要表现为负值，但其周期性地变为正值以产生正的 $\ddot{y}_{ac}$。另外，从图 5-36(c) 中可以看出，保持架/引导套圈摩擦力的 y_{ac} 分量 F_{crt_yac} 总为正值。因此，载荷 F_{cbt_yac} 的正值部分以及载荷 F_{crt_yac} 能够产生正的 $\ddot{y}_{ac}$。

结合 5.3.2 小节分析可以得出，载荷 F_{cbn_yac}、载荷 F_{cbt_yac} 的负值部分能够产生负的加速度 $\ddot{y}_{ac}$ 使保持架质心沿着涡动方向向前涡动，而载荷 F_{crt_yac} 和载

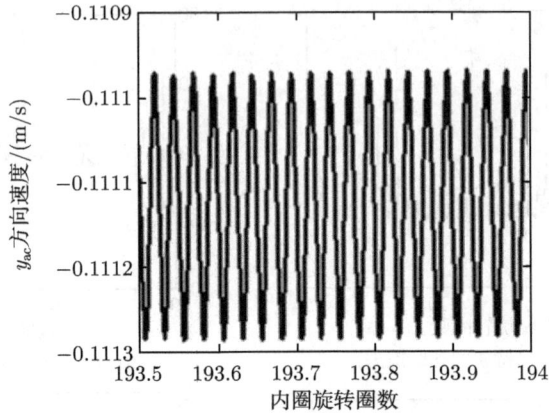

图 5-39　稳态涡动下保持架质心在 y_{ac} 方向的速度

荷 F_{cbt_yac} 的正值部分能够产生正的加速度 $\ddot{y}_{ac}$。在这些载荷的综合作用下，保持架质心在 y_{ac} 轴上的平移速度可以维持为恒定值。由于保持架的涡动速度 $\dot{\varepsilon}$ 可以表示为 $|\dot{y}_{ac}|/r_c$，因此为了维持恒定的涡动速度 $\dot{\varepsilon}$，需要同时维持速度 $\dot{y}_{ac}$ 以及涡动半径 r_c。

将不同载荷的作用总结后列于表 5-6。在表 5-6 所列载荷中，滚球/保持架兜孔法向接触力对稳态涡动所起的作用更为突出。

表 5-6　不同载荷在保持架稳态涡动中的作用

载荷类型	作用
离心力、滚球/保持架兜孔摩擦力、滚球/保持架法向接触力	涡动半径的增大
离心力、滚球/保持架兜孔摩擦力、滚球/保持架法向接触力、保持架/引导套圈法向接触力	维持恒定的涡动半径
滚球/保持架兜孔法向接触力	驱动保持架质心向前涡动
滚球/保持架兜孔摩擦力及法向接触力、保持架/引导套圈摩擦力	维持恒定的平移速度 $\dot{y}_{ac}$

参 考 文 献

[1] 刘秀海, 邓四二, 滕弘飞. 高速圆柱滚子轴承保持架运动分析 [J]. 航空发动机, 2013, 39 (2): 31-38.

[2] WEINZAPFEL N, SADEGHI F.A discrete element approach for modeling cage flexibility in ball bearing dynamics simulations[J]. Journal of Tribology, 2009, 131(2): 021102.

[3] WALTERS C T.The dynamics of ball bearings[J]. Journal of Lubrication Technology-Transactions of the ASME, 1971, 93(1): 1-10.

[4] MEEKS C R.The dynamics of ball separators in ball-bearings. 2. Results of optimization study[J]. ASLE Transactions, 1985, 28(3): 288-295.

[5] MEEKS C R, NG K O.The dynamics of ball separators in ball-bearings. 1. Analysis[J]. ASLE Transactions, 1985, 28(3): 277-287.

[6]　BOESIGER E A, DONLEY A D, LOEWENTHAL S. An analytical and experimental investigation of ball bearing retainer instabilities[J]. Journal of Tribology, 1992, 114(3): 530-538.

[7]　GUPTA P K. Frictional instabilities in ball-bearings[J]. Tribology Transactions, 1988, 31(2): 258-268.

[8]　GUPTA P K. On the frictional instabilities in a cylindrical roller bearing[J]. Tribology Transactions, 1990, 33(3): 395-401.

[9]　KANNEL J, BUPARA S. A simplified model of cage motion in angular contact bearings operating in the EHD lubrication[J]. Journal of Tribology, 1978, 100(3): 395-403.

[10]　PEDERSON B M, SADEGHI F, WASSGREN C. The effects of cage flexibility on ball-to-cage pocket contact forces and cage instability in deep groove ball bearings[J]. SAE Transactions, 2006, 115: 260-271.

[11]　方明伟, 谢向宇, 罗军, 等. 航空发动机主轴后轴承打滑损伤失效分析 [J]. 润滑与密封, 2016, 41(10): 98-102.

[12]　HARRIS T A, MINDEL M H. Rolling element bearing dynamics[J]. Wear, 1973, 23(3): 311-337.

[13]　景新. 圆柱滚子轴承故障动力学建模与试验研究 [D]. 西安: 西安交通大学, 2019.

[14]　刘秀海. 高速滚动轴承动力学分析模型与保持架动态性能研究 [D]. 大连: 大连理工大学, 2011.

[15]　GHAISAS N, WASSGREN C R, SADEGHI F. Cage instabilities in cylindrical roller bearings[J]. Journal of Tribology, 2004, 126(4): 681-689.

[16]　景新, 曹宏瑞, 陈雪峰. 保持架打滑对航空发动机主轴承故障特征频率的影响 [J]. 航空动力学报, 2019, 34(5): 1145-1152.

[17]　SAWALHI N, RANDALL R B.Simulating gear and bearing interactions in the presence of faults—Part I. The combined gear bearing dynamic model and the simulation of localised bearing faults[J]. Mechanical Systems and Signal Processing, 2008, 22(8): 1924-1951.

[18]　王金松, 冯艳琴. 不同引导方式圆柱滚子轴承的应用分析 [J]. 防爆电机, 2014, 49(6): 1-3.

[19]　JONES A B.A general theory for elastically constrained ball and radial roller bearings under arbitrary load and speed conditions[J].Journal of Basic Engineering,1960, 82(2): 309-320.

[20]　KINGSBURY E, WALKER R.Motions of an unstable retainer in an instrument ball-bearing[J].Journal of Tribology, 1994, 116(2): 202-208.

[21]　KINGSBURY E P.Torque variations in instrument ball bearings[J].Tribology Transactions, 1965, 8(4): 435-441.

[22]　NIU L, CAO H, HE Z, et al.An investigation on the occurrence of stable cage whirl motions in ball bearings based on dynamic simulations[J].Tribology International, 2016, 103: 12-24.

[23]　牛蔺楷. 高速滚动轴承局部损伤动力学建模及振动响应机理研究 [D]. 西安: 西安交通大学, 2016.

[24]　RIVERA M P.Bearing-cage frictional instability—A mechanical model[J]. Tribology Transactions, 1991, 34(1): 117-121.

第 6 章　双半内圈球轴承三点异常接触及滑动分析

6.1　引　言

双半内圈球轴承广泛地应用于航空发动机、燃气轮机等重大装备中，具有结构紧凑，装配方便，可承受双向轴向载荷且载荷变向时轴向窜动小等优点。该类轴承在正常工作时滚球应与内、外圈各仅有一个接触点，但是在垫片宽度等轴承参数设计不合理或径向载荷占比较大时，轴承会产生异常三点接触[1]。当轴承产生异常接触且高速运转时，钢球会在受载较小即非承力内圈上出现严重滑动，使滚球和套圈表面产生较大的切应力，严重时会产生"猫眼圈"等磨损故障，影响轴承运行状态，甚至使轴承过早失效。

许多学者对双半内圈球轴承的振动特性[2]、承载状态[3]、刚度[4]和疲劳寿命[5]等进行了深入研究。对于球轴承的打滑特性，也有学者进行了研究[6,7]。本章主要阐明双半内圈球轴承的异常接触状态和接触区滑动状态，首先通过几何分析研究了轴承异常接触的设计参数边界条件，进一步应用动力学模型研究不同载荷及不同结构参数条件下轴承的异常接触状态。其次通过实验研究轴向和径向载荷对异常接触状态的影响规律并与模型仿真结果对比，验证模型对轴承三点接触状态仿真的有效性。最后分析轴承各接触区内的滚球相对套圈的滑动速度，研究了轴承产生三点接触时和高速工况下，各接触区内滚球相对套圈的滑动现象，并通过 PV (压强与滑动速度乘积) 值[8]对轴承产生磨损的风险进行定量评估。

6.2　双半内圈球轴承异常接触条件分析

6.2.1　几何条件分析

1. 异常接触几何边界条件

双半内圈球轴承几何关系最直观的示意方法为深沟球轴承内圈平行于中心径向截面对称地切除一定宽度的材料从而获得两个内半圈，示意如图 6-1 所示。对于内、外圈沟曲率系数 f_i、f_o 及滚球直径 D 等基本参数已知的双半内圈球轴承，要确定轴承结构还需以下参数：径向游隙 S_d、垫片角 α_g、垫片宽度 g_i，其中

径向游隙 S_d 可表示为 [9]

$$S_d = P_d - (2f_i - 1)(1 - \cos\alpha_g)D \tag{6-1}$$

式中，P_d 为对应深沟球轴承径向游隙。式 (6-1) 游隙对应关系见图 6-1。

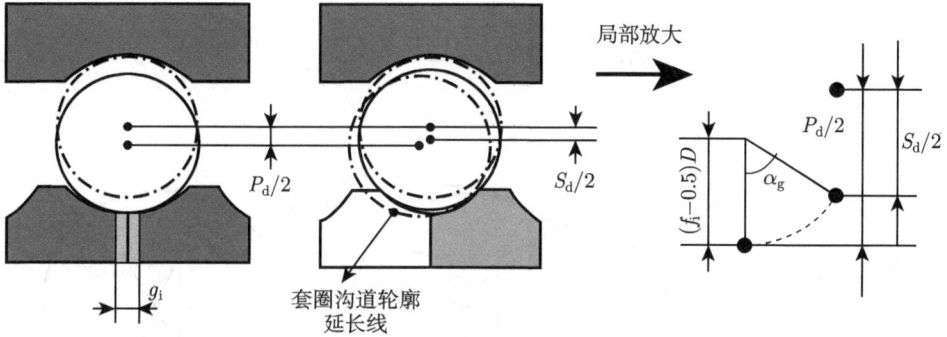

图 6-1　双半内圈球轴承径向游隙

垫片角 α_g 可表示为

$$\alpha_g = \arcsin\frac{g_i}{(2f_i - 1)D} \tag{6-2}$$

而对于判断异常接触条件的另一个重要参数为初始接触角 α_{ini}，其表达式为

$$\alpha_{ini} = \arccos\left(1 - \frac{S_d + (2f_i - 1)(1 - \cos\alpha_g)D}{2(f_i + f_o - 1)D}\right) \tag{6-3}$$

双半内圈球轴承垫片角和初始接触角如图 6-2 所示。

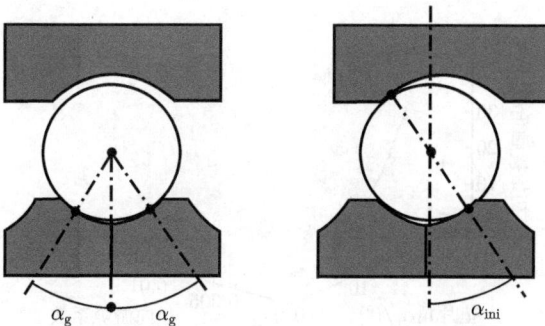

图 6-2　双半内圈球轴承垫片角和初始接触角

参数设计时，从几何角度分析，双半内圈球轴承发生异常三点接触的条件如图 6-3 所示，且公式表达为

$$\alpha_{\mathrm{ini}} \leqslant \alpha_{\mathrm{g}} \tag{6-4}$$

为表达简便，令 $Z = S_{\mathrm{d}}/D$ 为游隙系数，$B = f_{\mathrm{i}} + f_{\mathrm{o}} - 1$ 为曲率系数，则式 (6-3) 可化简为

$$\alpha_{\mathrm{ini}} = \arccos\left(1 - \frac{Z}{2B} - \frac{(2f_{\mathrm{i}} - 1)(1 - \cos\alpha_{\mathrm{g}})}{2B}\right) \tag{6-5}$$

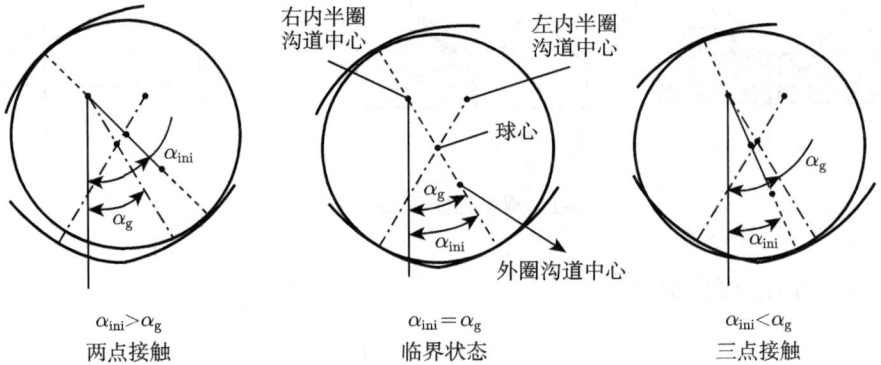

图 6-3　异常接触状态与临界条件

将式 (6-5) 代入式 (6-4) 可得不产生异常接触时基本设计参数径向游隙系数与垫片角关系。以 $f_{\mathrm{i}} = 0.54$，$f_{\mathrm{o}} = 0.52$ 为例，其关系如图 6-4 所示，图中虚线为两曲面交线在 $\alpha_{\mathrm{g}}\text{-}Z$ 平面的投影，图中虚线框内区域为三点接触参数对应区域，框外为两点接触区域。

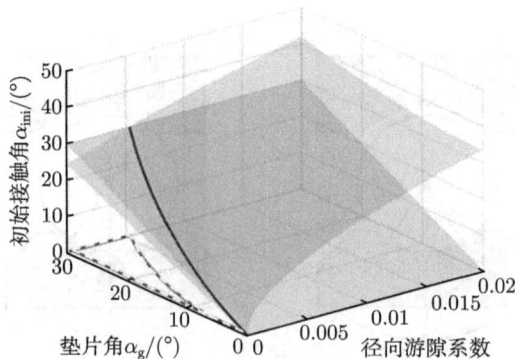

图 6-4　径向游隙系数、垫片角及初始接触角关系

对于临界状态即 $\alpha_{\mathrm{ini}} = \alpha_{\mathrm{g}}$，可得

$$\alpha_{\mathrm{ini}} = \alpha_{\mathrm{g}} = \arccos\left(1 - \frac{Z}{2f_{\mathrm{o}} - 1}\right) \tag{6-6}$$

令垫片宽度系数 $G = g_{\mathrm{i}}/D$，联立式 (6-2) 和式 (6-6) 可得异常接触临界状态下垫片宽度系数与径向游隙系数关系为

$$\left(\frac{G}{2f_{\mathrm{i}} - 1}\right)^2 + \left(1 - \frac{Z}{2f_{\mathrm{o}} - 1}\right)^2 = 1 \tag{6-7}$$

其中，$G > 0$，$Z < 2f_{\mathrm{o}} - 1$。三点接触临界状态下，垫片宽度系数与径向游隙系数的关系如图 6-5 所示，在 GOZ 平面内，参数对应坐标点位于曲线右下方时双半内圈球轴承滚球不产生三点接触，坐标点位于曲线左上方时双半内圈球轴承产生三点接触，即垫片宽度越小，径向游隙越大，轴承产生三点接触的风险越小。

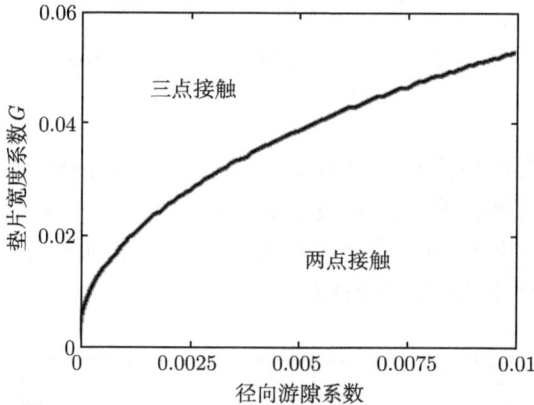

图 6-5　三点接触临界状态垫片宽度系数与径向游隙系数关系

2. 影响因素分析

异常接触临界状态下，轴承游隙系数和垫片角的关系与轴承内外圈沟曲率系数有关，且在实际工况中对于轴承受力或装配存在误差时，即轴承内外圈存在不对中量 Δd 时，上述关系即式 (6-5) 需要进行修正。

不同内外圈沟曲率设计值下，异常接触临界状态时垫片宽度系数与径向游隙系数关系变化规律如图 6-6 和图 6-7 所示。由图可得，径向游隙确定时内圈沟曲率系数越大临界垫片宽度越大，异常接触的边界条件有所放松。对于外圈沟曲率系数，临界状态下垫片宽度系数随其升高而下降，即不产生异常接触的条件更加严苛。所以在轴承设计阶段需综合考虑轴承异常接触条件和轴承接触载荷确定内外圈沟曲率系数。

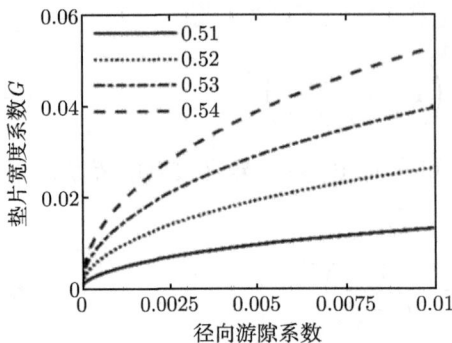

图 6-6　内圈沟曲率系数对异常接触边界的
　　　　影响

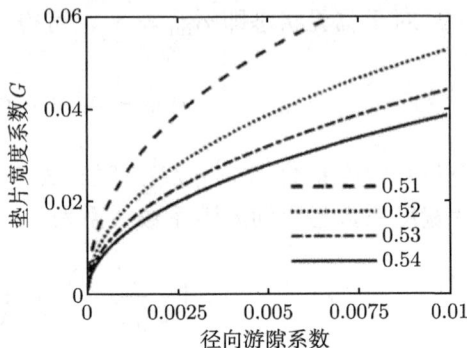

图 6-7　外圈沟曲率系数对异常接触边界的
　　　　影响

当轴承内外圈存在平行不对中量 Δd 时，即轴承内圈中心轴线与外圈中心轴线平行且距离为 Δd，式 (6-5) 修正如下：

$$\alpha_{\mathrm{ini}} = \arccos\left(1 - \frac{Z}{2B} - \frac{(2f_{\mathrm{i}} - 1)\left(1 - \cos\alpha_{\mathrm{g}}\right)}{2B} + \frac{\Delta d}{BD}\right) \tag{6-8}$$

图 6-8 展示了当滚球直径为 9.5mm，轴承内外圈存在平行不对中时，异常接触临界状态径向游隙系数和垫片宽度系数关系的变化。可以看出垫片宽度系数相同时，当平行不对中量增加，异常接触临界状态的径向游隙系数增加，即避免轴承产生三点接触需要更大的径向游隙。

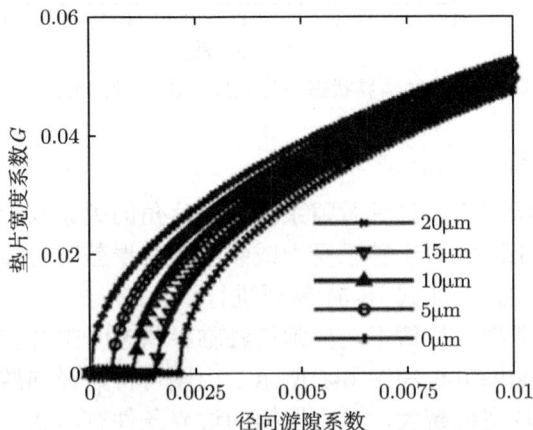

图 6-8　内外圈平行不对中对异常接触边界的影响

上述几何分析虽然在轴承参数初始设计阶段应用较为简便有效但是均未考虑轴

承运行工况及受力状态，仅仅针对几何因素进行分析，与现实轴承受载工况下有所区别。因此，需要实验与仿真分析对设计参数进行验证，下一节将对其进行阐述。

6.2.2　受载工况下异常接触仿真

应用第 2 章双半内圈球轴承动力学模型，研究其在不同轴向和径向加载工况下异常接触状态，即滚球和非承力内半圈沟道曲面接触状态。轴承定体坐标系与载荷方向如图 6-9 所示。本小节仿真轴承详细参数见表 6-1，取垫片宽度 $g_i = 0.236mm$。

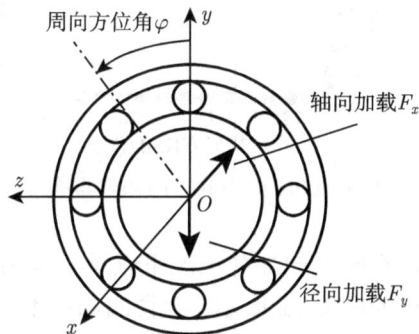

图 6-9　加载方向与周向方位角

表 6-1　轴承参数

参数	数值
滚动体个数	11
轴承宽度/mm	15
滚动体直径/mm	7.85
轴承内径 d_i/mm	25
轴承外径 d_o/mm	52
轴承节径 d_m/mm	38.5
初始接触角 α_o/($^\circ$)	30
内圈沟曲率系数	0.51
外圈沟曲率系数	0.525
滚动体、内外圈和转子材料泊松比	0.3
滚动体密度/(kg/m³)	7850
滚动体、内外圈材料弹性模量/GPa	210

当轴向加载 100N 时，不同径向加载时轴承非承力内半圈与滚球接触载荷在 yOz 平面内不同周向位置上的分布情况如图 6-10 所示。当轴向加载为 100N 时，

径向加载由 100N 增加至 500N 的过程中，滚球与非承力内半圈始终存在接触载荷，且随着径向力的增加接触载荷逐步增大。

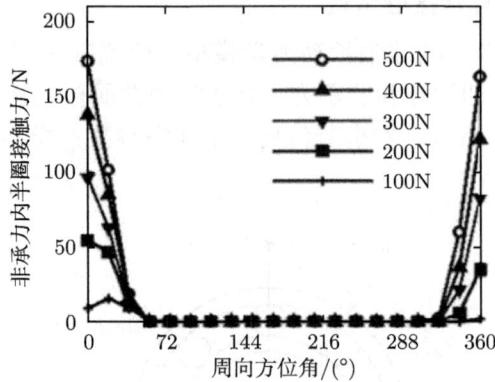

图 6-10　轴向力为 100N 时不同径向加载非承力内半圈接触力

轴向加载 500N 时，不同径向加载工况下轴承非承力内半圈与滚球接触载荷在周向位置上的分布情况如图 6-11 所示。当径向加载不大于 200N 时滚球与非承力内半圈未发生三点接触，当径向加载增加至 300N 时滚球与非承力内半圈接触载荷非零，即发生了异常接触，且随着径向力的增加接触载荷逐步增大。

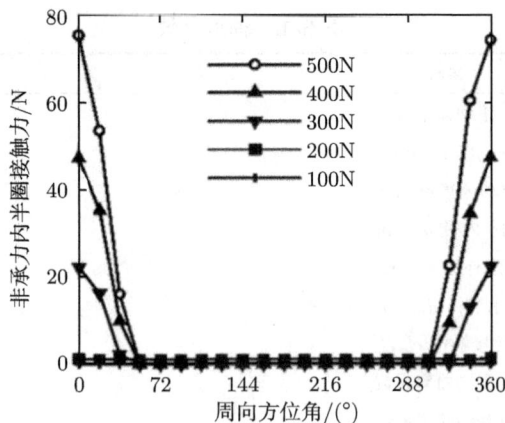

图 6-11　轴向力为 500N 时不同径向加载非承力内半圈接触力

如图 6-12 所示，不同轴向加载工况下的仿真结果，存在与上述两组仿真相同的现象，轴向力一定时当径向力大于一定数值后产生异常三点接触，非承力内半圈接触力不为零且随着径向力的增加而增大，并且产生异常接触的径向力临界数值随着轴向力的增加而增加。

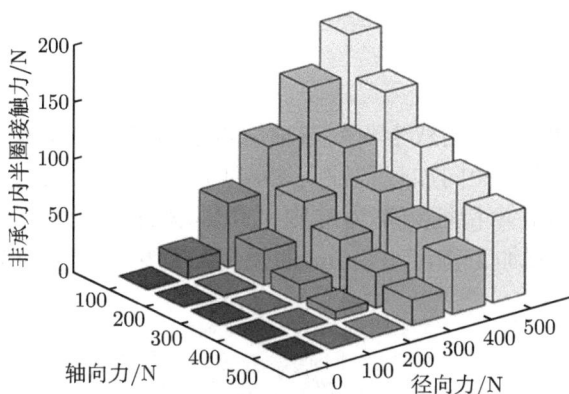

图 6-12　不同径向、轴向加载时轴承非承力内半圈接触力

图 6-13 为轴承转速 600r/min，轴向力从 100N 增加至 1000N 时不同径向载荷下非承力内半圈接触力，图中虚线区域为轴承不产生异常接触区域。可以看出随着轴向力的增加，产生异常接触的临界径向加载也随之增大，且相同径向力作用下，轴向力越小非承力内半圈接触力越大，即异常接触现象越严重。当轴向力相对较大且稳定时，由径向力引起异常接触风险变小，因此在轴承实际运行中保证轴向载荷充足且稳定是防止轴承异常接触的有效途径。

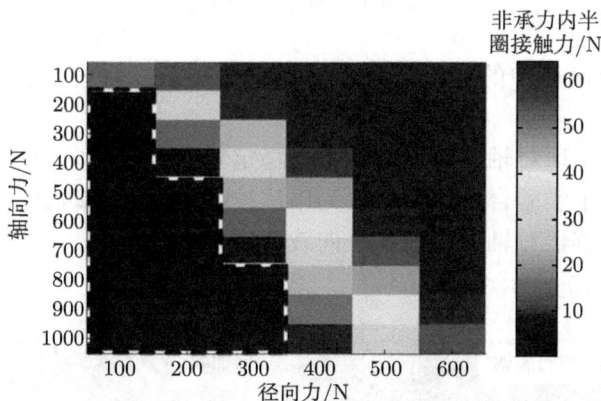

图 6-13　轴承转速 600r/min 时不同径向、轴向加载时轴承非承力内半圈接触力

6.2.3　受载工况下异常接触实验

双半内圈球轴承在实际工作过程中会同时承受轴向载荷和径向载荷，当轴向载荷变向或降低时，径向载荷占比增大，双半内圈球轴承非承力内半圈会产生异常接触。因此在不同的轴向载荷和径向载荷作用下，分析双半内圈球轴承接触状态具有重要意义。本节通过实验对不同轴向和径向载荷作用下轴承异常接触状态

进行研究分析。

1. 实验设计

实验通过将预制损伤的双半内圈球轴承内半圈装配于非承力位置，承力内半圈完好，对轴承在不同径向加载和轴向加载工况下进行振动响应测量，以振动信号中是否包含内圈故障特征频率为准则判断轴承是否产生三点接触。双半内圈球轴承带损伤内半圈加工宽度 0.6mm 的损伤，贯穿于整个沟道截面，其实物如图 6-14 所示。

图 6-14　带损伤内半圈

以下对实验设计中的加载装置、轴系和振动测试系统及垫片宽度测量进行介绍。

该实验需要实现对轴系施加可控制的稳定轴向力和径向力，且加载装置需要小型化以适配转子实验台。加载方案为以旋拧螺栓推动活动滑块进行施力，并通过内置微型力传感器对轴向载荷和径向载荷进行定量测量，径向加载和轴向加载装置实物如图 6-15 所示。

图 6-15　加载装置

需要注意的是该实验带损伤内半圈需要安装在非承力位置即轴向施力方向需要与损伤内半圈安装方向适配，其位置及轴系传力关系如图 6-16 所示。

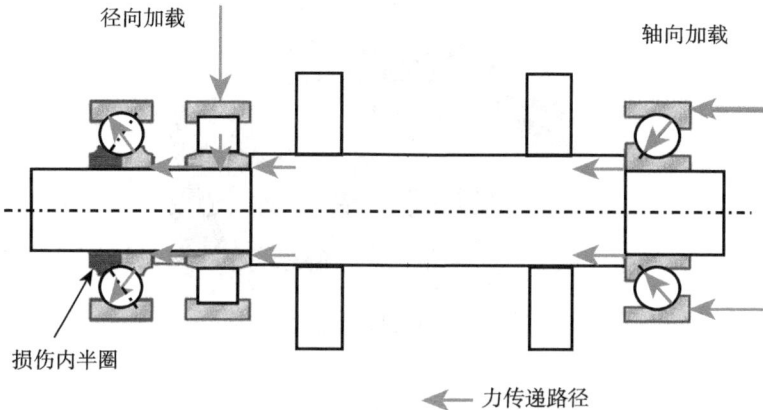

图 6-16　损伤内半圈位置及轴系传力关系

轴承基本参数见表 6-1，为研究不同受载工况下异常接触状态，需要轴承垫片宽度数值，且内外圈曲率半径需要精确测量。测量方法如下：以轴承内半圈内侧平面为零基准面，通过扫描法测量沟道位置参数确定其曲率半径及曲率半径中心位置，通过不同圆周位置测量取平均获得曲率半径中心高度，该高度是垫片宽度的一半。图 6-17 为内半圈测量方案。对于外圈，为方便拆卸测量，需将轴承外圈切断取出测量，外圈切断后各部件实物如图 6-18 所示。

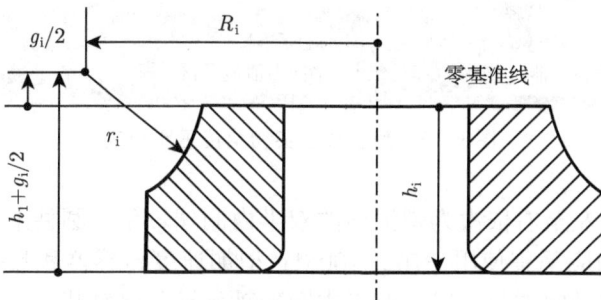

图 6-17　内半圈测量方案

利用三坐标测量仪，测量得到内半圈曲率半径为 4.083mm，曲率中心高度为 0.118mm，曲率中心所在圆半径为 19.602mm；外圈曲率半径为 4.187mm，曲率中心所在圆半径为 19.264mm。

振动响应实验在转子实验台上进行，图 6-19 为测量转子实物及传感器布置。

图 6-18　外圈切断轴承部件

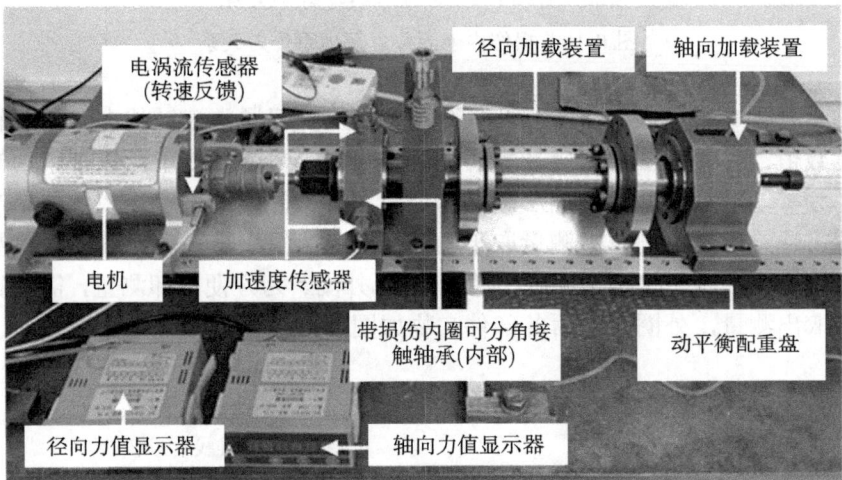

图 6-19　测量转子实物及传感器布置

转子轴承支承从左至右依次为带损伤的双半内圈球轴承、圆柱滚子轴承和角接触球轴承，振动响应采集使用 8702B100M1 型加速度传感器和数据采集系统。为研究不同轴向和径向加载工况下双半内圈球轴承异常接触状态，固定转子转速为600r/min，轴向加载从 100N 间隔 100N 升至 500N，径向加载从 0N 间隔 100N升至 500N，共 30 组不同轴向加载和径向加载工况下轴承振动响应。实验采样频率为10240Hz，每组实验有效采样时间为20s，频率分辨率为 0.05Hz。将实验采集所得数据经小波包分解提取振动信号中的冲击振荡成分，并进行包络谱分析，若包络谱中存在内圈故障特征频率成分则在该组加载状态下双半内圈球轴承发生异常接触，反之无异常接触发生。

2. 实验结果分析

轴向力 500N 时不同径向加载下轴承故障特征频率成分如图 6-20 所示。图中 f_i 为内圈故障特征频率。实验转子转速为 600r/min，由几何参数及式 (3-51) 计算可得内圈故障特征频率约为 64.7Hz。观察可得，径向力低于 200N 振动信号包络谱中无内圈故障特征频率成分，可判断为未产生异常接触，而径向力高于 200N 时振动信号包络谱中存在内圈故障特征频率及其调制成分，且随径向力增加冲击越严重，内圈故障特征频率成分峰值升高，可判断产生异常接触。

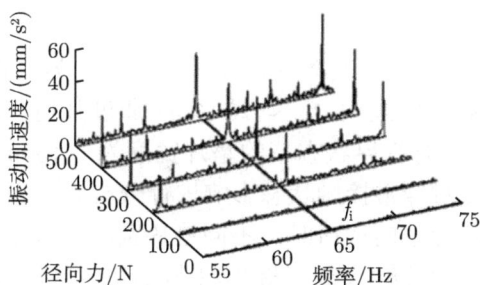

图 6-20　轴向力 500N 时不同径向加载下轴承故障特征频率成分

对于轴向力由 100N 增加至 500N 工况，小波包分解后重构信号包络谱中内圈故障特征频率成分幅值见图 6-21。图中当轴向力为 500N 时径向力增加至 200N 后振动信号包络谱中有较为明显的内圈故障特征频率，轴承非承力内半圈发生异常接触；当轴向力为 400N 时径向力增加至 100N 后出现较为明显的内圈故障特征频率，发生异常接触；当轴向力小于等于 300N 时，无论是否有径向加载，轴承始终有较为明显的内圈故障特征频率，即产生异常接触。

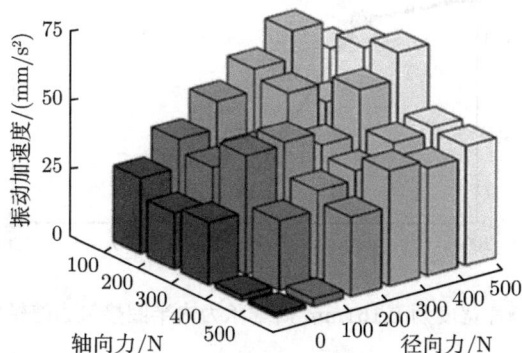

图 6-21　不同轴向和径向加载包络谱轴承故障特征频率成分幅值

由图 6-21 可得随着轴向力的减小和径向力的增大，内圈故障特征频率成分幅值具有增大的趋势。滚球与非承力内半圈接触力随着轴向力减小和径向力增大而增大为图 6-12 仿真研究所得结论，其和实验研究结果一致，即接触载荷越大损伤内圈振动冲击能量越高。

6.2.4　结构参数对轴承异常接触的影响

双半内圈球轴承异常接触的影响因素除轴向、径向加载等运行工况外，轴承的结构参数，包括垫片宽度、设计接触角，对于异常接触状态也有较大的影响。

1. 垫片宽度

由 6.2.1 小节所述几何分析可得轴承垫片宽度对于异常接触有着重要的影响。已知表 6-1 中轴承参数，由式 (6-1) ～ 式 (6-5) 通过几何分析可得轴承设计接触角 (初始接触角) 为 30° 时临界状态下的垫片宽度为 0.156mm。本节对轴承承受载荷作用时，垫片宽度对异常接触状态影响进行分析。

首先分析轴承仅承受轴向载荷时，不同垫片宽度的轴承在承受不同轴向载荷时滚球与非承力内半圈的接触状态。图 6-22 显示垫片宽度 0.161mm 时，在承受纯轴向力工况下非承力内半圈接触力变化，轴承转速为 600r/min。观察可得：当轴承垫片宽度略大于几何分析所得垫片宽度时，在轴向力较小时非承力内半圈接触力非零，当轴向力大于某值之后异常接触状态消失。说明保证轴承的轴向力较大且稳定是减少双半内圈球轴承产生异常接触的重要措施。

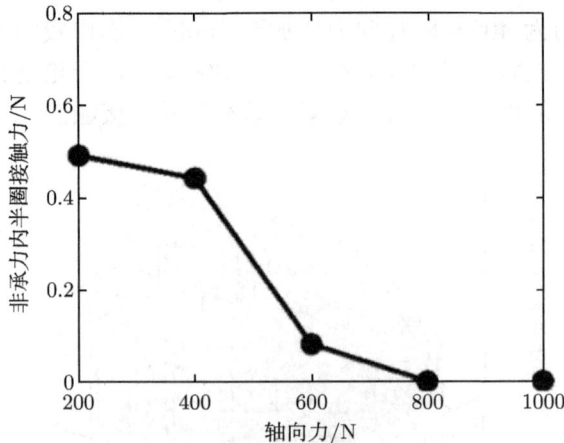

图 6-22　垫片宽度为 0.161mm 时非承力内半圈接触力随轴向力变化

在轴承实际加工中，垫片宽度往往由于加工条件所限存在一定的尺寸误差。图 6-23 显示不同垫片宽度时双半内圈球轴承非承力内半圈的接触力变化，该仿真中轴承仅承受轴向力。观察可得：在垫片宽度相同时，非承力内半圈的接触力随着轴向力的增加，先增加后减小并最终趋近于零。其原因是轴承承受较大轴向力时，非承力内半圈向受力方向产生位移逐渐远离滚球，使其几何趋近量减小并最终降为零，导致滚球与非承力内半圈脱离接触。

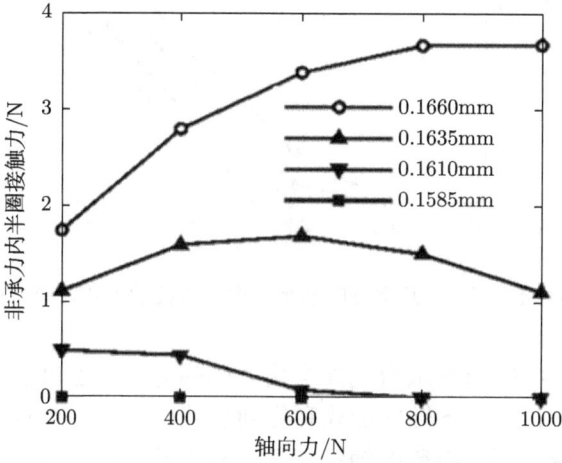

图 6-23　不同垫片宽度时非承力内半圈接触力随轴向力变化

　　因为加工误差的存在，在实际应用中垫片宽度值在一定范围内浮动。当轴承承受径向载荷相对于轴向载荷可忽略时，为避免异常接触垫片宽度应小于几何分析所得垫片宽度临界值，而为保证轴承窜动较小需要垫片宽度较大。在轴承实际设计和加工中应权衡特定工况下轴承异常接触和轴向窜动现象给定垫片宽度值。

　　当径向载荷相对于轴向载荷不可忽略时，对于垫片宽度的选择和确定与承受纯轴向载荷时的准则不同，相比而言其避免异常接触的条件更加严苛。图 6-24 为在轴向力 1000N、转速 600r/min 下不同垫片宽度时非承力内半圈接触力随径向力的变化，图中所示轴承垫片宽度为 0.1100~0.1250mm，均小于几何分析所得异常接触垫片宽度的临界值 0.156mm。几何分析可得其不产生异常接触，但是由于径向力的作用，轴承非承力内半圈的接触力为非零值。观察可得在确定垫片宽度和轴向力的情况下，异常接触点的接触载荷随着径向力的增加由零逐渐增加且在产生异常接触后，异常接触点的接触力与径向力的增量呈线性关系；在轴向力固定时轴承产生异常接触的临界径向力与垫片宽度相关，即垫片宽度越大产生异常接触临界径向力越小，避免异常接触的要求越苛刻。

　　在径向力相对轴向力不可忽略的工况下，轴承产生异常接触的临界垫片宽度要小于几何分析所得的垫片宽度临界值。在轴向力一定时，随着径向力的增加避免异常接触发生的临界垫片宽度临界值减小。若实际工况中轴向力相对径向力不

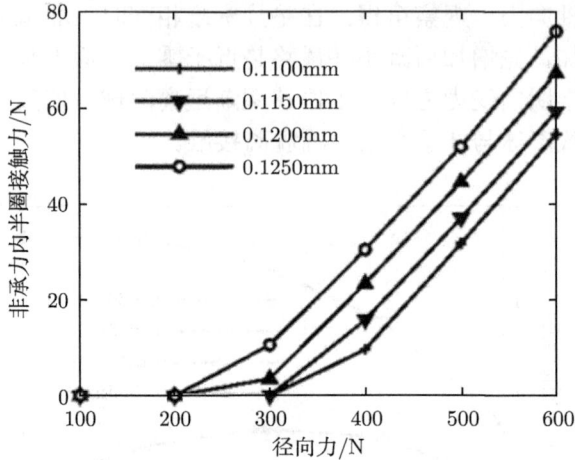

图 6-24   不同垫片宽度时非承力内半圈接触力随径向力变化

可忽略时，几何分析所得轴承避免异常接触的临界垫片宽度已不再适用，具体数值需要根据稳定运行状态下轴向加载和径向加载确定临界垫片宽度。

因此，对于承受不同载荷的轴承，避免异常接触的临界垫片宽度不同。在轴承设计阶段，确定设计接触角之后，需要对不同轴承垫片宽度在不同加载工况下轴承的异常接触状态进行计算分析。综合考虑轴承加工精度等因素确定垫片宽度设计值，并进行实验迭代设计。

2. 设计接触角

设计接触角对于轴承受载、滚球载荷、高速工况下滚球运动状态具有重要影响。同样对于双半内圈球轴承的异常接触状态，设计接触角也有重要的影响，此处设计接触角与 6.2.1 小节中所述的初始接触角为同一概念。

本节仿真所用轴承参数见表 6-2，其中设计接触角和垫片宽度为设计变量。仿真工况为轴承仅承受轴向载荷，径向载荷可忽略，载荷作用方向见图 6-9。垫片宽度数值为几何分析所得值与加工误差之和。由式 (6-2) ～ 式 (6-6) 可求得不同设计接触角 (初始接触角) 对应的临界垫片宽度，假设加工误差为 30μm，即尺寸上限大于几何分析所得值 30μm，具体数值如表 6-3 所示。

对于表 6-3 中不同参数的轴承，在转速为 8000 r/min，不同轴向加载工况下轴承非承力内半圈接触力随设计接触角变化情况如图 6-25 所示。在轴向力一定的情况下，非承力内半圈接触力随着设计接触角的减小而降低，在设计接触角小于某一数值时为零，轴承不产生异常接触。轴向载荷较大时不产生异常接触的设计接触角范围更大，如图中轴向力为 2400N 时设计接触角增大到 20° 后产生三点接触，而轴向力为 900N 时设计接触角增加到 12.5° 时开始即产生三点接触。

表 6-2　轴承仿真参数

参数	数值
轴承内径 d_i/mm	30
轴承外径 d_o/mm	62
轴承节径 d_m/mm	46
滚球数目	12
滚球直径/mm	9.5
滚球密度/(kg/m³)	7.95×10^3
设计接触角/(°)	20
滚道、滚球弹性模量/GPa	211
滚道、滚球泊松比	0.3
内圈沟曲率系数	0.54
外圈沟曲率系数	0.52
保持架弹性模量 E/GPa	180
保持架泊松比	0.45

表 6-3　不同设计接触角临界垫片宽度及其上限

设计接触角/(°)	临界垫片宽度/mm	垫片宽度上限/mm
5	0.0932	0.0962
7.5	0.1262	0.1292
10	0.1590	0.1620
12.5	0.1915	0.1945
15	0.2237	0.2267
17.5	0.2555	0.2585
20	0.2870	0.2900
22.5	0.3178	0.3208

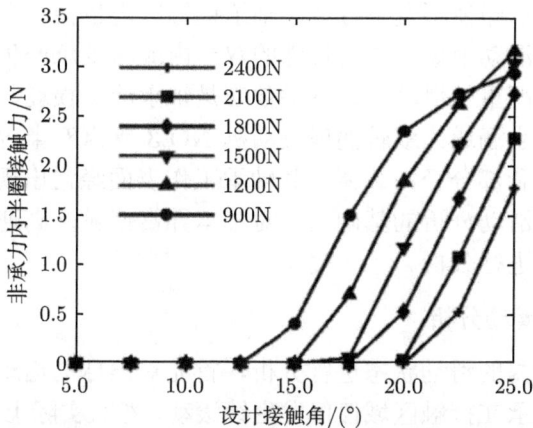

图 6-25　不同轴向力时非承力内半圈接触力随接触角变化

当承受径向载荷时，设计接触角对异常接触的影响如图 6-26 所示。图中显示在转速 8000r/min，轴向力 2400N 工况下，不同设计接触角轴承非承力内半圈接触力随径向力的变化规律。观察可得当轴承设计接触角为 15.0° 时径向力从 200N 升至 1200N 的过程中始终不产生异常接触，设计接触角为 20.0° 时始终存在异常接触，设计接触角为 17.5° 时在径向力大于 800N 后产生异常接触。因此可以得到以下结论：在受纯轴向力时，考虑轴承垫片宽度加工误差的情况下，轴承的设计接触角较小时轴承发生异常接触的风险较小。

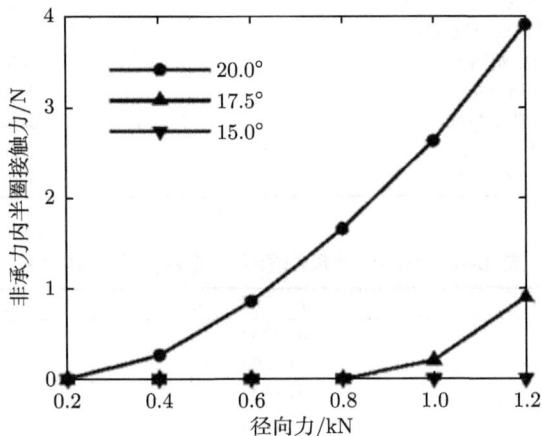

图 6-26　不同设计接触角时非承力内半圈接触力随径向力变化

6.3　双半内圈球轴承接触椭圆内滑动分析

高速滚动球轴承即使不发生打滑，轴承接触区内也会存在由滚球自旋和陀螺效应所引起的微观滑动现象，更为特殊的双半内圈球轴承产生异常接触时，异常接触点内会发生更严重的滑动，该摩擦效应是轴承能量损耗、温度升高及磨损的主要诱因。我国某小涵道比双轴涡扇发动机 NO.3 支点双半内圈球轴承，承受高压转子的轴向载荷和部分径向载荷，其轴承工作表面经常出现滑蹭损伤故障 [10]。以下将在接触区域滑动分析的基础上，对轴承异常接触及高速工况状态下轴承接触椭圆内滑动现象进行分析。

6.3.1　接触区域滑动分析

为对接触区域内的滑动状态进行分析，首先对滚球的运动状态进行分析。理想状态下滚动球轴承在接触区域仅仅发生纯滚动，然而实际上滚球运动包括自旋、自转、公转及陀螺运动。当轴承接触角不为零时，滚球相对外圈会存在自旋运动；同时当轴承高速运转时，滚球自转与公转角速度矢量存在夹角会产生陀螺力矩，转速较高时陀螺力矩超过外圈的拖动力则会产生陀螺运动 [11]。图 6-27 以滚球和外圈相对运动为例，展示了滚球相对于外圈的自旋、自转、公转及陀螺运动。如第 2 章所述，滚球与外圈间接触区域通常为椭圆。高速运转状态下轴承滚球相对外圈的运动较为复杂，会引起在接触椭圆表面内相对外圈滚动和滑动的复合运动，这是滚球外圈表面产生剪切力导致能量损耗、温升、磨损等现象的原因。

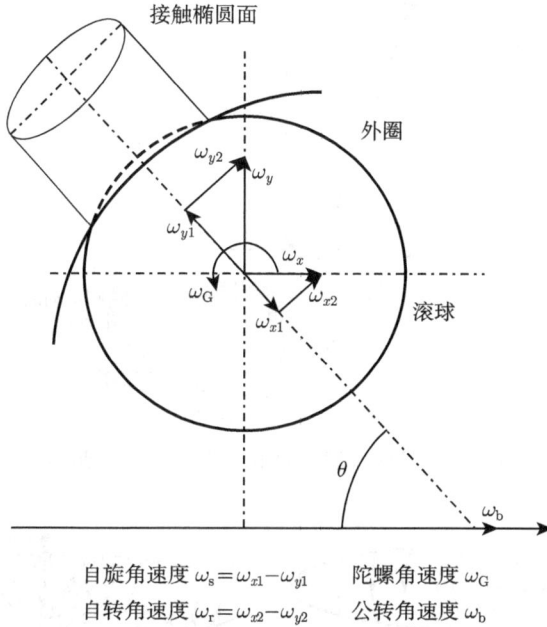

自旋角速度 $\omega_s = \omega_{x1} - \omega_{y1}$　　陀螺角速度 ω_G

自转角速度 $\omega_r = \omega_{x2} - \omega_{y2}$　　公转角速度 ω_b

图 6-27　球轴承运动状态

当转速较低时，即不存在陀螺运动时接触椭圆内滚球相对外圈的滑动主要由自旋运动导致，其纯滚动中心与几何中心重合。当存在打滑或陀螺运动时，纯滚动中心将会发生位移，改变整个接触椭圆内的相对滑动速度分布，如图 6-28 所示。

图 6-29(a) 为角接触球轴承 7205 在轴向载荷为 2000N，转速为 2000r/min 时滚球在接触椭圆内相对外圈的滑动线，可以看出，滚球仅发生自旋运动，几何中心和纯滚动点重合。当滚动轴承转速较高时，滚球产生陀螺运动，纯滚动点将远离接触椭圆几何中心，对接触椭圆内的相对滑动分布产生较大影响。图 6-29(b) 为角接触球轴承 7205 在轴向载荷为 2000N，转速为 12000r/min 时滚球在接触椭圆内相对外圈的滑动现象，由于陀螺角速度的存在，接触椭圆内纯滚动点远离几何中心，则自旋速度不变相同位置处转动半径增加，相对滑动的线速度也随之增加。

对于双半内圈球轴承，当轴向力较小时，由于径向载荷的作用，非承力内半圈与滚球接触。通常情况下，该接触点内载荷较小，滚球相对于外圈的相对滑动速度较大。图 6-30 为表 6-1 中轴承在轴向加载 1000N，径向加载 400N，转速 600r/min 时滚球与内外圈接触点内滑动线分布情况。可以看出非承力内半圈接触椭圆较小即接触载荷较小，接触椭圆内滑动表现为短轴方向上的宏观滑动。当转速较高时，该接触点内轴承产生擦伤磨损的风险更大。

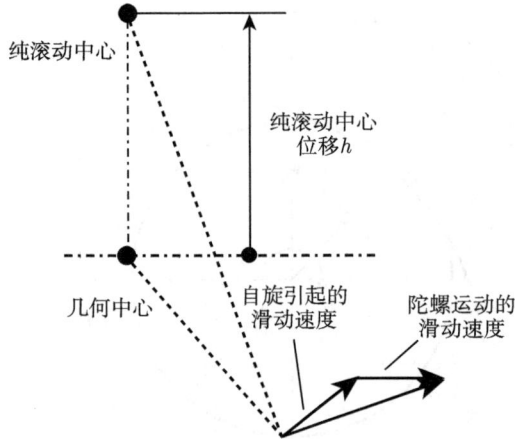

图 6-28 接触区域相对滑动速度与纯滚动中心

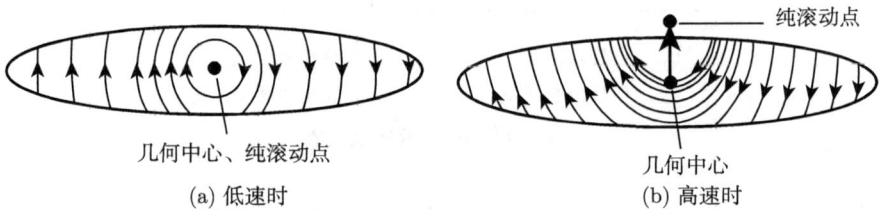

图 6-29 外圈接触区域内滑动线分布

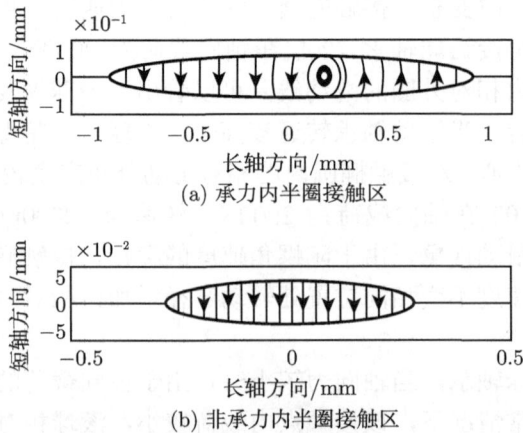

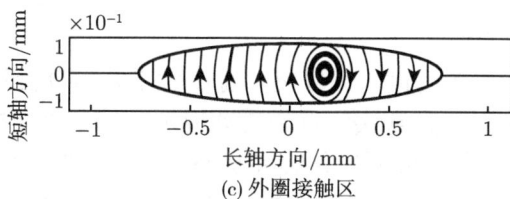

图 6-30　异常接触时各接触区域内滑动线分布

6.3.2　异常接触状态滑动分析

双半内圈球轴承非承力内半圈发生接触即轴承发生三点异常接触时，非承力内半圈载荷较小，滚球和内圈接触表面发生严重的滑动现象。在该接触区内 PV 极值指标明显大于承力内半圈和外圈接触点，使得轴承发生擦伤磨损的风险升高。以下将对不同因素诱发的轴承异常接触状态进行仿真研究，分析双半内圈球轴承异常接触状态轴承接触区内的滑动现象。

1. 径向载荷

以表 6-1 中所示参数的轴承在垫片宽度 0.236mm，轴向载荷 1000N，径向载荷 400N，受力方向如图 6-9 所示，转速为 6000r/min 时进行仿真。轴承滚球运动一周内，滚球与非承力内半圈接触区内相对滑动 PV 极值变化情况如图 6-31 所示。当滚球与非承力内半圈产生异常接触时接触区内的 PV 极值为 90MPa·m/s，远大于承力内半圈接触区内的 20MPa·m/s，相对而言容易发生擦伤和温升，因此在轴承实际运行中需尽量避免由径向载荷引发的轴承异常接触。

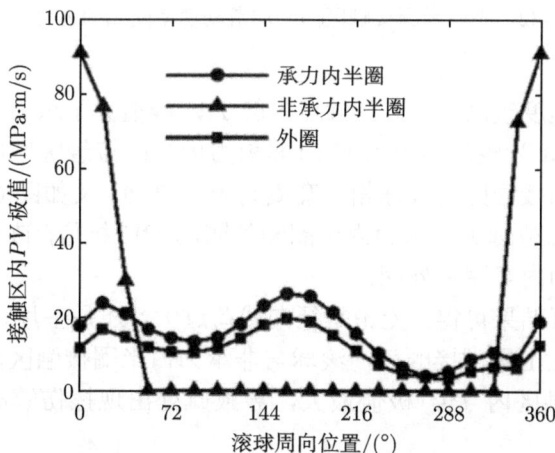

图 6-31　径向载荷 400N 时滚球周向位置接触区内 PV 极值

2. 垫片宽度尺寸误差

以表 6-2 中轴承参数为例，计算垫片宽度大于几何分析临界值时，轴承在高速和承受轴向力的工况下异常接触点的滑动现象。其中设计接触角为 20°，垫片宽度为 0.30mm，大于几何分析所得临界状态下垫片宽度 0.287mm。运行工况为转速 12000r/min，轴向力由 500N 增加至 1800N，轴向载荷方向如图 6-9 所示，其中 $F_y = 0$。图 6-32 为不同套圈接触区内平均滑动速率随轴向力变化情况。当非承力内半圈产生接触时，由于载荷较小，其对滚球运动的控制能力较小，接触区内滚球相对套圈滑动表现为沿接触椭圆短轴方向的宏观滑动，现象与图 6-30(b) 中所示相同。

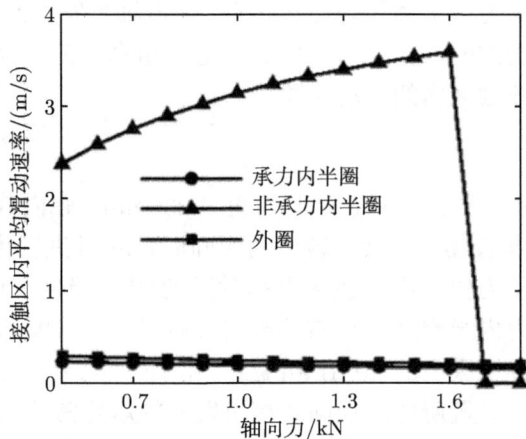

图 6-32   不同套圈接触区内平均滑动速率随轴向力变化情况

当轴承运转速度较高时，该接触点内的 PV 极值大于承力内半圈接触区内的 PV 极值。图 6-33 为轴向力 900 N 时非承力内半圈接触区域内滑动线分布，可看出非承力内半圈接触区内滚球相对套圈为宏观滑动。又如图 6-34 所示，非承力内半圈内的 PV 极值远大于承力内半圈和外圈的 PV 极值，该接触区域的擦伤磨损风险均大于承力内半圈和外圈。

通过以上仿真结果可得：无论是径向载荷过大，还是垫片宽度存在尺寸误差，双半内圈球轴承发生异常接触后，滚球与非承力内半圈接触区内都会出现严重的滑动现象，该接触区内 PV 极值最大，导致此处出现擦伤等磨损类损伤的风险升高。

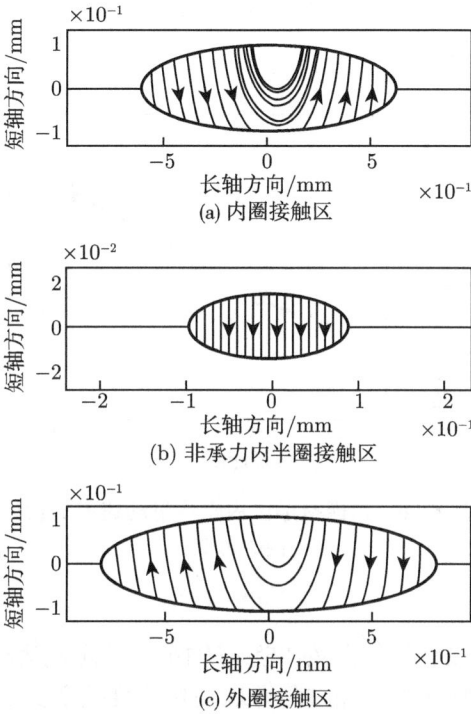

图 6-33　轴向力 900N 时各接触区内滑动线分布

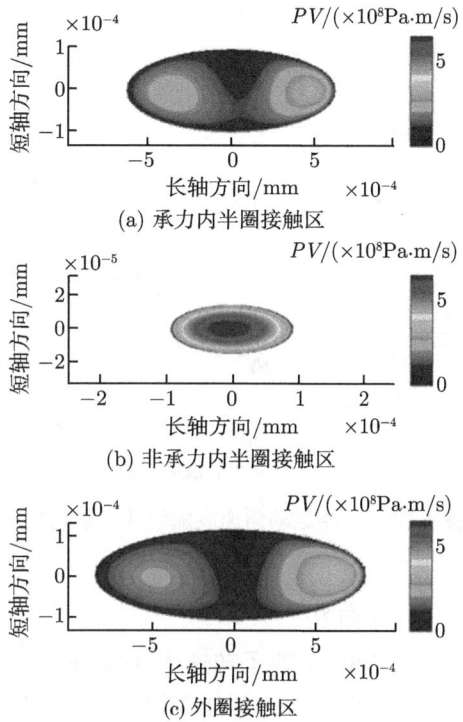

图 6-34　轴向力 900N 时各接触区内 PV 值分布

6.3.3　高速工况的滑动分析

对于双半内圈球轴承，当轴承产生异常接触时轴承接触区内的滑动会导致类似"猫眼圈"的磨损，当轴承在高速运转状态下轴向力相对不足时，钢球还会产生陀螺旋转运动，导致钢球和滚道间产生滑动摩擦，严重时会导致钢球产生周向磨损条带。以下将分析轴承运行和结构参数对滚球陀螺运动及接触区内滑动的影响，轴承仿真参数如表 6-2 所示。

1. 设计接触角

通过改变轴承设计接触角并将垫片宽度设为较小值以避免产生三点接触来研究高速运转时轴承陀螺运动随轴承设计接触角的变化规律。图 6-35 为轴向载荷 1500N、转速 3000r/min 时不同设计接触角轴承的陀螺运动角速度变化，可以看出随着设计接触角的增加，陀螺运动角速度增加。产生上述现象的原因为，在轴向力一定时，设计接触角越大，轴承内、外圈接触点内的载荷越小，从而使得牵引力降低，套圈对滚球运动的控制能力降低，在陀螺力矩的作用下产生陀螺运动并随着设计接触角的增加陀螺运动角速度进一步增加。内圈接触区内平均滑动速率随设计接触角的变化如图 6-36 所示，随着设计接触角增加滚球相对内圈的平均滑动速率增加，接触点内产生擦伤的风险增加。

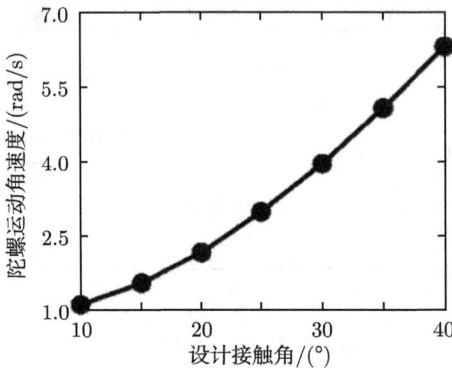

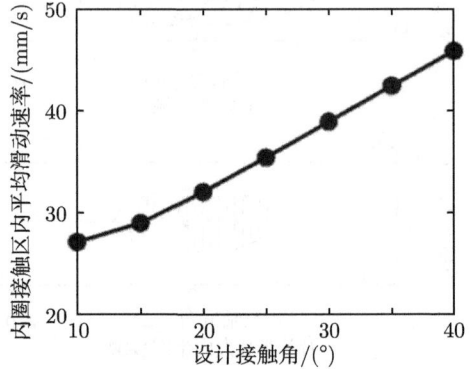

图 6-35　陀螺运动角速度随设计接触角变化　图 6-36　内圈接触区内平均滑动速率随设计接触角变化

2. 轴向力

图 6-37 反映了转速为 10000r/min、设计接触角为 25° 时轴承滚球陀螺运动角速度随轴向力的变化规律，可以看出当轴向力增加时陀螺运动角速度随之变小，即轴向力增加时，滚球与滚道间的接触力增加使得套圈对滚球的拖动力增加，从而抵消了部分陀螺力矩的作用，使得陀螺运动角速度降低。内圈接触区内平均滑动速率随轴向力变化规律如图 6-38 所示。

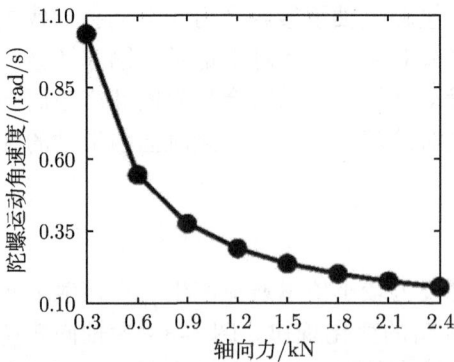

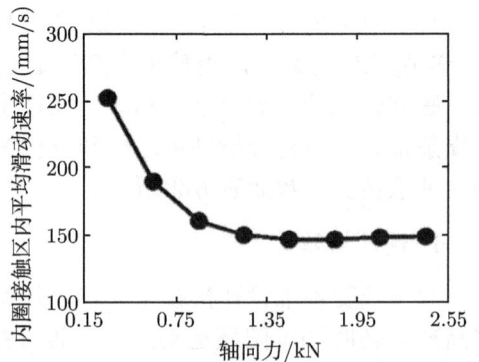

图 6-37　陀螺运动角速度随轴向力变化　图 6-38　内圈接触区内平均滑动速率随轴向力变化

3. 转速

图 6-39 反映了轴向力为 1800N、设计接触角为 25° 时轴承滚球陀螺运动角速度随轴承转速变化规律，可以看出当轴承转速增加时陀螺运动角速度随之增加，

即轴承转速增加时，由公转和自转间的夹角而产生的陀螺力矩随之增加，从而使得陀螺运动角速度增加。内圈接触区内平均滑动速率随转速变化规律如图 6-40所示。

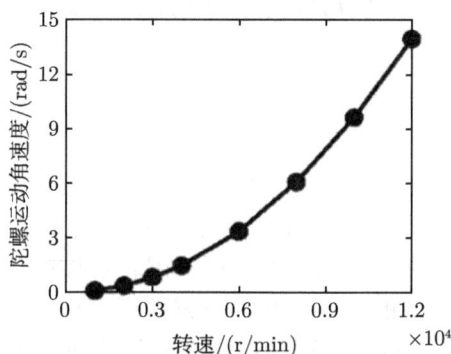

图 6-39　陀螺运动角速度随转速变化

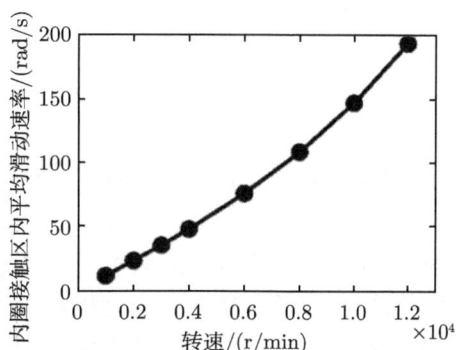

图 6-40　内圈接触区内平均滑动速率随转速变化

综上所述，轴承高速运转状态下滚球产生陀螺运动，进而使得接触区内滚球相对套圈的平均滑动速率升高，增加了轴承擦伤磨损和温升的风险。轴承设计接触角、转速和轴向力均对陀螺运动也即接触区内平均滑动速率有重要影响。由上述仿真可得，轴承设计接触角越大，轴向力越小，转速越高而轴承滚球陀螺运动角速度越大，轴承擦伤磨损和温升的风险也越高。因此轴承设计时需要考虑不同运行工况下擦伤和温升的风险，并对接触角等参数进行修正。

参 考 文 献

[1] CAO H, WANG D, ZHU Y, et al.Dynamic modeling and abnormal contact analysis of rolling ball bearings with double half-inner rings[J]. Mechanical Systems and Signal Processing, 2021, 147: 107075.
[2] 邓四二, 闫亚超, 王燕霜, 等. 弹性支承下的双半内圈角接触球轴承振动分析 [J]. 航空动力学报, 2013, 28(2): 241-251.
[3] 赵燕, 公平, 徐雷. 双半内圈角接触球轴承有限元分析 [J]. 哈尔滨轴承, 2015, 36(3): 3-4.
[4] 李杰, 田拥胜, 张华良, 等. 考虑轴向力影响的三点接触球轴承刚度特性研究 [J]. 推进技术, 2018, 39(2): 419-425.
[5] 李胜远, 郑龙席. 脉冲爆震轴向载荷对双半内圈球轴承疲劳寿命的影响 [J]. 推进技术, 2021, 42(10): 2349-2357.
[6] 李峰, 邓四二, 张文虎. 频繁摆动工况下球轴承打滑特性研究 [J]. 机械工程学报, 2021, 57(1): 168-178.
[7] WANG Y, WANG W, ZHANG S, et al. Investigation of skidding in angular contact ball bearings under high speed[J]. Tribology International, 2015, 92: 404-417.
[8] LEBLANC A, NELIAS D.Analysis of ball bearings with 2, 3 or 4 contact points[J]. Tribology Transactions, 2008, 51(3): 372-380.
[9] 朱玉彬. 航空发动机主轴承及转子系统动力学建模与分析研究 [D]. 西安: 西安交通大学, 2019.
[10] 王斌, 樊照远. 航空发动机主轴轴承滑蹭故障分析 [J]. 哈尔滨轴承, 2017, 38(1): 15-18.
[11] HARRIS T A, MINDEL M H. Rolling element bearing dynamics[J]. Wear, 1973, 23(3): 311-337.

第 7 章　滚动轴承–转子系统耦合建模方法

7.1　引　　言

　　滚动轴承支承的转子系统，是航空发动机、液体火箭发动机等重大装备的核心系统。转子动力学建模在转子优化设计、振动控制及运行维护中起着重要作用。转子系统建模的非线性因素主要来源于转子和轴承两方面。用于涡轮机械的转子大多为柔性转子，其轴设计为相对较长且较薄的几何形状，一方面可以使叶轮和密封件等部件的可用空间最大化，另一方面可以最大程度地提高转子的功率输出；轴承用来支撑整个转子系统，并提供额外的阻尼以稳定系统。滚动轴承由于其时变非线性刚度、保持架失稳、润滑牵引以及轴承部件之间复杂的相互作用，对系统动力学有着重要的影响。在动力学分析时，轴承与轴 (转子) 相互耦合、相互影响，轴承的支承刚度影响着轴 (转子) 的空间位置、旋转精度和临界转速等；反之，转子的弹性变形会影响轴承的内部接触载荷分布、支承刚度等。因此，有必要研究滚动轴承–转子系统耦合建模方法。

　　转子模型包括 DeLaval/Jeffcott 模型 [1]、刚性轴/转子模型 [2]、传递矩阵模型 [3]、有限元模型 [4] 及刚体单元模型 [5,6] 等。由于转子和滚动轴承之间的复杂耦合关系，大量的转子–轴承耦合模型根据研究的侧重，或简化轴承，或简化转子 [7]。随着现代计算机技术的发展，转子有限元模型的精度和计算效率日益提高。许多研究者将转子有限元模型分别与滚动轴承的集中参数模型 [8,9]、拟静力学模型 [10–14] 和动力学模型 [15–18] 进行耦合建模。转子刚体单元法是一种新颖的建模方法 [17]，采用了与前文所述滚动轴承动力学模型同一类型的动力学方程，可以与轴承的动力学方程统一求解，因而无须采用任何假设，可以很好地与轴承动力学模型进行耦合。

　　本章将分别讨论滚动轴承动力学模型与转子系统的两种耦合建模方法 [19]。第一种方法将滚动轴承动力学模型与转子有限元模型进行耦合建模 [18]，由于滚动轴承动力学模型的复杂性，很难得到显式的刚度矩阵。为了解决这个问题，将滚动轴承动力学模型与刚性转子进行耦合建模，而转子的弹性振动使用有限元方法求解。然后将转子的弹性振动叠加到刚体运动中来获得转子系统的真实运动。第二种方法将滚动轴承动力学模型与转子系统刚体单元模型进行耦合建模 [17]。首先建立转子的刚体单元模型，可得到与滚动轴承一致的动力学方程，使得与滚动轴承的耦合更加"紧密"，最后采用龙格–库塔法进行迭代求解得到系统的动力学响应。

7.2　滚动轴承动力学模型与转子有限元耦合建模

7.2.1　滚动轴承–刚性转子系统动力学模型

1. 轴承各部件相互作用

1) 几何关系

轴承–转子系统的几何相互作用如图 7-1 所示。定义惯性坐标系 $O_i x_i y_i z_i$、套圈定体坐标系 $O_{rk} x_{rk} y_{rk} z_{rk}$（$k$ 代表第 k 个轴承的套圈）及转子定体坐标系 $O_r x_r y_r z_r$。为了不失一般性，以第 k 个轴承滚球和内圈为例来分析它们之间的相互作用。在惯性坐标系中，滚球的几何中心 O_{ak} 由位移矢量（以下简称位矢）r_{bk} 确定，套圈的几何中心 O_{rk} 由位矢 r_{rk} 确定。在套圈定体坐标系中，位矢 r_{crk} 确定了套圈滚道中心 R_{ck} 和套圈几何中心 O_{rk} 的相对位置。此外，定义滚球方位坐标系 $O_{ak} x_{ak} y_{ak} z_{ak}$，其 z_{ak} 轴和 x_{ak} 轴分别平行于位矢 r_{bk} 的径向分量和惯性 x_i 轴，y_{ak} 轴的方向由右手螺旋定则确定。

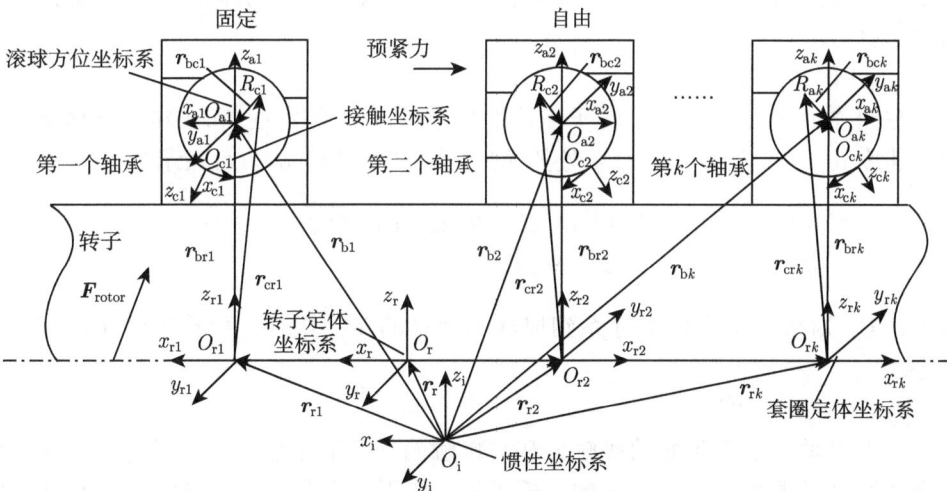

图 7-1　轴承–转子系统几何相互作用

本节滚动轴承–刚性转子系统动力学建模与第 2 章中球轴承动力学建模过程相似，不同的是在计算套圈滚道轨迹中心半径 R_f 时考虑了滚道波纹度和轴承内外圈间隙，故其计算应在式 (2-56) 的基础上做相应修改。

对于内圈：

$$R_f = \frac{d_m}{2} + (f_i - 0.5)D\cos\alpha_0 - \Delta_i - p_i \tag{7-1}$$

对于外圈：

$$R_f = \frac{d_m}{2} - (f_o - 0.5)D\cos\alpha_0 + \Delta_o + p_o \tag{7-2}$$

式中，d_m 为轴承节径；f_i 和 f_o 分别为内圈沟和外圈沟曲率系数；D 为滚球直径；α_0 为初始接触角；Δ_i 和 Δ_o 分别为内、外圈间隙；p_i 和 p_o 分别为由内圈滚道波纹度和外圈滚道波纹度引起的位移，可表示为 [20]

$$\begin{cases} p_i = \sum_{l=1}^{o} A_{il}\cos\left[-l\left(\varphi_i - \varphi_b\right) + \alpha_{il}\right] \\ p_o = \sum_{l=1}^{o} A_{ol}\cos\left[-l\left(\varphi_o - \varphi_b\right) + \alpha_{ol}\right] \end{cases} \tag{7-3}$$

式中，l 为波纹度阶数；φ_b 为滚球的方位角；φ_i 和 φ_o 分别为内、外圈角位移；A_{il} 和 A_{ol} 分别为内、外圈波纹度的幅值；α_{il} 和 α_{ol} 分别为内、外圈波纹度初始角。

根据滚道沟曲率中心和滚球中心的相对位置，采用赫兹接触理论即可得到滚球与相应套圈间的接触作用力，再根据 2.2.2 小节润滑牵引模型求得接触面间的润滑牵引力。

2) 润滑牵引力

在图 7-1 中，当求得了转子在惯性坐标系中的速度 v_r^i 和在转子定体坐标系的角速度 ω_r^r，在套圈中心 O_{rk} 处的速度 v_{rk}^i 和角速度 ω_{rk}^{rk} 可表示为

$$\begin{cases} v_{rk}^i = v_r^i + T_{ri}\omega_r^r \times \overrightarrow{O_rO_{rk}} \\ \omega_{rk}^{rk} = \omega_r^r \end{cases} \tag{7-4}$$

式中，T_{ri} 为从转子定体坐标系到惯性坐标系的转换矩阵，可根据转子的姿态角确定。

3) 合力与合力矩

当求得垂直于接触面的接触力和与接触面平行的牵引力后，滚球和套圈之间的合力便可以求得。由第 2 章的分析可知，作用在套圈上的力 F_{kj}^c 等于作用在滚球上的力 F_k^c，且两者方向相反。关于滚球质心的力矩 M_{bk}^c 和关于套圈质心的合力矩 M_{rk}^{rk} 可表示为

$$\begin{cases} M_{bk}^c = r_{cpk}^c \times F_k^c \\ M_{rk}^{rk} = \sum_{j=1}^{z_k} r_{prkj}^{rk} \times T_{c,rk}F_{kj}^c \end{cases} \tag{7-5}$$

式中，z_k 为第 k 个轴承的滚球个数；$r_{\text{cp}k}$ 和 $r_{\text{pr}k}$ 分别为某接触点相对于滚球中心和套圈中心的位置矢量；下标 j 为轴承的第 j 个滚球；上标 rk 为第 k 个套圈坐标系；上标 c 为接触坐标系；$T_{\text{c,r}k}$ 为从接触坐标系到套圈坐标系的变换矩阵。

　　由于转子的质量不可忽略，故作用在转子上的合力需要考虑转子的重力，可以表示为

$$F_{\text{r}}^{\text{i}} = \sum_{k=1}^{n} F_{\text{r}k}^{\text{i}} + \sum_{k=1}^{n} \sum_{j=1}^{z_k} T_{\text{ci}} F_{kj}^{\text{c}} + G_{\text{r}}^{\text{i}} \tag{7-6}$$

式中，n 为装配在转子上轴承的个数；T_{ci} 为从接触坐标系到惯性坐标系的变换矩阵；$F_{\text{r}k}^{\text{i}}$ 为第 k 个轴承的滚球作用在内圈上的合力；G_{r}^{i} 为转子的重力。

　　相应地，作用在转子质心的合力矩可表示为

$$M_{\text{r}}^{\text{r}} = \sum_{k=1}^{n} \left(M_{\text{r}k}^{rk} + M_{\text{f}k}^{\text{r}} \right)$$

$$= \sum_{k=1}^{n} \left(\sum_{j=1}^{z_k} r_{\text{pr}kj}^{rk} \times T_{\text{cr}} F_{kj}^{\text{c}} + \overrightarrow{O_{\text{r}}O_{\text{r}k}} \times \sum_{j=1}^{z_k} T_{\text{cr}} F_{kj}^{\text{c}} \right) \tag{7-7}$$

式中，$M_{\text{f}k}^{\text{r}}$ 为由第 k 个轴承滚球和内圈之间的合力引起的力矩；T_{cr} 为从接触坐标系到转子定体坐标系的转换矩阵。

2. 各部件的动力学方程

　　一般而言，轴承–转子系统部件的运动可以分解成质心的平动运动和绕质心的转动。不同部件的动力学方程可以根据其运动特点在不同的坐标系中描述。滚球的平动运动在惯性柱坐标系中描述比较方便：

$$\begin{cases} m_{\text{b}} \ddot{x} = F_x \\ m_{\text{b}} \ddot{r} - m_{\text{b}} r \dot{\theta}^2 = F_r \\ m_{\text{b}} r \ddot{\theta} + 2 m_{\text{b}} \dot{r} \dot{\theta} = F_\theta \end{cases} \tag{7-8}$$

式中，m_{b} 为滚球的质量 (kg)；F_x、F_r、F_θ 为在柱坐标系三个方向上的合力分量 (N)。

　　套圈、保持架和转子的平动运动在笛卡儿坐标系中描述比较方便：

$$\begin{cases} m_{\text{r}} \ddot{x} = F_x \\ m_{\text{r}} \ddot{y} = F_y \\ m_{\text{r}} \ddot{z} = F_z \end{cases} \tag{7-9}$$

式中，m_r 为套圈、保持架或者转子的质量 (kg)；F_x、F_y、F_z 为笛卡儿坐标系三个方向上的合力分量 (N)。

　　轴承外圈和轴承座孔的相互作用简化为 N_p 个均匀支承在外圈上的弹簧和阻尼，如图 7-2 所示。

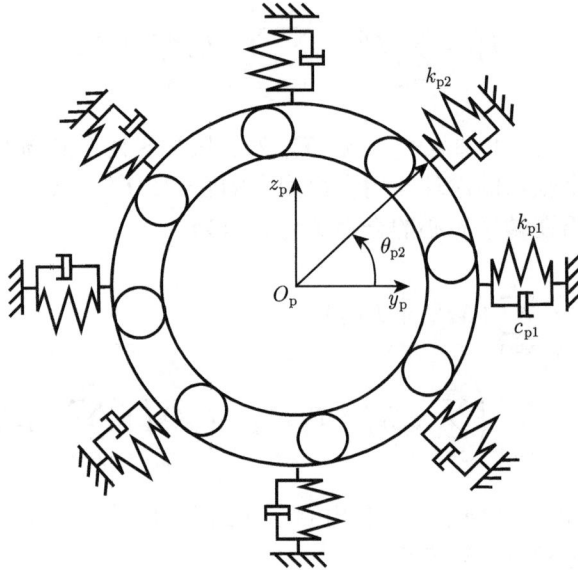

图 7-2　轴承外圈和轴承座孔相互作用模型

外圈 y 和 z 方向的动力学方程为

$$
\begin{cases}
m_{\mathrm{or}}\ddot{y} + \sum_{i=1}^{N_p}[k_{\mathrm{p}i}\left(y\cos\theta_{\mathrm{p}i} + z\sin\theta_{\mathrm{p}i} - r_{\mathrm{rp}}\right)_+ + c_{\mathrm{p}i}(\dot{y}\cos\theta_{\mathrm{p}i} \\
\quad + \dot{z}\sin\theta_{\mathrm{p}i})]\cos\theta_{\mathrm{p}i} = F_y \\
m_{\mathrm{or}}\ddot{z} + \sum_{i=1}^{N_p}[k_{\mathrm{p}i}\left(y\cos\theta_{\mathrm{p}i} + z\sin\theta_{\mathrm{p}i} - r_{\mathrm{rp}}\right)_+ \\
\quad + c_{\mathrm{p}i}(\dot{y}\cos\theta_{\mathrm{p}i} + \dot{z}\sin\theta_{\mathrm{p}i})]\sin\theta_{\mathrm{p}i} = F_z
\end{cases}
\tag{7-10}
$$

式中，m_{or} 为轴承外圈质量；$k_{\mathrm{p}i}$、$c_{\mathrm{p}i}$ 和 $\theta_{\mathrm{p}i}$ 分别为弹簧刚度系数、阻尼系数和方位角；r_{rp} 为轴承座孔和外圈之间的间隙；右端括号的下标 "+" 表示当括号中的值大于 0 时，弹簧是压缩的，有恢复力存在，当括号中的值小于 0 时，括号中的值取 0，此时弹簧未压缩，不存在恢复力。轴承座的动力学方程可表示为

$$
\begin{cases}
m_{\mathrm{p}}\ddot{y} + c_{\mathrm{p}y}\dot{y} + k_{\mathrm{p}y}y \\
\quad = \displaystyle\sum_{i=1}^{N_{\mathrm{p}}} \left[k_{\mathrm{p}i}\left(y\cos\theta_{\mathrm{p}i} + z\sin\theta_{\mathrm{p}i} - r_{\mathrm{rp}} \right)_{+} + c_{\mathrm{p}i}\left(\dot{y}\cos\theta_{\mathrm{p}i} + \dot{z}\sin\theta_{\mathrm{p}i} \right) \right]\cos\theta_{\mathrm{p}i} \\
m_{\mathrm{p}}\ddot{z} + c_{\mathrm{p}z}\dot{z} + k_{\mathrm{p}z}z \\
\quad = \displaystyle\sum_{i=1}^{N_{\mathrm{p}}} \left[k_{\mathrm{p}i}\left(y\cos\theta_{\mathrm{p}i} + z\sin\theta_{\mathrm{p}i} - r_{\mathrm{rp}} \right)_{+} + c_{\mathrm{p}i}\left(\dot{y}\cos\theta_{\mathrm{p}i} + \dot{z}\sin\theta_{\mathrm{p}i} \right) \right]\sin\theta_{\mathrm{p}i}
\end{cases}
\tag{7-11}
$$

式中，m_{p} 为轴承座质量 (kg)；$c_{\mathrm{p}y}$ 和 $c_{\mathrm{p}z}$ 分别为 y 和 z 方向的阻尼系数 (N·s/m)；$k_{\mathrm{p}y}$ 和 $k_{\mathrm{p}z}$ 分别为 y 和 z 方向的刚度系数 (N/m)。

若外圈 x 方向是活动的，则相应的动力学方程为

$$
m_{\mathrm{or}}\ddot{x} + c_{\mathrm{p}x}\dot{x} = F_x
\tag{7-12}
$$

式中，$c_{\mathrm{p}x}$ 为 x 方向阻尼系数 (N·s/m)。

对于任何部件的旋转运动，可在各自的定体坐标系中用欧拉方程来描述：

$$
\begin{cases}
I_1\dot{\omega}_1 - (I_2 - I_3)\,\omega_2\omega_3 = M_1 \\
I_2\dot{\omega}_2 - (I_3 - I_1)\,\omega_3\omega_1 = M_2 \\
I_3\dot{\omega}_3 - (I_1 - I_2)\,\omega_1\omega_2 = M_3
\end{cases}
\tag{7-13}
$$

式中，I_1、I_2、I_3 为主惯性质量 (kg·m^2)；ω_1、ω_2、ω_3 为角速度分量 (rad/s)；M_1、M_2、M_3 为合力矩分量 (N·m)。

当速度、角速度、合力和合力矩求得后，可以通过式 (7-8)～ 式 (7-13) 求得平动加速度和角加速度。

由于轴承内圈固定在转子上，套圈中心的加速度由转子质心的加速度确定。在图 7-1 中，假设 O_{rk} 处的平动加速度和角加速度分别是 a_{rk} 和 β_{rk}，转子质心 O_{r} 处的平动加速度和角加速度分别是 a_{r} 和 β_{r}，则 O_{rk} 处的平动加速度和角加速度为

$$
\begin{cases}
\boldsymbol{a}_{\mathrm{rk}}^{\mathrm{i}} = \boldsymbol{a}_{\mathrm{r}}^{i} + \boldsymbol{T}_{\mathrm{ri}}\boldsymbol{\beta}_{\mathrm{r}}^{\mathrm{r}} \times \overrightarrow{O_{\mathrm{r}}O_{\mathrm{rk}}} + \boldsymbol{T}_{\mathrm{ri}}\boldsymbol{\omega}_{\mathrm{r}}^{\mathrm{r}} \times \left(\boldsymbol{\omega}_{\mathrm{r}}^{\mathrm{r}} \times \overrightarrow{O_{\mathrm{r}}O_{\mathrm{rk}}} \right) \\
\boldsymbol{\beta}_{\mathrm{rk}}^{\mathrm{rk}} = \boldsymbol{\beta}_{\mathrm{r}}^{\mathrm{r}}
\end{cases}
\tag{7-14}
$$

3. 模型的求解

所有轴承动力学模型的输入参数包括几何参数、材料参数、运行参数及润滑参数，但每个具体问题的模型输入值不同。用来启动积分求解微分方程的初值包括每个部件的速度和位移，它们是通过拟静力学模型获得的。一旦获得每个部件

的位移和速度，作用在每个部件上的合力和合力矩可以通过分析各部件的相互作用来获得。通过将合力代入动力学方程可以获得每个部件的刚体运动速度和加速度，然后所有部件 (包括轴承部件和转子) 的速度和加速度便可以求得。使用变步长 4 阶龙格–库塔法可以得到下一时刻所有部件的位移和速度。重复这些步骤直到到达预先设定的时刻，可以得到整个轴承–转子系统的时域响应。

7.2.2 转子有限元建模及其与滚动轴承动力学模型耦合

在许多情况下转子的弹性变形不能忽略，如当转子是细长轴或重载工况时。在这些情况下把转子考虑成刚性轴是不合理的。转子的运动可以分解为刚体运动和弹性振动。关于有限元模型的文献中 [9,10,21−30]，轴承的刚度矩阵被求解出来并集成到整个系统的刚度矩阵。这些模型的计算结果是包含转子刚体运动和弹性振动的真实运动。然而由于轴承动力学模型的复杂性，很难得到其显式的刚度矩阵。为解决这一问题，本节将刚体运动由 7.2.1 小节所述的动力学模型求解，而转子的弹性振动使用有限元方法求解。通过将转子的弹性变形叠加到刚体运动中来获得其真实运动。

有限元模型只有当施加了边界条件之后才能进行求解。在当前的模型中，假设轴承仅仅限制了轴承配合处节点的平动自由度，而相应的转动自由度是自由的。如图 7-3 所示，第 1、2 和 k 个轴承分别装配在节点 2、4 和 i，它们的平动自由度都被限制。由于轴承配合处节点的转动自由度没有被限制，滚球和内圈之间的合力矩 M_{r1}、M_{r2}、$\cdots$、M_{rk} 将会对转子的弹性振动产生贡献。这些力矩可以由式 (7-5) 获得。

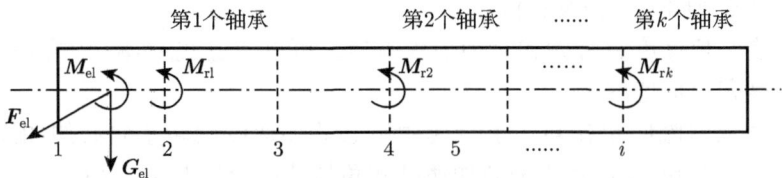

图 7-3　转子有限元模型

应用达朗贝尔原理可以获得由刚体运动产生的作用在转子上的惯性力。F_{el} 和 M_{el} 分别为作用在转子第 l 个单元 (图 7-3 只给出了作用在第一个单元上的惯性力) 上的惯性力和惯性力矩，可以表示为

$$\begin{cases} \boldsymbol{F}_{el} = -m_{el}\boldsymbol{a}_{el} \\ \boldsymbol{M}_{el} = -J_{el}\boldsymbol{\beta}_{el} \end{cases} \tag{7-15}$$

式中，m_{el} 为第 l 个单元的质量 (kg)；J_{el} 为第 l 个单元的转动惯量 (kg·m^2)；$\boldsymbol{a}_{el}$

为第 l 个单元刚体运动的加速度 (m/s^2)；$\boldsymbol{\beta}_{el}$ 为第 l 个单元刚体运动的角加速度 (rad/s^2)，可以由式 (7-14) 获得。

此外，也考虑了转子的重力：

$$\boldsymbol{G}_{el} = (0, 0, m_{el}g) \tag{7-16}$$

式中，g 为重力加速度 (m/s^2)。

作用在转子上的合力 $\boldsymbol{F}(t)$ 可以表示为

$$\boldsymbol{F}(t) = \boldsymbol{F}_{\mathrm{o}} + \sum_{l=1}^{m} \left(\boldsymbol{F}_{el} + \boldsymbol{M}_{el} + \boldsymbol{G}_{el} \right) + \sum_{k=1}^{n} \boldsymbol{M}_{rk} \tag{7-17}$$

式中，$\boldsymbol{F}_{\mathrm{o}}$ 为外部力 (N)；m 为单元数量。使用 Newmark-β 方法，可以获得转子的弹性振动。

转子的运动包括刚体运动和弹性振动。转子节点处的速度 $\boldsymbol{v}_{\mathrm{p}}$ 和加速度 $\boldsymbol{a}_{\mathrm{p}}$ 可以由式 (7-18) 获得：

$$\begin{cases} \boldsymbol{v}_{\mathrm{p}} = \boldsymbol{v}_{ri} + \boldsymbol{v}_{el} \\ \boldsymbol{a}_{\mathrm{p}} = \boldsymbol{a}_{ri} + \boldsymbol{a}_{el} \end{cases} \tag{7-18}$$

式中，$\boldsymbol{v}_{ri}$ 和 $\boldsymbol{a}_{ri}$ 分别为刚体运动的速度 (m/s) 和加速度 (m/s^2)，可以通过 7.2.1 小节的动力学模型计算；$\boldsymbol{v}_{el}$ 和 $\boldsymbol{a}_{el}$ 分别为弹性振动的速度 (m/s) 和加速度 (m/s^2)，可以通过有限元模型求得。这两个模型可以同时进行求解。在每一个计算步长，轴承滚球和内圈之间的合力矩 $\boldsymbol{M}_{rk}$，以及惯性力 $\boldsymbol{F}_{el}$ 和惯性力矩 $\boldsymbol{M}_{el}$ 可以通过动力学模型求解，这些力是施加在转子有限元模型上的。另外，一旦获得转子的弹性振动，轴承配合处节点的速度和加速度可以通过式 (7-18) 计算，这些值被代入动力学模型来计算下一时刻的刚体运动。

数值计算的流程如图 7-4 所示。系统的输入参数包括几何参数、材料参数、运行参数及润滑参数。用来启动积分求解微分方程的初值包括每个部件的速度和位移，它们是通过拟静力学模型获得的。转子的有限元模型则根据转子的属性来建立。

一旦获得每个部件的位移和速度，作用在每个部件上合力和合力矩可以通过 7.2.1 小节分析的相互作用来获得。通过将合力代入部件的动力学方程可以获得每个部件的刚体运动速度和加速度。同时，转子的有限元模型使用 Newmark-β 方法求解，从而获得转子的弹性振动。将转子的弹性振动与转子的刚体运动进行叠加，可以获得转子的真实运动。

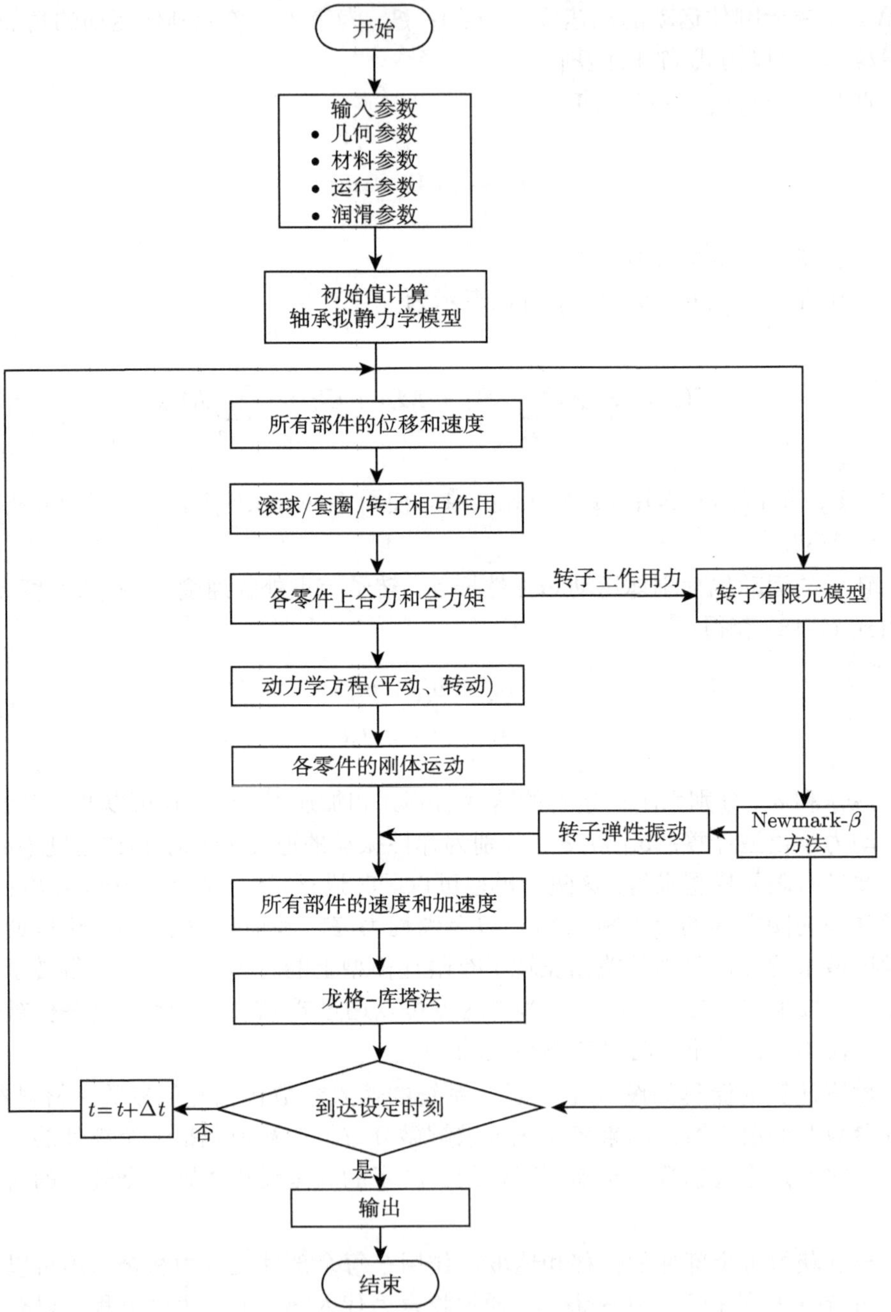

```
                          ┌──────────┐
                          │   开始    │
                          └──────────┘
                               │
                          ┌──────────────┐
                          │ 输入参数       │
                          │ • 几何参数     │
                          │ • 材料参数     │
                          │ • 运行参数     │
                          │ • 润滑参数     │
                          └──────────────┘
                               │
                          ┌──────────────┐
                          │ 初始值计算      │
                          │ 轴承拟静力学模型 │
                          └──────────────┘
                               │
              ┌────────────────┤
              │           ┌──────────────────┐
              │           │ 所有部件的位移和速度 │
              │           └──────────────────┘
              │                │
              │           ┌──────────────────┐
              │           │ 滚球/套圈/转子相互作用 │
              │           └──────────────────┘
              │                │
              │           ┌──────────────────┐  转子上作用力  ┌──────────────┐
              │           │ 各零件上合力和合力矩 ├──────────────│ 转子有限元模型 │
              │           └──────────────────┘              └──────────────┘
              │                │
              │           ┌──────────────────┐
              │           │ 动力学方程(平动、转动) │
              │           └──────────────────┘
              │                │
              │           ┌──────────────────┐
              │           │ 各零件的刚体运动    │
              │           └──────────────────┘
              │                │          ┌──────────┐      ┌────────────┐
              │                │──────────│ 转子弹性振动 │──────│ Newmark-β 方法 │
              │                │          └──────────┘      └────────────┘
              │           ┌──────────────────┐
              │           │ 所有部件的速度和加速度 │
              │           └──────────────────┘
              │                │
              │           ┌──────────────────┐
              │           │ 龙格–库塔法         │
              │           └──────────────────┘
              │                │
    ┌──────────┐         ╱─────────────╲
    │ t=t+Δt   │────否───│  到达设定时刻  │──────────
    └──────────┘         ╲─────────────╱
                               │是
                          ┌──────────┐
                          │   输出    │
                          └──────────┘
                               │
                          ┌──────────┐
                          │   结束    │
                          └──────────┘
```

图 7-4 数值计算流程

获得所有轴承和转子部件的速度和加速度后, 使用变步长 4 阶龙格–库塔法可以得到下一时刻所有部件的位移和速度。重复这些步骤直到到达预先设定的时刻,可以得到整个轴承–转子系统的时域响应。

7.2.3　实验验证

本节在一个由两个角接触轴承支承的转子实验台上进行实验。通过对比仿真结果和测量得到的振动响应来验证提出的模型。实验和仿真结果良好的匹配性验证了模型的准确性和其预测轴承–转子系统动力学行为的有效性。

轴承–转子实验台如图 7-5 所示。转子由两个角接触轴承 (Timken LM11749) 支承。装有不平衡质量的转盘固定在转子上。当转子旋转时,偏心质量会使转子产生振动。转子在两个位置上的振动响应由布置在转子两侧的两个电容位移传感器 (灵敏度:$80\mathrm{mV}/\mathrm{\mu m}$) 来测量。

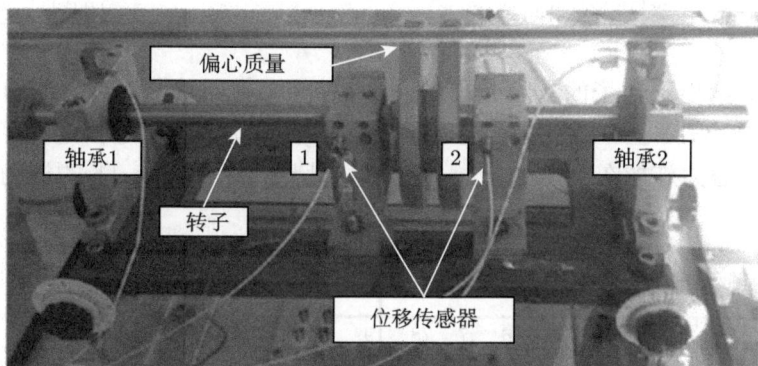

图 7-5　轴承–转子实验台

轴承–转子实验台的装配简图如图 7-6 所示。实验轴承和转子的参数如表 7-1 所示。

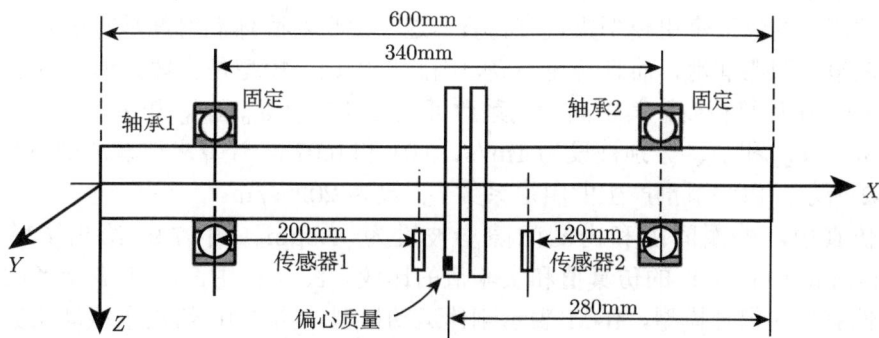

图 7-6　轴承–转子实验台装配简图

表 7-1   实验轴承和转子的参数

参数	数值
滚球个数	8
滚球直径/mm	6
轴承节径 d_{m}/mm	33.4
初始接触角 α_0/(°)	9.08
内圈沟曲率系数	0.54
外圈沟曲率系数	0.54
滚球、套圈和转子泊松比	0.3
滚球和转子密度/(kg/m³)	7800
滚球、套圈和转子弹性模量/GPa	210
转子质量 m_{r}/kg	2.12
转子直径 d_{r}/mm	20
转子主转动惯量 I_x/(kg·m²)	1.53×10^{-4}
转子主转动惯量 I_y、I_z/(kg·m²)	6.36×10^{-2}
偏心质量和半径乘积 mR/(kg·m)	0.0012

图 7-7 给出了转子的有限元模型，由 15 个单元组成。两个轴承分别安装在节点 3 和节点 14 上。因此节点 3 和节点 14 的平动自由度是固定的。由偏心质量产生的离心力施加在节点 9 上。传感器测量节点 8 和节点 11 的振动信号。

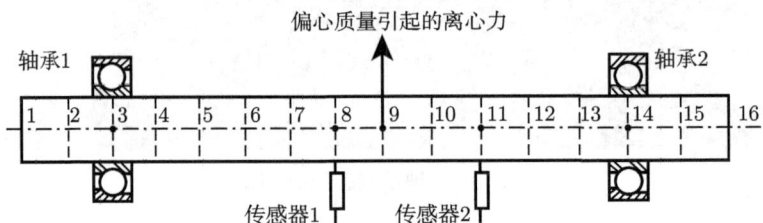

图 7-7   转子有限元模型

由于本节主要是针对轴承–转子系统的建模，为了方便，使用了一个如图 7-8 所示的简单的润滑牵引模型来进行仿真，这个模型对固体润滑剂是有效的 [7]。轴承的润滑采用脂润滑，而且转速不高，因此采用这个模型是合理。牵引系数 μ 可由式 (2-19) 计算得到，其中润滑剂系数可以通过参数 u_{m}、μ_{m} 和 μ_∞ 求得。在本节中 u_{m}、μ_{m} 和 μ_∞ 分别被设为 1m/s、0.01 和 0.075，计算求得润滑剂系数，如表 7-2 所示。由润滑剂产生的阻尼系数 c_{br} 设为 20N·s/m。

仿真中，外圈间隙和内圈间隙均被设为 7.5μm。图 7-9 给出了转速为 1800r/min 时节点 8 的仿真值和实验值的比较。图 7-9 中，F-M 表示考虑了转子弹性变形的耦合模型，R-M 表示刚体运动模型。图 7-10 给出了振动响应的频谱图。从图 7-9 和图 7-10 可以看出，F-M 的仿真结果和实验结果在时域和频域

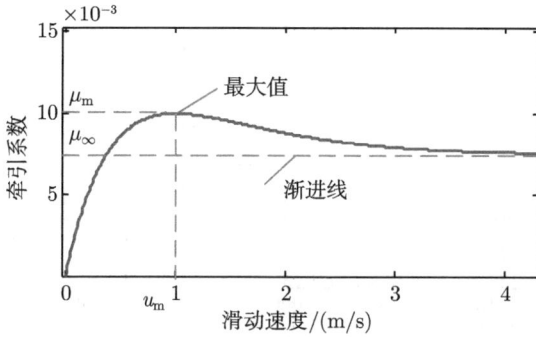

图 7-8　润滑牵引模型

表 7-2　润滑牵引模型润滑剂系数

系数	数值
ζ_1	-7.5×10^{-3}
ζ_2	1.99×10^{-2}
ζ_3	1.60
ζ_4	7.5×10^{-3}

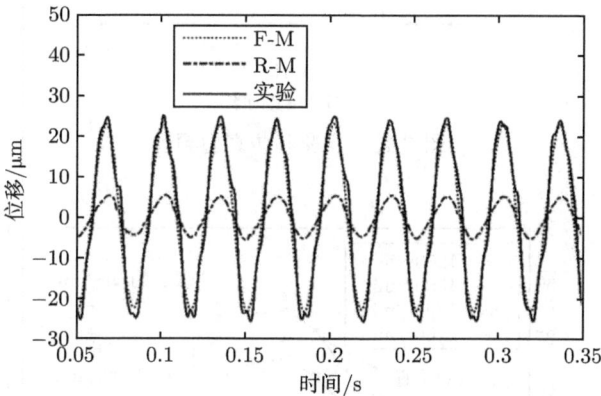

图 7-9　节点 8 仿真和实验的振动响应比较

均匹配得比较好。频谱图中主要频率是转子的旋转频率 f_s 及其倍频。由于 R-M 只可以计算转子的刚体运动，其仿真的幅值要比测量的振动响应小。

不同转速下仿真和实验的转子振动响应幅值如图 7-11 所示。随着转速的增加，由偏心质量产生的离心力增加，转子的振动幅值也随之增加。转子的振动幅值沿着轴线是变化的，由于轴承的限制，接近轴承处的振动幅值要比其他处的振动幅值小。从图 7-11 中可以看出 F-M 的仿真数据和测量值匹配得比较好，而 R-M 的仿真数据不能准确预测柔性转子的振动幅值。

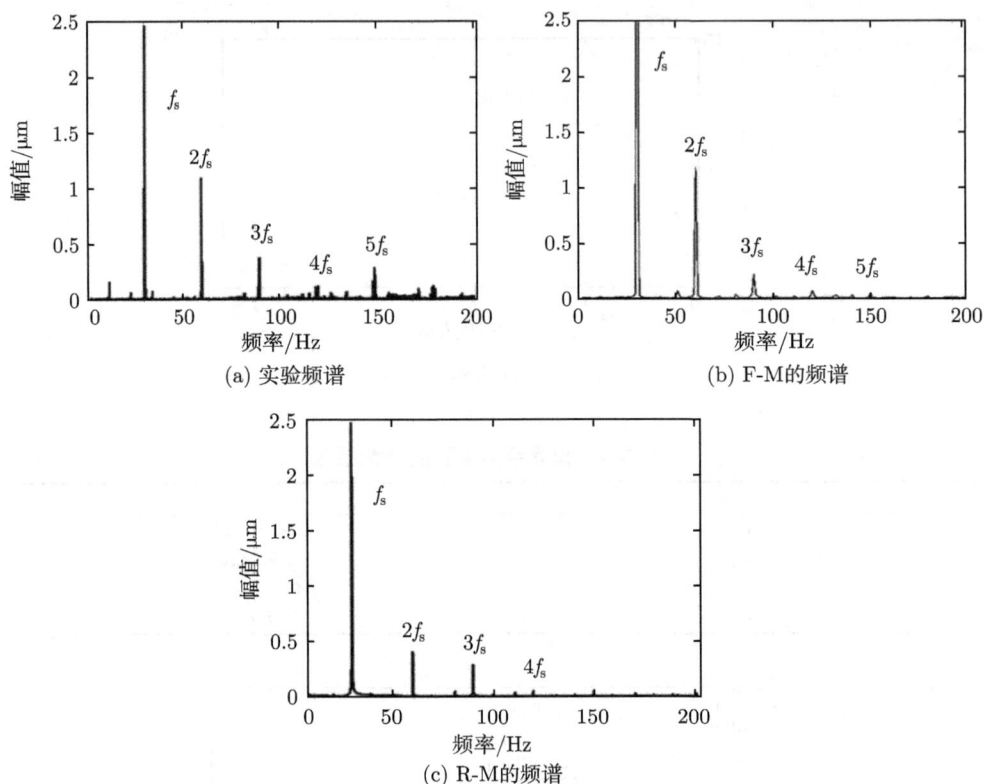

(a) 实验频谱　　　　　　　　　　　　　　(b) F-M的频谱

(c) R-M的频谱

图 7-10　实验和仿真的频谱

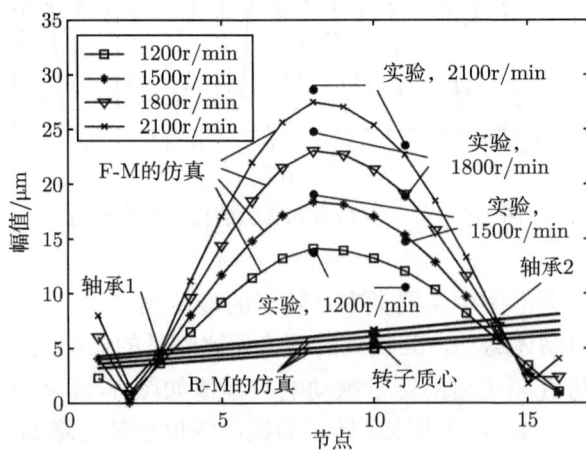

图 7-11　不同转速下转子的振动响应幅值

设转速为 1800r/min, 图 7-12 给出了不同间隙下节点 3 在 Y 方向的仿真时域响应, 图 7-13 给出了其频谱。可以看出, 随着轴承间隙的增加, 振动的幅值

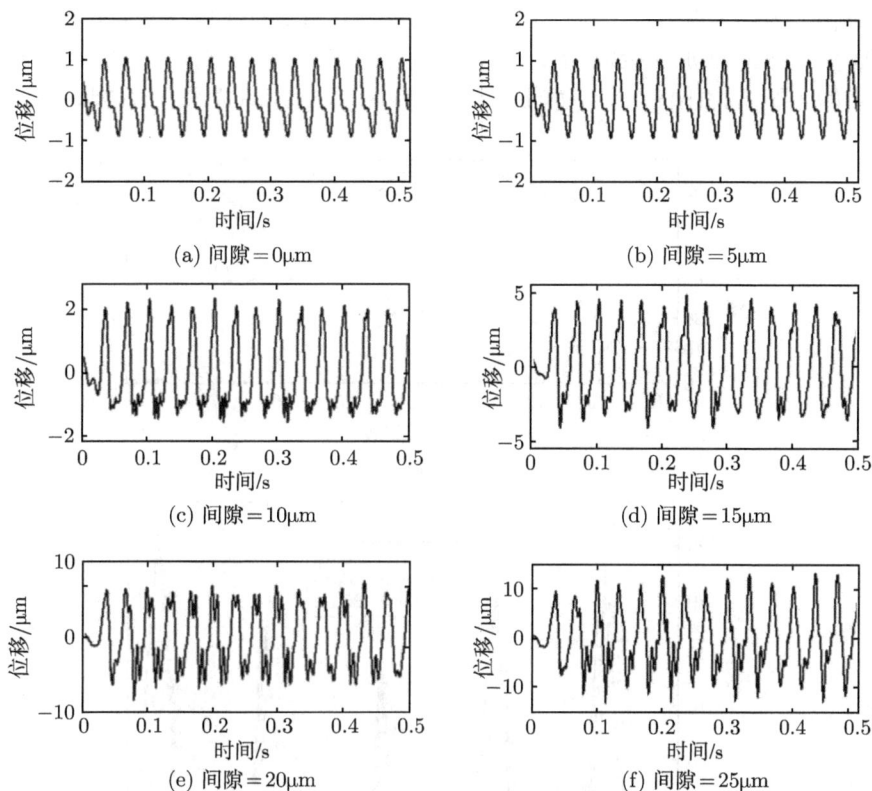

图 7-12 不同间隙下节点 3 的时域响应

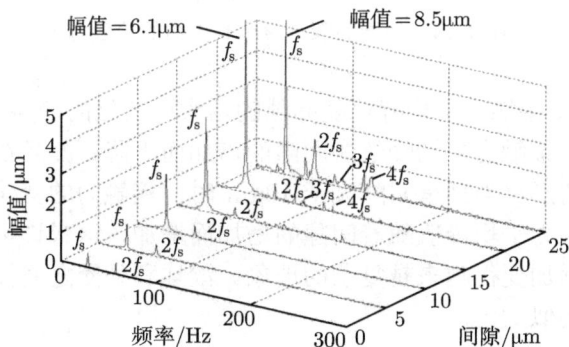

图 7-13 不同间隙下节点 3 振动响应频谱

增加。同时，振动的频谱图变得越来越复杂，其包含转频 f_s、转频的倍频和其他频率。

图 7-14 给出了轴承 1 滚球和内圈之间的接触力。可以看出，当轴承间隙小于 10μm (图 7-14(a))，接触力有规律地变化，且其平均值随着间隙增加而下降。随着间隙的增加，接触力变得不规律并且常常变为零，这意味着滚球和内圈不接触 (图 7-14(b))。这可能是产生倍频和其他频率成分的原因。

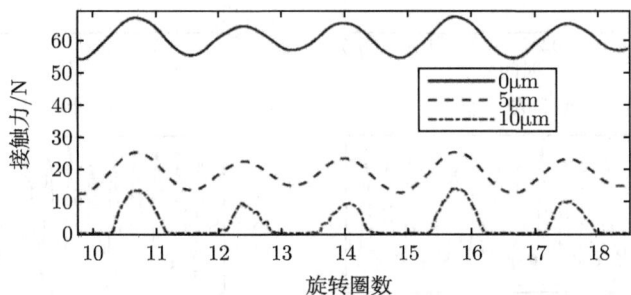

(a) 间隙小于10μm

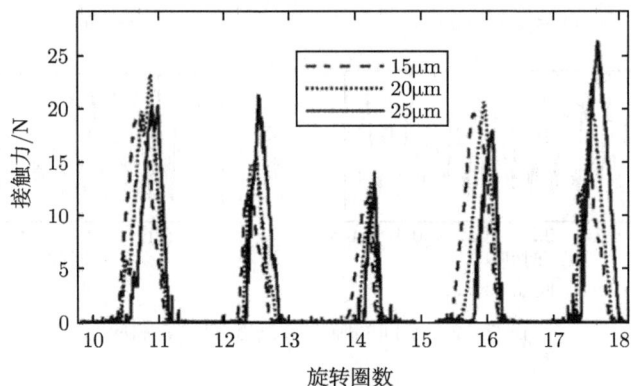

(b) 间隙大于10μm

图 7-14　不同间隙下滚球和内圈的接触力

图 7-15 给出了接触力平均峰值随间隙的增大而变化的趋势。可以看出，当间隙小于 10μm 时，接触力平均峰值随间隙的增加而下降，并且在接触力变化过程中不存在为零的情形。当轴承间隙大于 10μm 时，接触力的变化将会存在接触力为零的区域且接触力平均峰值随着间隙的增加而增加，这或许可以解释振动响应频谱图随间隙的增加变得越来越复杂的现象。滚球和外圈之间接触力的变化和滚球与内圈之间的类似。

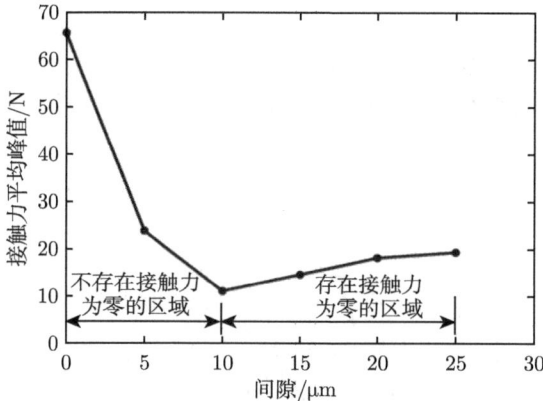

图 7-15　不同间隙下接触力平均峰值

7.3　滚动轴承动力学模型与转子刚体单元耦合建模

7.2 节中的滚动轴承动力学模型与转子有限元模型在耦合建模时, 为了能够求解有限元模型, 采用一些假设, 如对轴承安装的节点进行了自由度的限制, 并施加了通过刚体运动模型计算得到的力和力矩。刚体运动模型和转子有限元模型分别采用了变步长 4 阶龙格–库塔法和 Newmark-β 方法进行独立求解, 通过互相传递力、速度、加速度等动力学参数来进行耦合, 是一种 "松散" 的耦合方式。为了考虑转子的弹性振动, 并能够与滚动轴承动力学模型进行 "紧密" 耦合, 本节提出了一个新的转子动力学建模方法, 即刚体单元法。在该方法中, 转子被划分为若干个离散的刚体单元, 任意相邻的两个刚体单元之间通过四个假想的弹簧连接, 即一个限制平移运动的拉伸弹簧和三个限制旋转运动的扭转弹簧。建立了任意相邻刚体单元的相互作用模型来模拟转子的真实运动。通过求解各个刚体单元的动力学方程来获得转子真实运动。该模型采用了与滚动轴承动力学模型同一类型的动力学方程, 可以与轴承的动力学方程统一求解, 因而无须采用任何假设, 可以很好地与轴承动力学模型进行耦合。

7.3.1　转子动力学建模的刚体单元法

1. 刚体单元及其相互作用关系

为了考虑转子的弹性变形, 转子被划分为若干个离散的刚体单元。任意相邻的两个刚体单元之间通过四个假想的弹簧连接, 即一个限制平移运动的拉伸弹簧和三个限制旋转运动的扭转弹簧。弹簧的刚度根据相邻刚体单元的几何参数和材料属性决定。

图 7-16 给出了两个相邻刚体单元之间的几何作用关系 (第 j 个和第 $j+1$ 个)。

定义惯性坐标系 $O_i x_i y_i z_i$ 和第 j 个刚体单元的定体坐标系 $O_{rj} x_{rj} y_{rj} z_{rj}$，两个坐标系的相对位置可通过刚体单元的姿态角确定。每个刚体单元有两个端面，左端被命名为 α 平面，右端被命名为 β 平面。M_j 和 N_j 分别是第 j 个刚体单元 α 平面和 β 平面的中心。同样，M_{j+1} 和 N_{j+1} 分别是第 $j+1$ 个刚体单元 α 平面和 β 平面的中心。

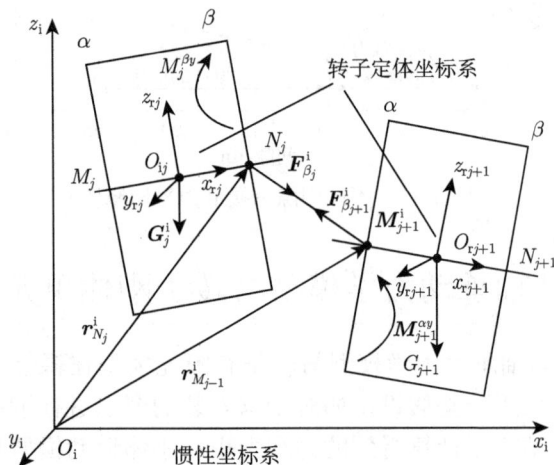

图 7-16　相连接刚体单元之间的几何作用关系

当转子在自由状态时，第 j 个刚体单元的 β 平面与第 $j+1$ 个刚体单元的 α 平面重合，此时它们之间的弹簧处于松弛状态。然而，当转子受到外力时，由于相邻刚体单元运动的不一致，连接相邻刚体单元平面之间的弹簧将发生压缩或者拉伸，从而产生了相互作用力。以第 j 个刚体单元的 β 平面和第 $j+1$ 个刚体单元的 α 平面的相互作用为例，使用上标 i 表示惯性坐标系。在惯性坐标系中，N_j 和 M_{j+1} 分别由矢量 $\boldsymbol{r}_{N_j}^i$ 和 $\boldsymbol{r}_{M_{j+1}}^i$ 确定。由拉伸弹簧产生的作用在第 j 个刚体单元上的相互作用力 $\boldsymbol{F}_{\beta_j}^i \left(F_{\beta_j}^x, F_{\beta_j}^y, F_{\beta_j}^z \right)$ 和作用在第 $j+1$ 个刚体单元上的相互作用力 $\boldsymbol{F}_{\alpha_{j+1}}^i \left(F_{\alpha_{j+1}}^x, F_{\alpha_{j+1}}^y, F_{\alpha_{j+1}}^z \right)$ 可表示为

$$
\begin{cases}
\boldsymbol{F}_{\beta_j}^i = k_{\beta_j, \alpha_{j+1}}^s \left(\boldsymbol{r}_{M_{j+1}}^i - \boldsymbol{r}_{N_j}^i \right) = \dfrac{E \cdot \min(A_j, A_{j+1})}{\left(\dfrac{l_j + l_{j+1}}{2} \right)} \left(\boldsymbol{r}_{M_{j+1}}^i - \boldsymbol{r}_{N_j}^i \right) \\[4mm]
\boldsymbol{F}_{\alpha_{j+1}}^i = k_{\beta_j, \alpha_{j+1}}^s \left(\boldsymbol{r}_{N_j}^i - \boldsymbol{r}_{M_{j+1}}^i \right) = \dfrac{E \cdot \min(A_j, A_{j+1})}{\left(\dfrac{l_j + l_{j+1}}{2} \right)} \left(\boldsymbol{r}_{N_j}^i - \boldsymbol{r}_{M_{j+1}}^i \right)
\end{cases} \tag{7-19}
$$

式中，$k_{\beta_j, \alpha_{j+1}}^s$ 为第 j 个刚体单元 β 面与第 $j+1$ 个刚体单元 α 面之间的拉伸弹

簧的刚度系数 (N/m)；E 为转子的弹性模量 (Pa)；l_j 和 l_{j+1} 分别为第 j 个和第 $j+1$ 个刚体单元的长度 (m)；A_j 和 A_{j+1} 分别为第 j 个和第 $j+1$ 个刚体单元端面的面积 (m^2)；函数 $\min(a,b)$ 计算 a 和 b 的最小值。

除了拉伸弹簧的相互作用力，同时还有由三个方向上的扭转弹簧产生的作用在第 j 个刚体单元的作用力矩 $\boldsymbol{M}_\beta^{rj}\left(M_j^{\beta x}, M_j^{\beta y}, M_j^{\beta z}\right)$ 和作用在第 $j+1$ 个刚体单元的作用力矩 $\boldsymbol{M}_\alpha^{r(j+1)}\left(M_{j+1}^{\alpha x}, M_{j+1}^{\alpha y}, M_{j+1}^{\alpha z}\right)$。假设相邻刚体单元的姿态角为 $(\eta_j, \xi_j, \lambda_j)$ 和 $(\eta_{j+1}, \xi_{j+1}, \lambda_{j+1})$，则相互作用力矩 $M_j^{\beta x}$ 和 $M_{j+1}^{\alpha x}$ 可由式 (7-20) 确定：

$$\begin{cases} M_j^{\beta x} = k_{\beta_j,\alpha_{j+1}}^{rx} \dfrac{\eta_{j+1}-\eta_j}{l_j+l_{j+1}} = 2G \cdot \min(I_{pj}, I_{pj+1}) \dfrac{\eta_{j+1}-\eta_j}{l_j+l_{j+1}} \\[3mm] M_{j+1}^{\alpha x} = k_{\beta_j,\alpha_{j+1}}^{rx} \dfrac{\eta_j-\eta_{j+1}}{l_{j+1}+l_j} = 2G \cdot \min(I_{pj}, I_{pj+1}) \dfrac{\eta_j-\eta_{j+1}}{l_{j+1}+l_j} \end{cases} \tag{7-20}$$

式中，$k_{\beta_j,\alpha_{j+1}}^{rx}$　为第 j 个刚体单元 β 面与第 $j+1$ 个刚体单元 α 面之间 x 方向扭转弹簧的刚度系数 (N·m/rad)；G 为转子的剪切模量 (Pa)；I_{pj} 和 I_{pj+1} 分别为第 j 个和第 $j+1$ 个刚体单元的极惯性矩 (m^4)。

力矩分量 $M_j^{\beta y}$ 和 $M_{j+1}^{\alpha y}$ 可以通过式 (7-21) 确定：

$$\begin{cases} M_j^{\beta y} = k_{\beta_j,\alpha_{j+1}}^{ry} \dfrac{\xi_j-\xi_{j+1}}{l_j+l_{j+1}} = 2E \cdot \min(I_{yj}, I_{yj+1}) \dfrac{\xi_j-\xi_{j+1}}{l_j+l_{j+1}} \\[3mm] M_{j+1}^{\alpha y} = k_{\beta_j,\alpha_{j+1}}^{ry} \dfrac{\xi_{j+1}-\xi_j}{l_j+l_{j+1}} = 2E \cdot \min(I_{yj}, I_{yj+1}) \dfrac{\xi_{j+1}-\xi_j}{l_j+l_{j+1}} \end{cases} \tag{7-21}$$

式中，$k_{\beta_j,\alpha_{j+1}}^{ry}$　为第 j 个刚体单元 β 面与第 $j+1$ 个刚体单元 α 面之间 y 方向扭转弹簧的刚度系数 (N·m/rad)；I_{yj} 和 I_{yj+1} 分别为第 j 个刚体单元和第 $j+1$ 个刚体单元相对于 y 轴的惯性矩 (m^4)。

力矩分量 $M_j^{\beta z}$ 和 $M_{j+1}^{\alpha z}$ 可表示为

$$\begin{cases} M_j^{\beta z} = k_{\beta_j,\alpha_{j+1}}^{rz} \dfrac{\lambda_j-\lambda_{j+1}}{l_j+l_{j+1}} = 2E \cdot \min(I_{zj}, I_{zj+1}) \dfrac{\lambda_j-\lambda_{j+1}}{l_j+l_{j+1}} \\[3mm] M_{j+1}^{\alpha z} = k_{\beta_j,\alpha_{j+1}}^{rz} \dfrac{\lambda_{j+1}-\lambda_j}{l_j+l_{j+1}} = 2E \cdot \min(I_{zj}, I_{zj+1}) \dfrac{\lambda_{j+1}-\lambda_j}{l_j+l_{j+1}} \end{cases} \tag{7-22}$$

式中，$k_{\beta_j,\alpha_{j+1}}^{rz}$　为第 j 个刚体单元 β 面与第 $j+1$ 个刚体单元 α 面之间 z 方向扭转弹簧的刚度系数 (N·m/rad)；I_{zj} 和 I_{zj+1} 分别为第 j 个刚体单元和第 $j+1$ 个刚体单元相对于 z 轴的惯性矩 (m^4)。

若转子被分隔成 N 个刚体单元，在式 (7-19)～ 式 (7-22) 中，令 j 分别等于 1、2、$\cdots$、$N-1$，即可求得作用在每个刚体单元上的作用力和作用力矩。对于第

j 个刚体单元所求得的作用力有 $\boldsymbol{F}_{\alpha_j}^{i}\left(F_{\alpha_j}^x, F_{\alpha_j}^y, F_{\alpha_j}^z\right)$ 和 $\boldsymbol{F}_{\beta_j}^{i}\left(F_{\beta_j}^x, F_{\beta_j}^y, F_{\beta_j}^z\right)$，所求得的作用力矩有 $\boldsymbol{M}_\alpha^{rj}\left(M_j^{\alpha x}, M_j^{\alpha y}, M_j^{\alpha z}\right)$ 和 $\boldsymbol{M}_\beta^{rj}\left(M_j^{\beta x}, M_j^{\beta y}, M_j^{\beta z}\right)$。

2. 刚体单元的动力学方程

每个刚体单元的运动可以分解为质心的平动运动和绕其质心的转动。假设 $\boldsymbol{F}_{cj}^{i}\left(F_{cj}^x, F_{cj}^y, F_{cj}^z\right)$ 和 $\boldsymbol{F}_{ej}^{i}\left(F_{ej}^x, F_{ej}^y, F_{ej}^z\right)$ 分别为由不平衡质量产生的不平衡力和施加在第 j 个刚体单元上的外力，则第 j 个刚体单元的平动运动方程为

$$\begin{cases} m_j \ddot{x}_j = F_{\alpha_j}^x + F_{\beta_j}^x + F_{cj}^x + F_{ej}^x \\ m_j \ddot{y}_j = F_{\alpha_j}^y + F_{\beta_j}^y + F_{cj}^y + F_{ej}^y \\ m_j \ddot{z}_j = F_{\alpha_j}^z + F_{\beta_j}^z + F_{cj}^z + F_{ej}^z + G_j \end{cases} \tag{7-23}$$

式中，m_j 为第 j 个刚体单元的质量 (kg)；$\ddot{x}_j$、$\ddot{y}_j$、$\ddot{z}_j$ 为质心 O_{rj} 在惯性坐标系中的加速度分量；G_j 为刚体单元的重力 (N)。不平衡力 $\boldsymbol{F}_{cj}^{i}$ 可以表示为

$$\boldsymbol{F}_{cj}^{i} = \boldsymbol{T}_{rj,i} \left\{ \begin{array}{c} 0 \\ m_{uj} r_{uj} \dot{\eta}_j^2 \cos\alpha_j \\ m_{uj} r_{uj} \dot{\eta}_j^2 \sin\alpha_j \end{array} \right\} \tag{7-24}$$

式中，m_{uj} 为第 j 个刚体单元的不平衡质量 (kg)；r_{uj} 为第 j 个刚体单元不平衡质量质心与该单元质心的距离 (m)；α_j 为不平衡质量的初始方位角 (rad)；$\boldsymbol{T}_{rj,i}$ 为从刚体单元定体坐标系到惯性坐标系的变换矩阵。

假设第 j 个刚体单元的角速度为 $\boldsymbol{\omega}_j(\omega_{jx}, \omega_{jy}, \omega_{jz})$，则刚体单元的旋转运动方程可以表示为

$$\begin{cases} I_{jx}\dot{\omega}_{jx} - (I_{jy} - I_{jz})\omega_{jy}\omega_{jz} = M_j^{ax} + M_j^{\beta x} + M_{Fj}^{\alpha x} + M_{Fj}^{\beta x} + M_{ej}^x \\ I_{jy}\dot{\omega}_{jx} - (I_{jz} - I_{jx})\omega_{jz}\omega_{jx} = M_j^{ay} + M_j^{\beta y} + M_{Fj}^{\alpha y} + M_{Fj}^{\beta y} + M_{ej}^y \\ I_{jz}\dot{\omega}_{jx} - (I_{jx} - I_{jy})\omega_{jx}\omega_{jy} = M_j^{az} + M_j^{\beta z} + M_{Fj}^{\alpha z} + M_{Fj}^{\beta z} + M_{ej}^z \end{cases} \tag{7-25}$$

式中，施加在第 j 个刚体单元上的外部力矩 $\boldsymbol{M}_{F\alpha}^{rj}\left(M_{Fj}^{\alpha x}, M_{Fj}^{\alpha y}, M_{Fj}^{\alpha z}\right)$ 和 $\boldsymbol{M}_{F\beta}^{rj}\left(M_{Fj}^{\beta x}, M_{Fj}^{\beta y}, M_{Fj}^{\beta z}\right)$ 为分别由 $\boldsymbol{F}_{\alpha_j}^{i}$ 和 $\boldsymbol{F}_{\beta_j}^{i}$ 产生的力矩，可以表示为

$$\begin{cases} \boldsymbol{M}_{F\alpha}^{rj} = \overrightarrow{O_{rj}N_j} \times \boldsymbol{T}_{i,rj} \boldsymbol{F}_{\alpha_j}^{i} \\ \boldsymbol{M}_{F\beta}^{rj} = \overrightarrow{O_{rj}M_j} \times \boldsymbol{T}_{i,rj} \boldsymbol{F}_{\beta_j}^{i} \end{cases} \tag{7-26}$$

式中，$\boldsymbol{T}_{i,rj}$ 为从惯性坐标系到刚体单元定体坐标系的变换矩阵。

转子模型的求解步骤如图 7-17 所示，首先根据转子的几何参数、材料参数、运行参数计算各转子单元初始速度和位移，然后根据 7.2.1 小节所述的转子各刚

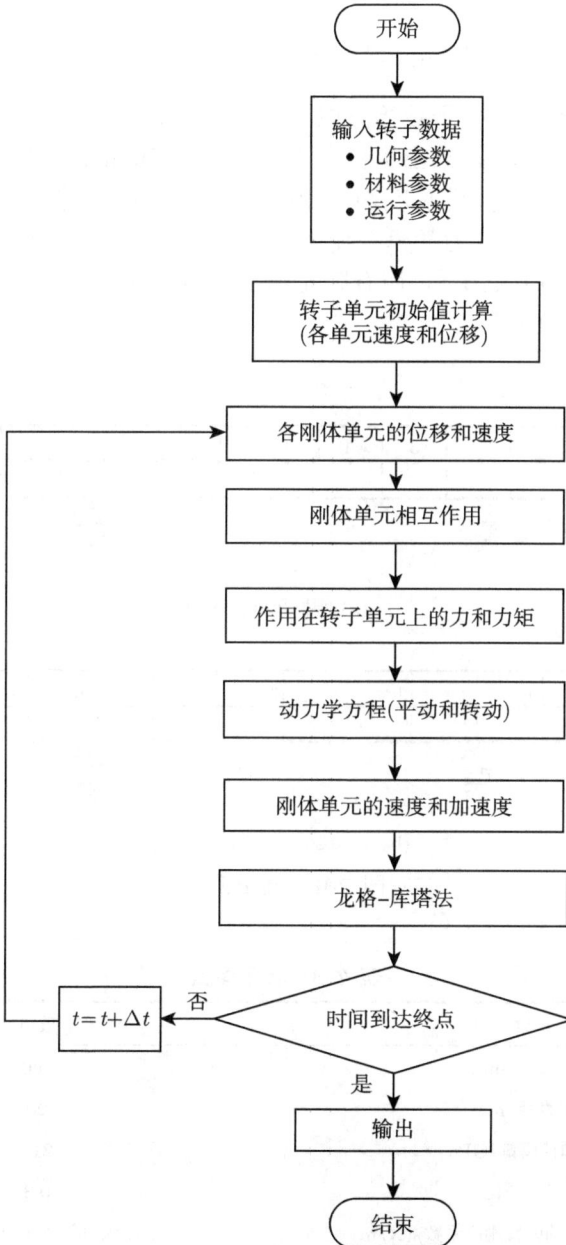

```
           ┌──────┐
           │  开始  │
           └──────┘
              │
    ┌──────────────────┐
    │   输入转子数据      │
    │  ● 几何参数        │
    │  ● 材料参数        │
    │  ● 运行参数        │
    └──────────────────┘
              │
    ┌──────────────────┐
    │  转子单元初始值计算   │
    │ (各单元速度和位移)   │
    └──────────────────┘
              │
    ┌──────────────────┐
    │  各刚体单元的位移和速度 │◄───┐
    └──────────────────┘       │
              │                 │
    ┌──────────────────┐       │
    │   刚体单元相互作用    │       │
    └──────────────────┘       │
              │                 │
    ┌──────────────────┐       │
    │ 作用在转子单元上的力和力矩 │     │
    └──────────────────┘       │
              │                 │
    ┌──────────────────┐       │
    │  动力学方程(平动和转动) │      │
    └──────────────────┘       │
              │                 │
    ┌──────────────────┐       │
    │  刚体单元的速度和加速度 │      │
    └──────────────────┘       │
              │                 │
    ┌──────────────────┐       │
    │     龙格–库塔法      │       │
    └──────────────────┘       │
              │                 │
  ┌───────┐  否    ◇            │
  │t=t+Δt │◄─────◇ 时间到达终点 ◇──┘
  └───────┘        ◇
                    │ 是
              ┌──────────┐
              │   输出     │
              └──────────┘
                    │
              ┌──────────┐
              │   结束     │
              └──────────┘
```

图 7-17　转子模型求解步骤

体单元之间相互作用关系求得作用在每个转子单元上的力和力矩，代入动力学方程式 (7-23) 和式 (7-25) 可获得刚体单元的速度和加速度，然后使用变步长 4 阶龙格–库塔法进行积分，可得到下一时刻各刚体单元的速度和位移。重复上述步骤可求得每个刚体单元的振动响应，对应于转子不同位置的振动响应。

3. 刚体单元与 Timoshenko 梁单元对比

如图 7-18(a) 所示，转子被等分成 9 个刚体单元，第 2、8 个刚体单元通过弹簧和阻尼支承。图 7-18(b) 给出了包含 10 个 Timoshenko 梁单元的转子有限元模型，第 1 个和第 9 个单元的长度均为 20mm，其他单元的长度都为 40mm。转子的参数如表 7-3 所示。动力学模型使用变步长 4 阶龙格–库塔法求解，最大允许截断误差被设定为 1.0×10^{-5}，而有限元模型使用 Newmark-β 方法求解，计算时间步长设定为 2.0×10^{-4}s。

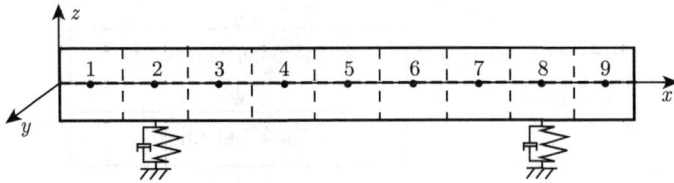

(a) 刚体单元法模型

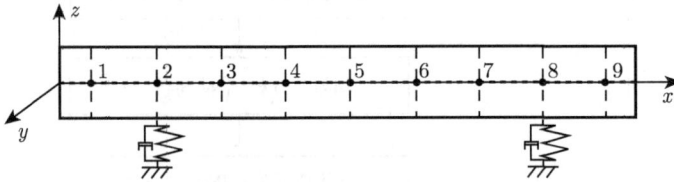

(b) Timoshenko梁单元法模型

图 7-18　转子模型

表 7-3　转子参数

参数	数值
转子长度/mm	360
转子直径/mm	20
转子弹性模量/GPa	210
转子泊松比	0.3
节点 2 和节点 8 的弹簧刚度系数/(N/m)	$(0, 1.0 \times 10^8, 1.0 \times 10^8, 0, 0, 0)$
节点 2 和节点 8 的阻尼系数/(N·s/m)	$(0, 100, 100, 100, 100, 100)$

定义位移/振幅的相对误差

$$\delta = \frac{D_{\mathrm{F}} - D_{\mathrm{R}}}{D_{\mathrm{F}}} \tag{7-27}$$

式中，D_{F} 为有限元模型的计算结果；D_{R} 为动力学模型的计算结果。假设当转子转速为 0 时，在节点 4 的 z 方向施加一径向力，图 7-19 给出了不同径向力下转子各节点的位移，图 7-20 给出了各节点位移的相对误差。从图 7-19 和图 7-20 可以看出当转子受到静载荷时，有限元法和刚体单元法的计算结果匹配较好，且其相对误差不随外力的变化而变化。

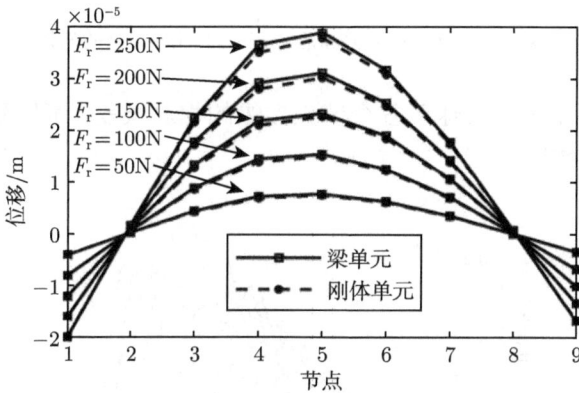

图 7-19　转子各节点的位移

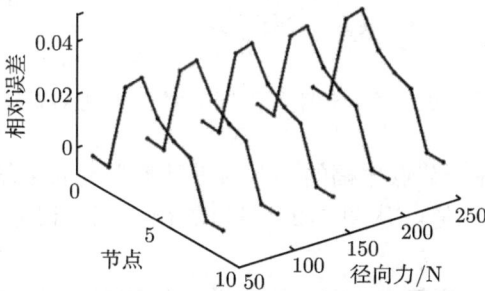

图 7-20　转子各节点位移的相对误差

假设在节点 4 存在不平衡质量，不平衡质量和其半径的乘积是 0.001kg·m。当转子旋转时，不平衡质量将会产生振动响应。图 7-21 给出了转速为 10000r/min 时各个节点的轨迹，从图中可以看出刚体单元法和有限元法的结果整体上匹配得较好。由于支承弹簧的限制，节点 2 和节点 8 的振幅要小于其他节点。

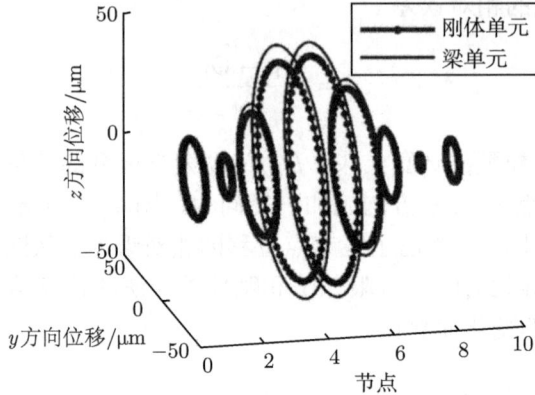

图 7-21   转速为 10000r/min 时不同节点的轨迹

图 7-22 给出了不同转速下各个节点振幅的相对误差，可以看出，相对误差随着转速的上升而增大。

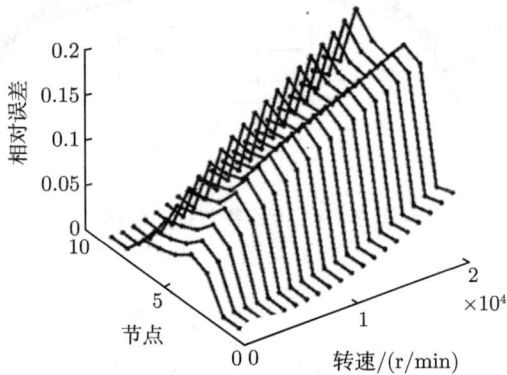

图 7-22   不同转速下各个节点振幅的相对误差

图 7-23 给出了各个节点振幅的相对误差随着单元长度增长的变化，L/D 表示转子长度和直径的比值。从图 7-23 可以看出，相对误差随着 L/D 的增大而增大。

可以发现当转子受到静态力时，刚体单元法和有限元法的计算结果可以较好地匹配，两者的相对误差不随外力的变化而变化。当转子受到动态不平衡力时，刚体单元法和有限元法的计算结果整体上匹配得比较好，然而，随着转速和 L/D 的增大，振幅的相对误差将会变大。可能的原因是所提出的转子模型是一种简化模型，只考虑了相邻刚体单元之间六个自由度方向上的相互作用，而没有考虑不同方向之间的耦合效应。有限元模型由转子偏微分方程推导而来，考虑了陀螺力矩、

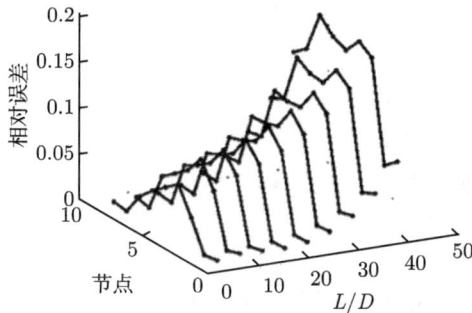

图 7-23　不同 L/D 下各个节点振幅的相对误差

剪切变形等效应，其刚度矩阵中不但包含对角线上的主刚度，还有不同方向之间的耦合刚度。

7.3.2　滚动轴承–转子系统动力学耦合模型

由于 7.3.1 小节建立的转子模型与前文所述的轴承动力学模型采用了同一类型的动力学方程，可以与轴承的动力学方程统一求解，从而可以很好地与轴承动力学模型兼容。图 7-24 给出了第 k 个轴承和第 j 个刚体单元之间的相互作用关系，与图 7-1 所示的轴承–转子作用关系类似，通过分析几何位移关系 (包括滚

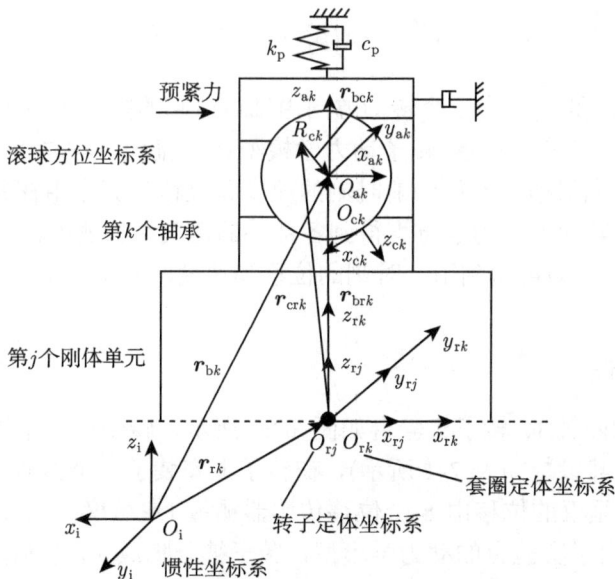

图 7-24　第 k 个轴承和第 j 个刚体单元相互作用关系

球/套圈相互作用、滚球/保持架相互作用、保持架/套圈相互作用、内圈刚体单元相互作用以及刚体单元之间的相互作用)，可求得作用在各个部件上的净力。

轴承内圈和刚体单元可以认为是一个整体，因此，滚球与内圈的合力 $\boldsymbol{F}_{\mathrm{rk}}^{\mathrm{i}}(F_{\mathrm{rk}1}^{\mathrm{i}},$ $M_{\mathrm{rk}2}^{\mathrm{i}}, M_{\mathrm{rk}3}^{\mathrm{i}})$ (式 (7-6) 求得) 和合力矩 $\boldsymbol{M}_{\mathrm{rk}}^{rk} (M_{\mathrm{rk}1}^{rk}, M_{\mathrm{rk}2}^{rk}, M_{\mathrm{rk}3}^{rk})$ (由式 (7-5) 求得) 可以直接施加到刚体单元上，即将 $\boldsymbol{F}_{\mathrm{rk}}^{\mathrm{i}}$ 和 $\boldsymbol{M}_{\mathrm{rk}}^{rk}$ 的分量分别加到方程 (7-23) 和方程 (7-25) 的右端，即

$$\begin{cases} m_j \ddot{x}_j + c_{\mathrm{b}x} \dot{x}_j = F_{\alpha_j}^x + F_{\beta_j}^x + F_{\mathrm{c}j}^x + F_{\mathrm{e}j}^x + F_{\mathrm{rk}1}^{\mathrm{i}} \\ m_j \ddot{y}_j + c_{\mathrm{b}y} \dot{y}_j = F_{\alpha_j}^y + F_{\beta_j}^y + F_{\mathrm{c}j}^y + F_{\mathrm{e}j}^y + F_{\mathrm{rk}2}^{\mathrm{i}} \\ m_j \ddot{z}_j + c_{\mathrm{b}z} \dot{z}_j = F_{\alpha_j}^z + F_{\beta_j}^z + F_{\mathrm{c}j}^z + F_{\mathrm{e}j}^z + F_{\mathrm{rk}3}^{\mathrm{i}} + G_j \end{cases} \tag{7-28}$$

式中，$c_{\mathrm{b}x}$、$c_{\mathrm{b}y}$ 和 $c_{\mathrm{b}z}$ 为三个平动方向由轴承引起的阻尼系数 (N·s·m)。

$$\begin{cases} I_{jx}\dot{\omega}_{jx} - (I_{jy} - I_{jz})\omega_{jy}\omega_{jz} + c_{\mathrm{br}x}\omega_{jx} \\ = M_j^{ax} + M_j^{\beta x} + M_{Fj}^{\alpha x} + M_{Fj}^{\beta x} + M_{\mathrm{e}j}^x + M_{\mathrm{rk}1}^{rk} \\ I_{jy}\dot{\omega}_{jx} - (I_{jz} - I_{jx})\omega_{jz}\omega_{jx} + c_{\mathrm{br}y}\omega_{jy} \\ = M_j^{ay} + M_j^{\beta y} + M_{Fj}^{\alpha y} + M_{Fj}^{\beta y} + M_{\mathrm{e}j}^y + M_{\mathrm{rk}2}^{rk} \\ I_{jz}\dot{\omega}_{jx} - (I_{jx} - I_{jy})\omega_{jx}\omega_{jy} + c_{\mathrm{br}z}\omega_{jz} \\ = M_j^{az} + M_j^{\beta z} + M_{Fj}^{\alpha z} + M_{Fj}^{\beta z} + M_{\mathrm{e}j}^z + M_{\mathrm{rk}3}^{rk} \end{cases} \tag{7-29}$$

式中，$c_{\mathrm{br}x}$、$c_{\mathrm{br}y}$ 和 $c_{\mathrm{br}z}$ 为三个转动方向由轴承引起的阻尼系数 (N·m·s·rad)。

图 7-25 给出了滚动轴承–转子动力学模型计算流程。与 7.2.1 小节所述的求解方法类似，首先根据各部件当前时刻的速度和位移计算作用在各部件上的净力和净力矩，并将其代入动力学方程得到各部件的速度和加速度，采用变步长 4 阶龙格–库塔法积分，即可得到下一时刻的位移和速度，重复上述步骤，直到达到设定的时刻。

7.3.3　实验验证

实验采用的两轴承–转子实验台如图 7-26 所示，转子由两个深沟球轴承支承 (FAG 6000ZZ，其参数如表 7-4 所示)，在转子上安装了一个偏心质量圆盘。转子 4 个位置水平和垂直的位移由 8 个位移传感器测量 (灵敏度：$127.1\mu\mathrm{m/V}$)。

图 7-27 给出了实验台的动力学模型，转子被分隔成 14 个刚体单元，尺寸如表 7-5 所示。轴承座孔和轴承外圈的相互作用被建模成 16 个支承弹簧和 16 个阻尼器。

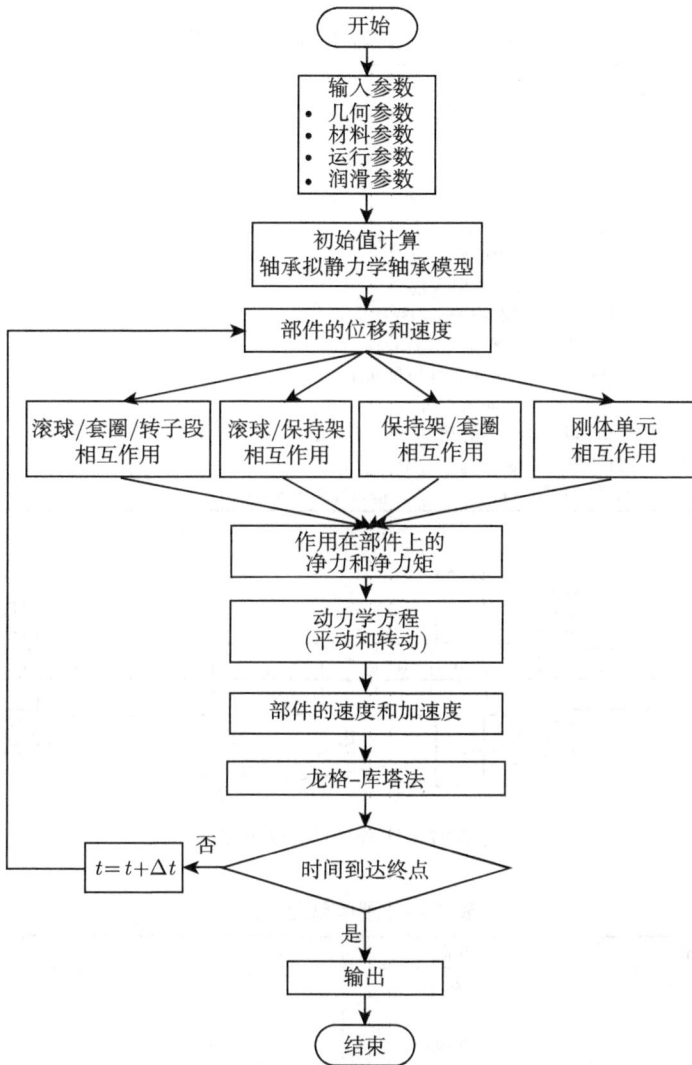

图 7-25　滚动轴承–转子动力学模型计算流程

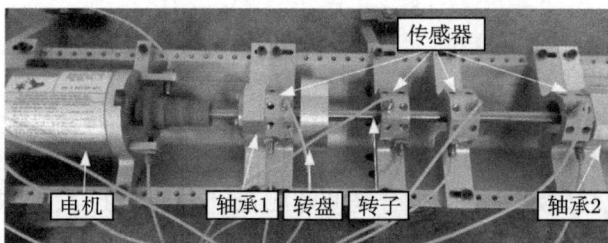

图 7-26　轴承–转子实验台

表 7-4　实验轴承和转子的参数

参数	数值
滚球数目	7
内圈宽度/mm	8
滚球直径/mm	5
轴承节径 d_{m}/mm	18
初始接触角 $\alpha_0/(°)$	0
内圈沟曲率系数	0.54
外圈沟曲率系数	0.54
滚球、套圈和转子泊松比	0.3
滚球转子密度/(kg/m³)	7800
滚球、套圈和转子弹性模量/GPa	210
轴承间隙/μm	10
不平衡质量和其半径的乘积 mR/(kg·m)	0.00025
轴承平动方向阻尼系数 (c_{bx}、c_{by}、c_{bz})/(N·s/m)	50
轴承转动方向阻尼系数 (c_{brx}、c_{bry}、c_{brz})/(N·m·s/rad)	20

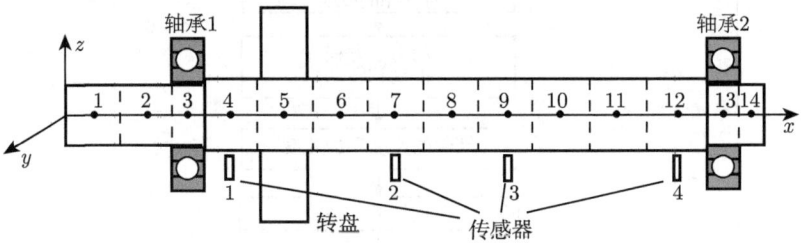

图 7-27　实验台的动力学模型

表 7-5　刚体单元的尺寸

长度/mm	取值	直径/mm	取值
$L_1 \sim L_2$	26	$D_1 \sim D_2$	10
L_3	8	D_3	10
L_4	38.6	D_4	12
L_5	25	D_5	45
L_6	38.6	D_6	12
$L_7 \sim L_{12}$	34.1	$D_7 \sim D_{12}$	12
L_{13}	8	D_{13}	10
L_{14}	5	D_{14}	10

　　图 7-28(a) 给出了转速为 2000r/min 时，实验测得的转子 4 个位置的运动轨迹。从图中可以看出测得的轨迹并不呈圆形，而是接近不规则的三角形，可能的原因是轴承座孔和轴承外圈的配合是间隙配合，由于加工误差，轴承座孔的形状并不是严格的圆形。为了仿真这一现象，假设了 16 个支承弹簧的刚度、16 个阻尼器的阻尼以及轴承座孔和轴承外圈之间的间隙，如表 7-6 所示。

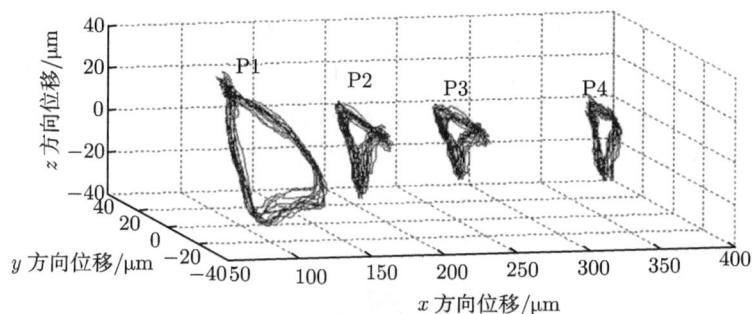

(a) 实验

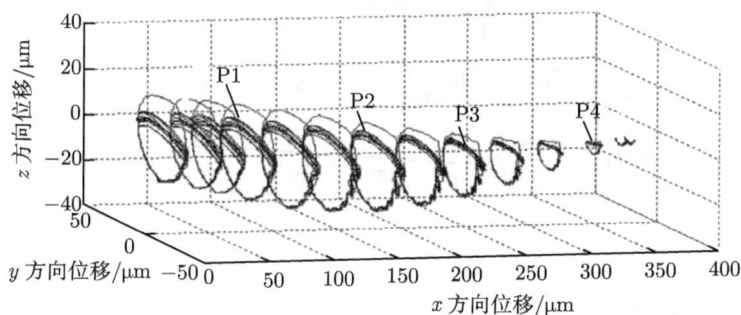

(b) 仿真

图 7-28 转速为 2000r/min 时转子运动轨迹

表 7-6 轴承座孔–外圈模型参数

左端轴承		右端轴承	
参数	取值	参数	取值
$k_{p1}/(N/m)$	12×10^6	$k_{p1}/(N/m)$	8×10^6
$k_{p2}/(N/m)$	6×10^6	$k_{p2}/(N/m)$	4×10^6
$k_{p3}/(N/m)$	2×10^6	$k_{p3}/(N/m)$	8×10^6
$k_{p4}/(N/m)$	6×10^6	$k_{p4}/(N/m)$	12×10^6
$k_{p5}/(N/m)$	10×10^6	$k_{p5}/(N/m)$	16×10^6
$k_{p6}/(N/m)$	12×10^6	$k_{p6}/(N/m)$	12×10^6
$k_{p7}/(N/m)$	8×10^6	$k_{p7}/(N/m)$	8×10^6
$k_{p8}/(N/m)$	4×10^6	$k_{p8}/(N/m)$	4×10^6
$k_{p9}/(N/m)$	8×10^6	$k_{p9}/(N/m)$	8×10^6
$k_{p10}/(N/m)$	4×10^6	$k_{p10}/(N/m)$	12×10^6
$k_{p11}/(N/m)$	8×10^6	$k_{p11}/(N/m)$	12×10^6
$k_{p12}/(N/m)$	8×10^6	$k_{p12}/(N/m)$	8×10^6
$k_{p13}/(N/m)$	2×10^6	$k_{p13}/(N/m)$	4×10^6
$k_{p14}/(N/m)$	8×10^6	$k_{p14}/(N/m)$	8×10^6
$k_{p15}/(N/m)$	12×10^6	$k_{p15}/(N/m)$	12×10^6
$k_{p16}/(N/m)$	16×10^6	$k_{p16}/(N/m)$	12×10^6
$c_{p1} \sim c_{p16}/(N \cdot m)$	50	$c_{p1} \sim c_{p16}/(N \cdot m)$	50
$r_{p1} \sim r_{p16}/\mu m$	20	$r_{p1} \sim r_{p16}/\mu m$	5

　　图 7-29(a) 给出了转速为 7500r/min 时，实验测得的转子 4 个位置的运动轨迹。可以看出由于不平衡力的作用，P2 和 P3 点的振动幅值要大于 P1 和 P4 点的振动幅值。图 7-29(b) 给出了转速为 7500r/min 时仿真得到的各点运动轨迹。可以看出仿真结果和实验结果整体上匹配得比较好。

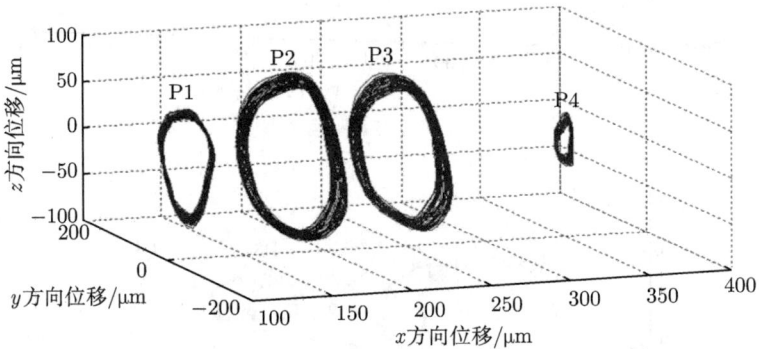

(a) 实验

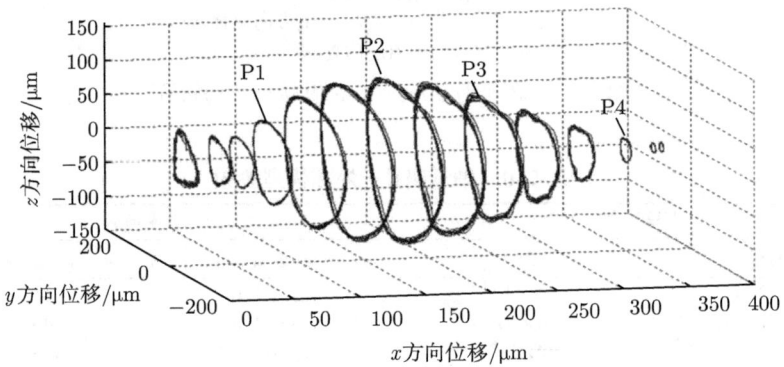

(b) 仿真

图 7-29　转速为 7500r/min 时转子运动轨迹

　　图 7-30 给出了 P1 点 (节点 4) y 方向振动频谱。转频 f_r 和其倍频均可在实验和仿真的频谱图中找到，这可能是轴承外圈和轴承座孔的相互作用引起的。

　　图 7-31 给出了转子各点 y 方向振动幅值随转速的变化。可以看到各点振动幅值均随着转速的升高而增大，由于轴承的限制，P2 和 P3 的幅值增长比 P1 和 P4 要快。实验和仿真良好地匹配验证了模型的有效性。

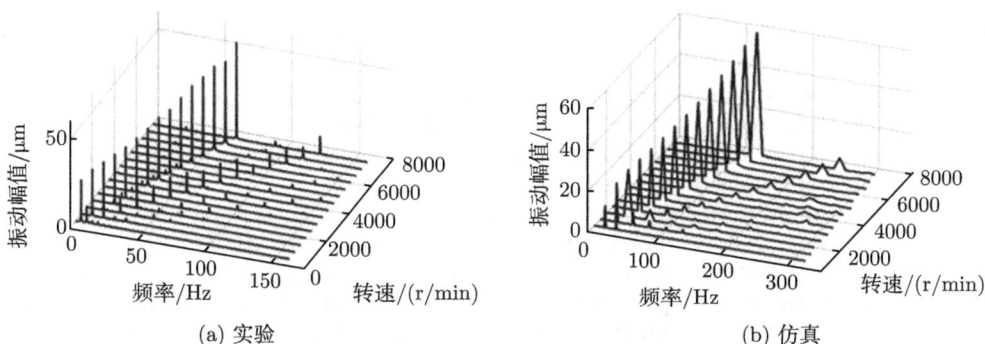

(a) 实验   (b) 仿真

图 7-30 P1 点 y 方向振动频谱

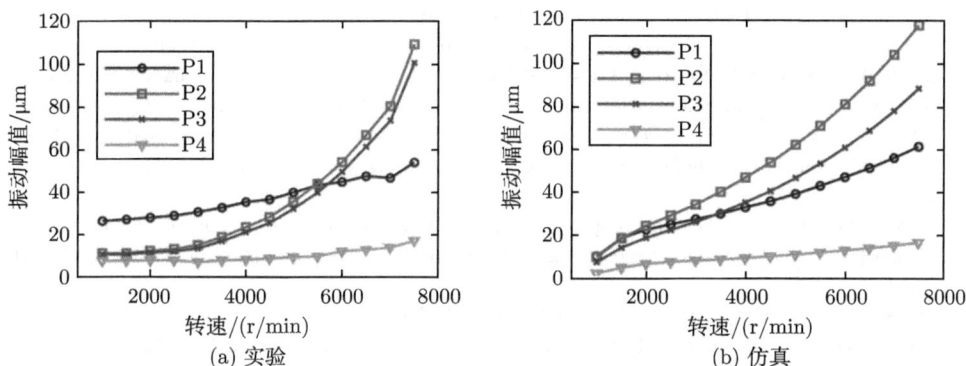

(a) 实验   (b) 仿真

图 7-31 转子各点 y 方向振动幅值随转速的变化

参 考 文 献

[1] JEFFCOTT H H. XXVII. The lateral vibration of loaded shafts in the neighbourhood of a whirling speed—The effect of want of balance[J]. The London, Edinburgh, and Dublin Philosophical Magazine and Journal of Science, 1919, 37(219): 304-314.

[2] ZHANG X, HAN Q, PENG Z, et al. A comprehensive dynamic model to investigate the stability problems of the rotor–bearing system due to multiple excitations[J]. Mechanical Systems and Signal Processing, 2016, 70-71: 1171-1192.

[3] HSIEH S C, CHEN J H, LEE A C. A modified transfer matrix method for the coupled lateral and torsional vibrations of asymmetric rotor-bearing systems[J]. Journal of Sound and Vibration, 2008, 312(4): 563-571.

[4] LI Y, CAO H, TANG K. A general dynamic model coupled with efem and dbm of rolling bearing-rotor system[J]. Mechanical Systems and Signal Processing, 2019, 134: 106322.

[5] CAO H, LI B, LI Y, et al. Model-based error motion prediction and fit clearance optimization for machine tool spindles[J]. Mechanical Systems and Signal Processing, 2019, 133: 106252.

[6] CAO H, SHI F, LI Y, et al. Vibration and stability analysis of rotor-bearing-pedestal system due to clearance fit[J]. Mechanical Systems and Signal Processing, 2019, 133: 106275.

[7] CAO H, NIU L, XI S, et al. Mechanical model development of rolling bearing-rotor systems: A review[J]. Mechanical Systems and Signal Processing, 2018, 102: 37-58.

[8] BAI C, ZHANG H, XU Q. Subharmonic resonance of a symmetric ball bearing–rotor system[J]. International Journal of Non-Linear Mechanics, 2013, 50: 1-10.

[9] SINOU J J. Non-linear dynamics and contacts of an unbalanced flexible rotor supported on ball bearings[J]. Mechanism and Machine Theory, 2009, 44(9): 1713-1732.

[10] CAO H, LI B, HE Z. Chatter stability of milling with speed-varying dynamics of spindles[J]. International Journal of Machine Tools & Manufacture, 2012, 52(1): 50-58.

[11] CAO H, NIU L, HE Z. Method for vibration response simulation and sensor placement optimization of a machine tool spindle system with a bearing defect[J]. Sensors, 2012, 12(7): 8732-8754.

[12] CHEN C H, WANG K W, SHIN Y C. An integrated approach toward the dynamic analysis of high-speed spindles: Part I—System model[J]. Journal of Vibration and Acoustics, 1994, 116(4): 506, 513.

[13] 曹宏瑞, 李亚敏, 成玮, 等. 局部损伤滚动轴承建模与转子系统振动仿真 [J]. 振动、测试与诊断, 2014, 34(3): 549-552, 595.

[14] 曹宏瑞, 李亚敏, 何正嘉, 等. 高速滚动轴承–转子系统时变轴承刚度及振动响应分析 [J]. 机械工程学报, 2014, 50 (15): 73-81.

[15] ASHTEKAR A, SADEGHI F. Experimental and analytical investigation of high speed turbocharger ball bearings[J]. Journal of Engineering for Gas Turbines and Power, 2011, 133(12): 122501.

[16] BROUWER M D, SADEGHI F, LANCASTER C, et al. Whirl and friction characteristics of high speed floating ring and ball bearing turbochargers[J]. Journal of Tribology, 2013, 135(4): 041102.

[17] CAO H, LI Y, CHEN X. A new dynamic model of ball-bearing rotor systems based on rigid body element[J]. Journal of Manufacturing Science and Engineering-Transactions of the ASME, 2016, 138(7): 071007.

[18] LI Y, CAO H, NIU L, et al. A general method for the dynamic modeling of ball bearing-rotor systems[J]. Journal of Manufacturing Science and Engineering-Transactions of the ASME, 2015, 137(2): 021016.

[19] 李亚敏. 滚动轴承–转子系统动力学建模与分析研究 [D]. 西安: 西安交通大学, 2015.

[20] BAI C, XU Q. Dynamic model of ball bearings with internal clearance and waviness[J]. Journal of Sound and Vibration, 2006, 294(1-2): 23-48.

[21] LIN C W, TU J F, KAMMAN J. An integrated thermo-mechanical-dynamic model to characterize motorized machine tool spindles during very high speed rotation[J]. International Journal of Machine Tools & Manufacture, 2003, 43(10): 1035-1050.

[22] CAO Y Z, ALTINTAS Y. A general method for the modeling of spindle-bearing systems[J]. Journal of Mechanical Design, 2004, 126(6): 1089-1104.

[23] CAO Y. Modeling of high-speed machine-tool spindle systems[D]. Canada: The University of British Columbia, 2006.

[24] YOUNG T H, SHIAU T N, KUO Z H. Dynamic stability of rotor-bearing systems subjected to random axial forces[J]. Journal of Sound and Vibration, 2007, 305(3): 467-480.

[25] GUPTA T C, GUPTA K, SEHGAL D K, et al. Nonlinear vibration analysis of an unbalanced flexible rotor supported by ball bearings with radial internal clearance[C]. Turbo Expo: Power for Land, Sea, and Air, Berlin, 2008: 1289-1298.

[26] VILLA C, SINOU J J, THOUVEREZ F. Stability and vibration analysis of a complex flexible rotor bearing system[J]. Communications in Nonlinear Science and Numerical Simulation, 2008, 13(4): 804-821.

[27] GUPTA T C, GUPTA K, SEHGAL D K. Instability and chaos of a flexible rotor ball bearing system: An investigation on the influence of rotating imbalance and bearing clearance[J]. Journal of Engineering for Gas Turbines and Power-Transactions of the ASME, 2011, 133(8): 082501.

[28] GUPTA T C, GUPTA K, ASME. Correlation of parameters to instability and chaos of a horizontal flexible rotor ball bearing system[C]. ASME Turbo Expo: Turbine Technical Conference and Exposition, 2013: V07AT29A017.

[29]　YUAN X, ZHU Y S, ZHANG Y Y. Multi-body vibration modelling of ball bearing-rotor system considering single and compound multi-defects[J]. Proceedings of the Institution of Mechanical Engineers Part K—Journal of Multi-Body Dynamics, 2014, 228(2): 199-212.

[30]　CAO H, HOLKUP T, ALTINTAS Y. A comparative study on the dynamics of high speed spindles with respect to different preload mechanisms[J]. International Journal of Advanced Manufacturing Technology, 2011, 57(9-12): 871-883.

附录 A　坐标系变换

两个坐标系之间的变换可根据右手螺旋定则，按照三次相继的旋转实现。相应的变换矩阵 $\boldsymbol{T} = \boldsymbol{T}(\eta, \xi, \lambda)$ 可以写为

$$
\boldsymbol{T} = \boldsymbol{T}(\eta,\ \xi,\ \lambda) = \begin{bmatrix} \cos\xi\cos\lambda & \begin{array}{c} \cos\eta\sin\lambda+ \\ \sin\eta\sin\xi\cos\lambda \end{array} & \begin{array}{c} \sin\eta\sin\lambda- \\ \cos\eta\sin\xi\cos\lambda \end{array} \\ -\cos\xi\cos\lambda & \begin{array}{c} \cos\eta\cos\lambda- \\ \sin\eta\sin\xi\sin\lambda \end{array} & \begin{array}{c} \sin\eta\cos\lambda+ \\ \cos\eta\sin\xi\sin\lambda \end{array} \\ \sin\xi & -\sin\eta\cos\xi & \cos\eta\cos\xi \end{bmatrix}
$$

其中，η、ξ、λ 分别为绕固定参考系坐标轴 x、y、z 的三个旋转角。

进而，矢量 $\boldsymbol{r}$ 在两个坐标系 s 和 t 之间的变换可以写为

$$
\boldsymbol{r}^{\mathrm{t}} = \boldsymbol{T}_{\mathrm{st}} \boldsymbol{r}^{\mathrm{s}}
$$

其中，$\boldsymbol{T}_{\mathrm{st}}$ 为坐标系 s 和坐标系 t 之间的变换矩阵，上标 s 和 t 表示将矢量 $\boldsymbol{r}$ 在坐标系 s 和 t 中进行描述。